中华人民共和国 消防标准汇编

——建筑耐火构件卷——

全国公共安全基础标准化技术委员会　编

应急管理出版社
·北　京·

图书在版编目（CIP）数据

中华人民共和国消防标准汇编．建筑耐火构件卷／全国公共安全基础标准化技术委员会编．--北京：应急管理出版社，2023

ISBN 978-7-5020-9213-9

Ⅰ.①中… Ⅱ.①全… Ⅲ.①消防—标准—汇编—中国②耐火材料—标准—汇编—中国 Ⅳ.①TU998.1-65

中国版本图书馆 CIP 数据核字（2021）第254386号

中华人民共和国消防标准汇编　建筑耐火构件卷

编　　者　全国公共安全基础标准化技术委员会
责任编辑　曲光宇
责任校对　孔青青
封面设计　罗针盘

出版发行　应急管理出版社（北京市朝阳区芍药居 35 号　100029）
电　　话　010-84657898（总编室）　010-84657880（读者服务部）
网　　址　www.cciph.com.cn
印　　刷　北京建宏印刷有限公司
经　　销　全国新华书店

开　　本　880mm×1230mm $^{1}/_{16}$　**印张**　23 $^{1}/_{2}$　**字数**　714 千字
版　　次　2023 年 8 月第 1 版　2023 年 8 月第 1 次印刷
社内编号　20200367　　**定价**　78.00 元

目录

目 录

ICS 13.220.50
C 82

中华人民共和国国家标准

GB/T 9978.1—2008
代替 GB/T 9978—1999

建筑构件耐火试验方法 第1部分:通用要求

Fire-resistance tests—Elements of building construction—
Part 1:General requirements

(ISO 834-1:1999,MOD)

2008-06-26 发布　　2009-03-01 实施

中华人民共和国国家质量监督检验检疫总局
中国国家标准化管理委员会 发布

前　言

GB/T 9978《建筑构件耐火试验方法》分为如下若干部分：

——第1部分：通用要求；

——第2部分：耐火试验炉的校准；

——第3部分：试验方法和试验数据应用注释；

——第4部分：承重垂直分隔构件的特殊要求；

——第5部分：承重水平分隔构件的特殊要求；

——第6部分：梁的特殊要求；

——第7部分：柱的特殊要求；

——第8部分：非承重垂直分隔构件的特殊要求；

——第9部分：非承重吊顶构件的特殊要求；

……

本部分为GB/T 9978的第1部分。

本部分修改采用ISO 834-1:1999《耐火试验　建筑构件　第1部分：通用要求》(英文版)。

本部分根据ISO 834-1:1999重新起草。在附录A中列出了本部分章条编号与ISO 834-1:1999章条编号的对照一览表。

在采用ISO 834-1:1999时，本部分做了一些修改。有关技术性差异已编入正文中并在它们所涉及的条款的页边空白处用垂直单线标识。在附录B中给出了这些技术性差异及其原因的一览表，以供参考。

对应于ISO 834-1:1999，本部分还做了下列编辑性修改：

——“ISO 834的本部分”修改为“GB/T 9978的本部分”；

——用小数点“.”代替作为小数点的逗号“,”；

——删除国际标准的前言和引言。

本部分代替GB/T 9978—1999《建筑构件耐火试验方法》。

本部分与GB/T 9978—1999相比，主要变化如下：

——增加了术语和定义的具体内容；

——修改了热电偶的型式和要求；

——修改了炉内温度偏差的要求；

——修改了炉内压力要求；

——修改了判定准则；

——增加了资料性附录A(见附录A)；

——增加了资料性附录B(见附录B)。

本部分的附录A、附录B为资料性附录。

本部分由中华人民共和国公安部提出。

本部分由全国消防标准化技术委员会建筑构件耐火性能分技术委员会(SAC/TC 113/SC 8)归口。

本部分起草单位：公安部天津消防研究所。

本部分主要起草人：赵华利、韩伟平、黄伟、董学京、陈映雄、李强、李博、李希全、阮涛、刁晓亮、白淑英。

本部分所代替标准的历次版本发布情况为：

——GB/T 9978—1988、GB/T 9978—1999。

建筑构件耐火试验方法
第1部分:通用要求

1 范围

GB/T 9978的本部分规定了各种结构构件在标准受火条件下确定其耐火性能的试验方法。

2 规范性引用文件

下列文件中的条款通过GB/T 9978的本部分的引用而成为本部分的条款。凡是注日期的引用文件,其随后所有的修改单(不包括勘误的内容)或修订版均不适用于本部分,然而,鼓励根据本部分达成协议的各方研究是否可使用这些文件的最新版本。凡是不注日期的引用文件,其最新版本适用于本部分。

GB/T 5907 消防基本术语 第一部分[1)]

GB/T 16839.1 热电偶 第1部分:分度表(GB/T 16839.1—1997,idt IEC 60584-1:1995)

3 术语和定义

GB/T 5907 确立的以及下列术语和定义适用于GB/T 9978的本部分。

3.1

材料实际性能 actual material properties

根据相关产品标准要求,具有代表性样品通过规定试验所具有的材料性能。

3.2

校准试验 calibration test

通过试验评定试验条件的过程。

3.3

变形 deformation

结构构件由于结构受力和/或受热作用而引起尺寸或形状方面的任何变化。包括构件的挠曲、膨胀或压缩。

3.4

建筑结构构件 element of building construction

建筑结构的各个部件,如墙、隔墙、楼板、屋面、梁或柱。

3.5

隔热性 insulation

在标准耐火试验条件下,建筑构件当某一面受火时,在一定时间内背火面温度不超过规定极限值的能力。

---

1) 该标准将在整合修订GB/T 5907—1986、GB/T 14107—1993和GB/T 16283—1996的基础上,以《消防词汇》为总标题,分为5个部分。其中,第2部分为GB/T 5907.2《消防词汇 第2部分:火灾安全词汇》,将修改采用ISO 13943:2000。

3.6

完整性 integrity

在标准耐火试验条件下，建筑构件当某一面受火时，在一定时间内阻止火焰和热气穿透或在背火面出现火焰的能力。

3.7

承载能力 loadbearing capacity

承重构件承受规定的试验荷载，其变形的大小和速率均未超过标准规定极限值的能力。

3.8

承重构件 loadbearing element

建筑物中用于承受外部荷载的构件，并在受火过程中保持一定的承载能力。

3.9

中性压力平面 neutral pressure plane

炉内外压力相等的理论分界面。

3.10

理论平面 notional floor level

相对于建筑构件在实际使用位置处设立的平面。

3.11

约束 restraint

试件末端、边缘或支承条件，对试件膨胀、收缩或转动(包括因受热和/或机械作用)产生的限制。

注：例如，不同形式的约束有纵向的、转动的和横向的。

3.12

分隔构件 separating element

在火灾时用于隔离两相邻区域的构件。

3.13

支承结构 supporting construction

被测试件的外形尺寸小于等于试验炉口尺寸时，在耐火试验中不产生热变形，用于封闭试验炉口和固定被测试件的结构，例如安装门时所用的墙。

3.14

试验框架 test construction

紧缚被测构件或支承结构轮廓边界的刚性骨架。

3.15

试件 test specimen

进行耐火性能试验的建筑构配件。

4 符号和缩略语

下列符号和缩略语适用于 GB/T 9978 的本部分：

符号	描述	单位
A	实际炉内平均温度的时间-温度曲线下包含的面积	℃·min
A_s	标准时间-温度曲线下包含的面积	℃·min
C	从加热开始时测量的轴向压缩变形量	mm
$C(t)$	试验过程中 t 时刻的轴向压缩变形量	mm
$\mathrm{d}C/\mathrm{d}t$	轴向压缩变形速率，定义为：	mm/min

$$\frac{C(t_1)-C(t_2)}{t_2-t_1}$$

d	在一个弹性试件截面上抗拉点与抗压点之间的距离	mm
D	从加热开始时测量的变形量	mm
$D(t)$	试验过程中 t 时刻的变形量	mm
$\mathrm{d}D/\mathrm{d}t$	变形速率，定义为：$\frac{D(t_1)-D(t_2)}{t_2-t_1}$	
h	轴向承重试件的初始高度	mm
L	试件的净跨距	mm
d_e	偏差(见 6.1.2)	%
t	从加热开始的时间	min
T	试验炉内的温度	℃

5 试验装置

5.1 一般要求

试验所使用的试验装置应满足以下要求：

a) 特殊设计的试验炉能满足试件相应条款规定的试验条件；

b) 应能设定并控制炉内温度，使其符合 6.1 的规定；

c) 应能控制和监视炉内热烟气压力，使其符合 6.2 的规定；

d) 安装试件的框架应安置在与试验炉相对应的位置上，能够达到适应加热、压力和支承条件；

e) 应以适当的方式对构件进行加载及约束，并对荷载进行控制与监视；

f) 应有测量炉内温度、试件背火面温度和试件结构内部温度的仪器；

g) 应有相应测量试件变形量的仪器；

h) 应有测定试件完整性是否符合第 10 章中描述的性能判定准则的仪器。

5.2 试验炉

试验炉设计可采用液体或气体燃料，并且应满足以下条件：

a) 对水平或垂直分隔构件能够使其一面受火；

b) 柱子的所有轴向侧面都能够受火；

c) 对不对称墙体能使不同面分别受火；

d) 梁能够根据要求三面或四面受火(除加载部位)。

注：试验炉可设计成能使多个试件同时进行试验，并能够使所有仪器设备满足每一种构件测量的要求。

炉内衬材料采用耐高温的隔热材料，密度应小于 1 000 kg/m³。炉内衬材料的最小厚度应为 50 mm。

5.3 加载装置

加载装置应能够提供根据 6.3 确定的试件荷载。加载可采用液压、机械或重物。

加载装置应能够模拟均布加载、集中加载、轴心加载或偏心加载，根据试件结构的相应要求确定加载方式。在加载期间，加载装置应能够维持试件加载量的恒定(偏差在规定值的±5%以内)，并且不改变加载的分布。在耐火试验期间，加载装置应能够跟踪试件的最大变形量和变形速率。

加载装置不应有严重影响热量在试件内传播，不应阻碍热电偶隔热垫的使用并且不应影响表面温度和/或变形的测量，同时不妨碍对背火面的观测。加载装置与试件表面的接触点的面积总和不应超过水平试件表面积的10%。

如果加热结束后仍需保持加载时，应提前做好准备工作。

5.4 约束和支承框架

根据6.4的规定，试件应采用特定支承框架或其他方式提供边界和支承条件的约束。

5.5 仪器

5.5.1 热电偶

5.5.1.1 炉内热电偶

炉内热电偶采用符合GB/T 16839.1规定的丝径为0.75 mm～2.30 mm的镍铬-镍硅(K型)热电偶，外罩耐热不锈钢套管或耐热瓷套管，中间填装耐热材料，其热端伸出套管的长度不少于25 mm，如图1所示。测量和记录仪器应能在5.6规定的准确度条件下运行。

单位为毫米

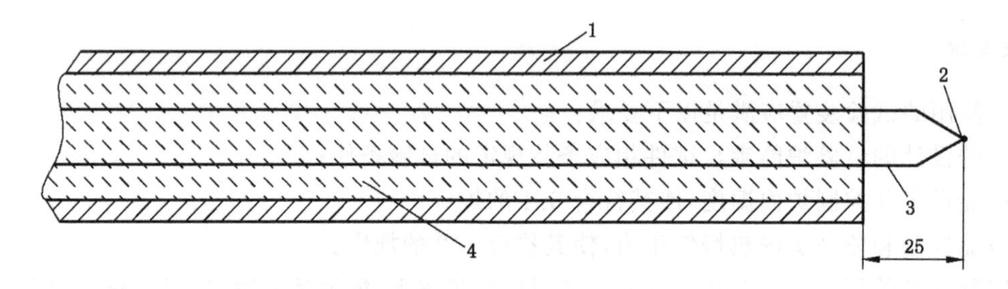

1——不锈钢(或耐热瓷)套管；

2——热电偶的热接点；

3——K型铠装热电偶丝，丝径为0.75 mm～2.30 mm；

4——耐热材料。

图1 K型铠装热电偶

试验开始时，热电偶的热端与试件受火面的距离应为(100±10) mm；试验过程中，上述距离应控制在50 mm～150 mm之内。热电偶应保持良好的工作状态，累计使用20 h后，应对热电偶进行校验检定。试验过程中标准规定的温度、单点温度、平均温度以及实测温度应能随时显示。

5.5.1.2 背火面热电偶

试件背火面的温度应使用如图2所示的圆铜片式热电偶进行测量。为了得到良好的热接触，直径为0.5 mm的热电偶丝应低温焊接或熔焊在厚0.2 mm，直径为12 mm的圆形铜片上。热电偶可采用符合GB/T 16839.1规定的镍铬-镍硅(K型)热电偶。每个热电偶应覆盖长、宽均为30 mm，厚度为(2.0±0.5) mm的石棉衬垫或类似材料，除非对特殊构件的标准有特殊的规定。隔热垫的密度应为900 kg/m^3±100 kg/m^3、导热系数应为0.117 W/(m·K)～0.143 W/(m·K)。测量和记录仪器应能在5.6规定的准确度条件下运行。

单位为毫米

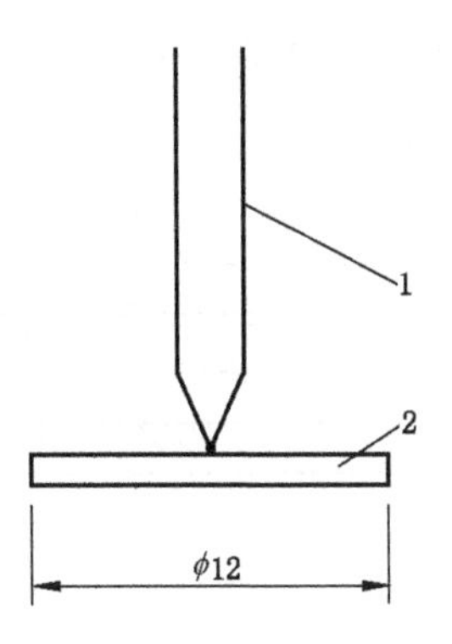

1——直径 0.5 mm 的热电偶丝；
2——0.2 mm 厚的圆铜片。

a) 圆铜片的测量接点

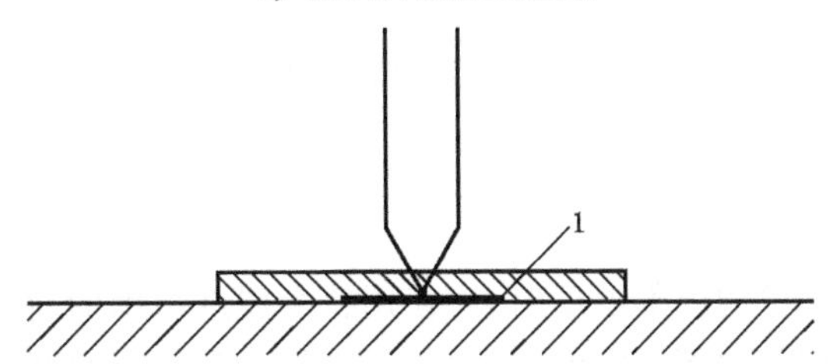

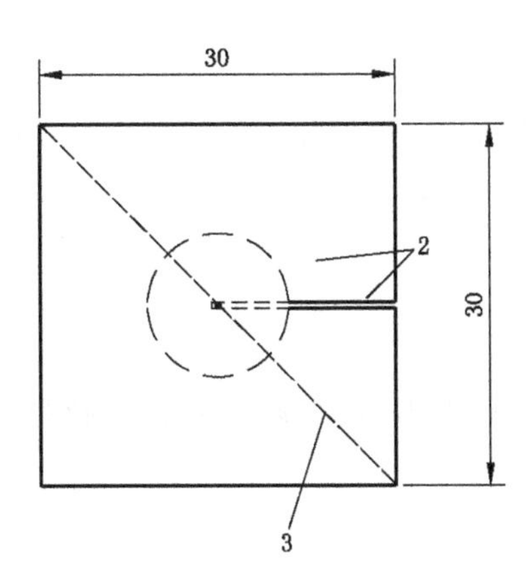

1——圆铜片；
2——隔热垫及隔热垫盖在铜片上的断口；
3——可选的断口位置。

b) 圆铜片和隔热垫

图 2 背火面热电偶和隔热垫

石棉衬垫或类似材料应与试件的表面连接，可用耐热胶粘贴在试件表面上，但在试件表面和圆铜片之间或圆铜片与隔热垫之间不应有任何残留胶浆。

试验过程中，平均温度、单点温度应能随时显示。

5.5.1.3 移动热电偶

试验过程中当怀疑背火面某位置的温度较高时，可使用一支或多支设计如图 3 所示的移动热电偶，或是使用准确度和响应时间等于或小于图 3 中移动热电偶的其他温度测量仪器（如：红外辐射测温仪）来测量该位置的温度。移动热电偶的测量端采用直径为 1.0 mm 的热电偶丝低温焊接或熔焊到直径为

12 mm,厚度为 0.5 mm 的圆铜片上。热电偶可采用符合 GB/T 16839.1 规定的镍铬-镍硅(K 型)热电偶。移动热电偶的组件应提供手柄,以便在试件的背火面上能够任意移动。

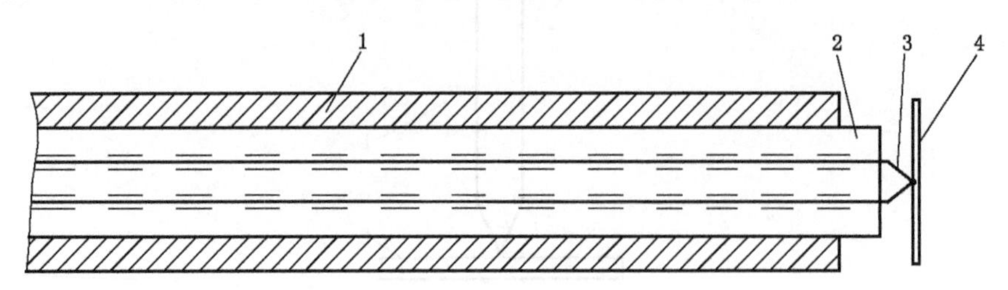

1——耐热钢支承管;

2——双孔陶瓷绝缘管;

3——直径 1.0 mm 的热电偶丝(或采用铂电阻测温);

4——直径 12 mm,厚 0.5 mm 的圆铜片。

图 3 移动热电偶

5.5.1.4 内部热电偶

当需要获得试件或特殊配件的内部温度时,应使用符合温度范围的、符合试件材料类型特点的热电偶测量。应把热电偶安装在试件内部选定的部位,但不能因此影响试件的性能。热电偶的热端应保证有 50 mm 以上的一段处于等温区内。

5.5.1.5 环境温度热电偶

在试验前和试验期间,试验室内试件附近应配一支外径 3 mm 不锈钢铠装热电偶或铂电阻显示环境温度。热电偶可采用符合 GB/T 16839.1 规定的镍铬-镍硅(K 型)热电偶。热电偶或铂电阻的热端应避免受辐射热和通风的影响。

5.5.2 炉内压力测量探头

通过如图 4 所示的测量探头测量炉内压力,测量和记录仪器应能在 5.6 规定的准确度条件下运行。

单位为毫米

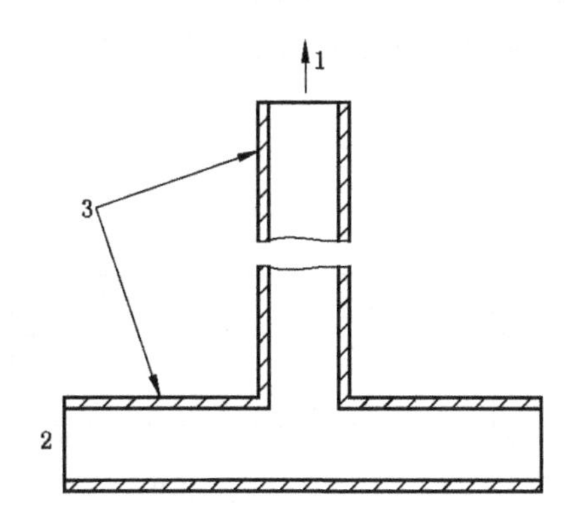

1——压力变送器；

2——测压孔；

3——不锈钢管(内径为 5 mm 至 10 mm)。

a) 类型1 “T”形测量探头

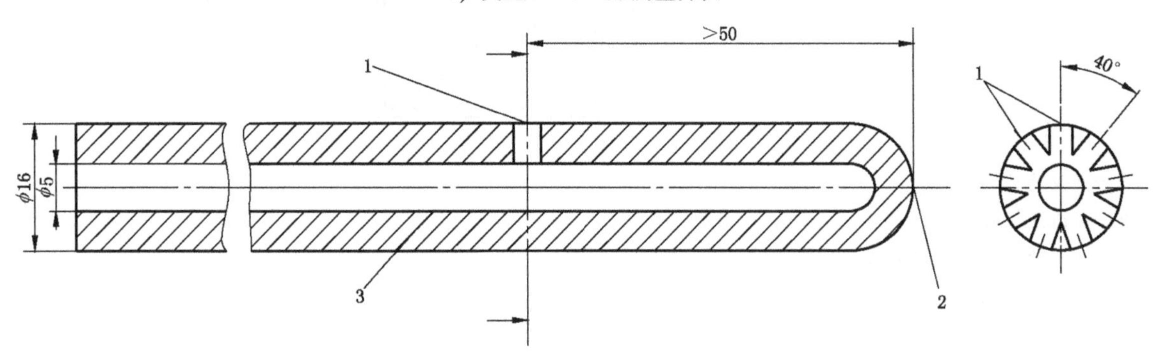

1——测压孔，直径 3.0 mm，沿钢管圆周 40°均布；

2——焊接端点；

3——不锈钢管。

b) 类型2 管形测量探头

图 4 炉内压力测量探头

5.5.3 加载系统

当使用重物时，试验中不需要进一步测量荷载。液压加载系统的荷载应通过压力传感器测量方法进行测量或其他具有同等准确度的相应仪器在相应的位置直接监测荷载。测量和记录仪器应能在 5.6 规定的准确度条件下运行。

5.5.4 变形测量仪

变形可使用机械、光学或电子技术仪器测量。仪器应与执行标准相一致(例如：挠度值的测量或压缩值的测量)，且每分钟至少要读取数值并记录一次。应采取各种必要的预防措施以避免测量探头由于受热产生数值漂移。

5.5.5 完整性测量仪

5.5.5.1 棉垫

除非是特殊构件的特殊标准，完整性测量所使用棉垫应由新的、未染色、柔软的脱脂棉纤维构成，不含有其他种类的纤维。棉垫厚 20 mm，长度和宽度各为 100 mm，质量约 3 g～4 g。使用前应预先在温度为(100±5)℃的干燥箱内干燥至少 30 min。干燥后应保存在干燥器内或其他防潮的容器内,以备随时使用。为便于使用,棉垫应安装在如图 5 所示带有手柄的框架内。

单位为毫米

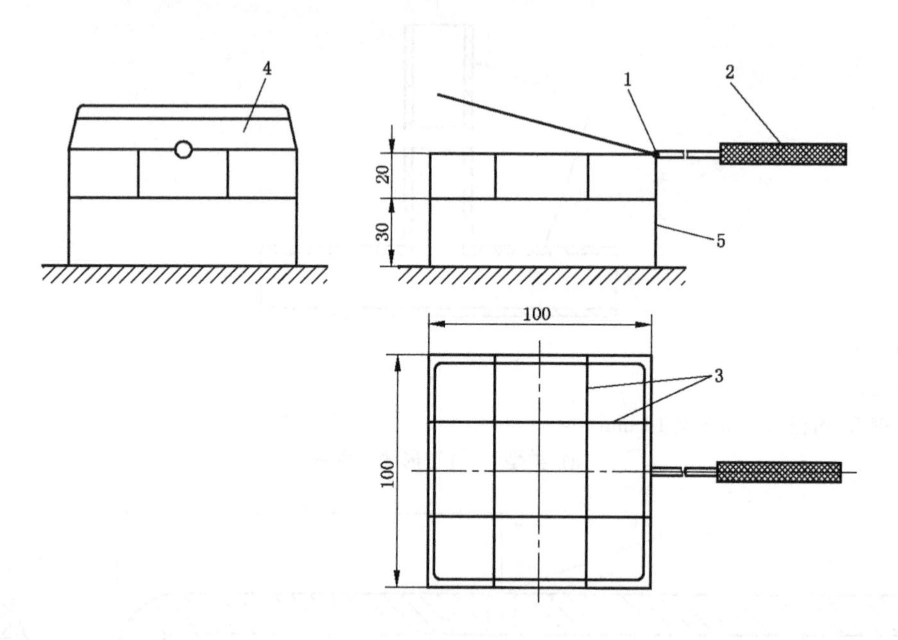

1——铰链;

2——适当长度手柄;

3——直径 0.5 mm 的支承钢丝;

4——带有插销的铰链连接盖;

5——直径为 1.5 mm 的钢丝框架。

图 5 棉垫框架

5.5.5.2 缝隙探棒

图 6 所示是两种规格的缝隙探棒,用于测量试件的完整性。它们是直径(6±0.1) mm 和直径(25±0.2) mm 的圆柱形不锈钢棒,并带有一定长度的隔热手柄。

单位为毫米

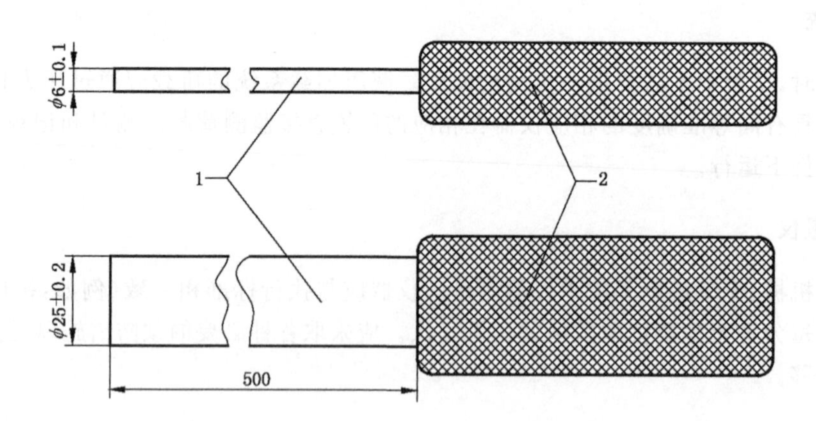

1——不锈钢棒;

2——隔热手柄。

图 6 缝隙探棒

5.6 测量仪器的准确度

进行耐火试验时，测量仪器应满足以下准确度要求：

a) 温度测量： 炉内 ±15 ℃；
环境和背火面 ±4 ℃；
其他 ±10 ℃；

b) 压力测量： ±2 Pa；

c) 加载测量： 试验荷载的±2.5%；

d) 轴向压缩或膨胀值测量： ±0.5 mm；

e) 其他变形量的测量： ±2 mm。

6 试验条件

6.1 炉内温度

6.1.1 升温曲线

按照5.5.1.1规定的热电偶测得炉内平均温度，按以下关系式(见图7)对其进行监测和控制：

$$T=345\lg(8t+1)+20$$

式中：

T——炉内的平均温度，单位为摄氏度(℃)；

t ——时间，单位为分钟(min)。

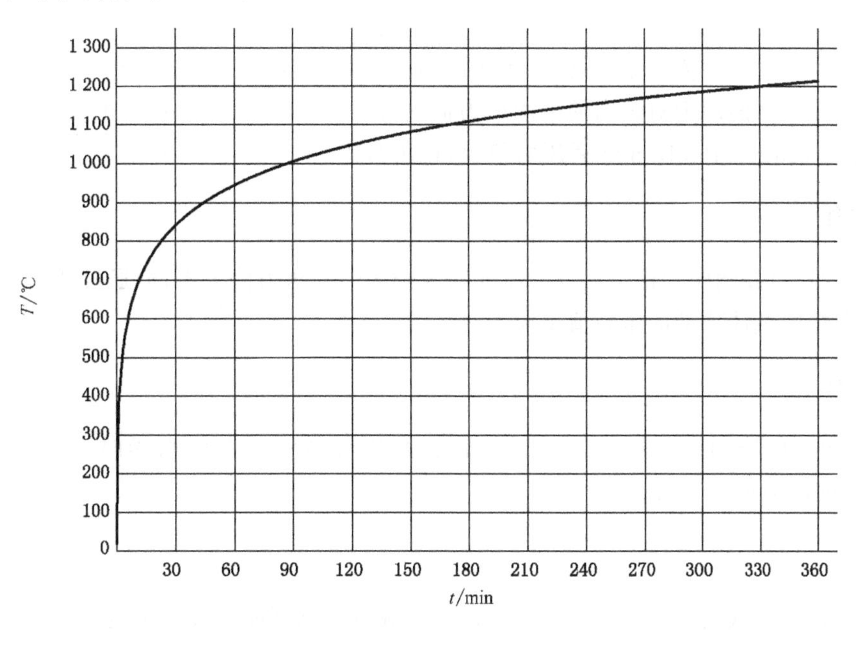

图7 标准时间-温度曲线

6.1.2 炉温偏差

试验期间的炉内实际时间-温度曲线与标准时间-温度曲线的偏差 d_e 用下式表示：

$$d_e=\frac{A-A_s}{A_s}\times 100$$

式中：

d_e——偏差，%；

A——实际炉内时间-平均温度曲线下的面积；

A_s——标准时间-温度曲线下的面积；

t——时间，单位为分钟(min)。

d_e 值应控制在以下范围内：

a) $d_e \leqslant 15\%$　　从　5 min$<t\leqslant$10 min；

b) $d_e \leqslant [15-0.5(t-10)]\%$　　从　10 min$<t\leqslant$30 min；

c) $d_e \leqslant [5-0.083(t-30)]\%$　　从　30 min$<t\leqslant$60min；

d) $d_e \leqslant 2.5\%$　　从　$t>$60 min。

所有的面积应采用相同的方法计算，即合计面积时的时间间隔在 6.1.2a)条件下不应超过 1 min，在 6.1.2b)、c)和 d)条件下不应超过 5 min，并且从 0 min 开始计算。试验开始见 9.3。

在试验开始 10 min 后的任何时间里，由任何一个热电偶测得的炉温与标准时间-温度曲线所对应的标准炉温不能偏差±100 ℃。

当试件易燃材料含量过高，在试验开始后，试件轰燃，引起炉温升高，导致炉温曲线与标准曲线发生明显偏差，但是这种偏差的时间不应超过 10 min。

6.2 炉内压差

6.2.1 一般要求

沿炉内高度方向存在着线性压力梯度，尽管压力梯度随炉内温度的改变会有轻微的变化，仍要保证沿炉内高度处每米的压力梯度值为 8 Pa。

炉内指定高度处的压力值应是平均值，不考虑湍流等所引起的压力波动，且与炉外相同高度处的压力相关联。依照 9.4.2 的规定对炉内的平均压力值进行监测，并控制炉内压力的变化，使其在试验开始 5 min 后压力值为(15±5)Pa，10 min 后压力值为(17±3)Pa。

6.2.2 垂直构件

试验炉运行时，可控制距理论平面 500 mm 高度处的炉内压力值为零，但通过适当调整中性压力平面的高度使得在炉内试件顶部的压力值不应超过 20 Pa。

6.2.3 水平构件

试验炉运行时，应控制试件底面以下 100 mm 处的水平面或者检测梁时在吊顶水平底面以下 100 mm 处的炉内压力值为 20 Pa。

6.3 加载

试验室应清楚给出试验荷载确定的依据。试验荷载可根据下面的方法确定：

a) 构成试件材料的实际测试性能和国家认可的建筑规范规定的设计方法；

b) 构成试件材料的理论性能和国家认可的建筑规范规定的设计方法；

c) 建筑结构规范依据实际应用确定的或由试验委托者为某一特定用途提供的实际构件荷载。

6.4 约束和边界条件

试件应安装在特殊的支承和约束框架内。在试验中，支承末端和边界的约束应采用不燃的柔性密封材料封堵，尽可能与实际应用一致。

一个边界条件提供膨胀、收缩或转动的约束，另一个边界条件提供试件变形自由变化的空间。检测试件可选择任意一个边界条件分别确定为约束和/或自由变化。边界条件的选择应通过仔细分析其实际应用的条件加以确定。

如果构件试件在实际应用中的边界条件不确定或是变化的，应采用保守的方法在试件两边或两端提供支承。

如果试验过程中应用了约束，应对试件约束部分在受到膨胀力、收缩力或扭矩作用之前的约束状态进行描述。试验过程中，通过约束传导到试件的外部力和力矩应进行记录。

6.5 环境条件

试验炉应安装在具有足够尺寸的试验室内，试验时应记录试验起始的环境温度。

6.6 试验条件偏差

试验期间所达到的炉温、炉压或环境温度条件，如超过试件受火条件偏差上限，该情况下的试件试验应视为有效(见第11章试验的有效性)。

7 试件准备

7.1 试件设计

试件结构材料、结构要求和安装方法应能够代表构件的实际使用状况。如果可能，试件的安装应采用建筑中的标准化工艺，例如表面抛光等。独立试件的结构不应被改变(例如不同的连接系统)。将试件安装在特定的支承和约束框架内产生的任何变化不能对试件的性能有较大的影响，并应详细记录在试验报告中。

7.2 试件尺寸

试件通常应采用实际尺寸，如果试件不能按实际尺寸进行试验，试件尺寸应符合相应标准规定的构件试验要求。

7.3 试件数量

对于每种规定支承结构或约束条件的建筑构件，应至少选取1个试件进行耐火试验。

对于结构对称的分隔构件，可用1个试件任选其中一面进行耐火试验。对于结构不对称的分隔构件，试件数量的确定应符合下述规定：

a) 如果要求构件的每一面都具有耐火性能，且无法确定薄弱面，则应选取不少于2个的相同试件，分别代表构件的不同面进行耐火试验；

b) 如果要求构件的每一面都具有耐火性能，且能确定薄弱面，则应选取1个试件，只对该薄弱面进行耐火试验；

c) 如果只要求构件的某一特定面具有耐火性能，则应选取1个试件仅对该面进行耐火试验。

7.4 试件养护

试验时，可通过自然养护使试件的强度和含水量与预期的实际使用条件相似。如果试件含有水分或易于吸收水分，则应对试件进行干燥处理，直至达到规定要求才能进行试验。干燥的规定要求是试件放置在相对湿度为(50±20)%，温度为(23±5)℃的环境中达到平衡的状态。

一种达到干燥条件的方法是将试件放置在密闭室中(最低温度为15 ℃，最大相对湿度为75%)，经过必要的时间达到水分平衡。达到平衡的条件是间隔24 h测量试件的质量，且两次测量的数值差不超过试件总重的0.1%。

如果加速养护不会改变材料组分的性能或试件的水分分布(因为这些改变会影响试件的耐火性能),则可采用这种加速养护方法。高温养护的温度应低于材料的临界温度。

如果养护后不能达到规定的含水量,但吸收组分的强度已达到设计强度,试件也可进行耐火试验。

代表性的试样可代试件进行养护确定含水量。代表性试样的构件应具有与试件相似的厚度和受火面,从而能够代表试件的水分损失。试件应养护至其含水量保持不变。

有关含水量的测定,相应构件的标准中可包含有附加的或可选择的规定。

7.5 试件的确认

试验前,委托方应为试验室提供试验样品,其所有结构细节、图纸、主要组分及生产商和供应商列表。在测试开始前,向试验室及时完整地提供以上资料将有助于试验室根据提供的资料信息对试件进行一致性检验,并尽可能在试验开始之前处理好不一致的部分。为了确定组分的描述,特别是它的结构,与试验试件保持一致,试验室可以检验组分的构成或是要求提供一个或多个附加的备用试件。

如在试验前无法检查确认试件结构所有方面的一致性,在试验后也无法获得足够的数据,而必须依靠委托方所提供的信息时,应在试验报告中清楚地说明。试验室在试验报告中仍应全面正确地评定试件的设计,并在试验报告中准确的记录试件的结构细节。试件检验的附加程序将在具体产品的试验方法中规定。

8 仪器使用

8.1 温度测量

8.1.1 炉内热电偶

用于测量炉内温度的热电偶,应均布在试件附近以获得可靠的平均温度。每类构件应按试验方法规定布置热电偶的数量和位置。

热电偶的位置不应受燃烧器火焰的直接冲击,并且距离炉内所有侧墙、底面和顶部不应小于450 mm。

固定的方式要确保在耐火试验期间热电偶不移动。

试验开始时,炉内热电偶的数量(n)应不少于试验方法中规定的最少数量。如果热电偶损坏,炉内剩$n-1$个热电偶时,试验室不需采取任何措施。如果试验时炉内热电偶的数量少于$n-1$,试验室应更换热电偶,确保至少有$n-1$个热电偶在使用。

热电偶由于遭受跌落的碎片冲击及在连续使用中的损耗,仪器的敏感度会随着时间的推移有轻微的降低。因此每次试验前应进行运行检查,确保仪器正常使用。如果仪器存在任何损坏、损耗或不正常运行的迹象,则不应再使用而应进行更换。

热电偶的固定不应嵌入或接触试件,除非测温端对位置有特殊要求。如果测温端的固定已嵌入或接触试件,应通过建立相应的失效判定准则或是添加明确的附加信息将影响的结果降到最低。

8.1.2 背火面热电偶

背火面热电偶的类型应依照5.5.1.2的规定,与试件的背火面相接触,以测量平均温升和最高温升。

测量背火面平均温升的热电偶应布置在试件表面的中心位置,和平均每1/4区域的中心位置。有波纹或筋状物的结构,可以在最厚和最薄的位置适当增加热电偶数量。热电偶的布置应距离热气流、结合点、交叉点和贯通连接紧固件(如螺钉、销钉等),以及会被穿过试件的热烟气直接冲击的位置不应小于 50 mm。

附加热电偶应贴在背火面可能出现高温的位置，用于测量最高温升。如果在任意直径 150 mm 圆的区域内紧固件所占的总面积小于 1%，热电偶不应贴在会产生较高温度类似螺钉、钉子或夹子等紧固件上。热电偶不应贴在表面直径小于 12 mm 非贯通紧固件上，对于表面直径小于 12 mm 贯通紧固件，可使用特殊的测量仪器测温。对于特定构件，其背火面热电偶位置有更多其他要求，将在相应构件的试验方法中规定。

热电偶的隔热垫周围与试件表面应用耐高温胶完全黏结，并且在圆铜片与试件之间及圆铜片与隔热垫之间不应有任何胶，也不应存在空隙，即使有，也十分细小。在无法使用胶黏结时，也可以使用别针、螺钉或回形针，但是它们只能与隔热垫接触，而不能与铜片接触。

8.1.3 移动热电偶

在试验期间任何可疑的高温点均应使用符合 5.5.1.3 要求的移动热电偶。如果在使用移动热电偶 20 s 内，温度没有达到 150 ℃，则停止使用移动热电偶测温。若达到或超过 150 ℃，则继续测温作为判定依据。使用移动热电偶测量时，应避开如螺钉、钉子或夹子等紧固件所在的位置，因为这些位置可能出现明显的温差；作为额外增加的热电偶，还应避开背火面热电偶的安装位置。

8.1.4 内部热电偶

在使用符合 5.5.1.4 要求的内部热电偶时，其位置不应影响试件的性能。包括敲击进入试件的钢部件，热接点应采用适当的方法固定在相应的位置上。要尽可能避免热电偶丝的温度高于热接点温度。

注：无论什么条件下，热电偶的热电极应有大于等于 50 mm 与热端处于同一等温区内。

8.1.5 环境温度热电偶

测量环境温度的热电偶(或铂电阻)应安装在距离试件背火面(1.0±0.5)m 处，但不应受到来自试件和/或试验炉热辐射的影响。

8.2 压力测量

压力测量探头(见 5.5.2)应安装在便于按 6.2 规定的压力条件测量和监控炉内压力的位置，不应位于受火焰气流直接冲击的位置或排烟管路上。该探头测量管在炉内和穿过炉墙的部分应保持水平，这样炉内和炉外压力将处于相对相同的高度位置。如果使用是“T”形测量探头，“T”形支管应保持水平方向。测量仪器输出炉压端的管道垂直截面应保持在室内环境温度。

8.2.1 垂直构件试验炉的测量探头

一个探头应置于距离中性压力面±500 mm 范围内。另一个探头用于提供炉内垂直压力梯度的数据信息，该测量探头应置于在炉内距离试件顶部±500 mm 的范围内。

8.2.2 水平构件试验炉的测量探头

两个压力测量探头安装在同一水平面上相对应的不同位置。一个用于测控炉内压力，另一个用于对前一个压力测量探头进行校核。

8.3 变形测量

试件变形测量仪器用于测量耐火试验过程中的试件变形速率和变形总量，或试验后的变形总量。

8.4 完整性观测

试件完整性的测量可采用棉垫或缝隙探棒根据裂缝的位置和状态确定(在炉内负压区域发生的较

大缝隙不宜采用棉垫判定完整性，或是不宜使用如图5所示的框架装置)，并应符合如下要求。

8.4.1 棉垫

棉垫置于图5所示框架内，在试验进行的过程中发现有可疑的部位时，安放在试件该位置表面并贴近裂缝或窜出火焰的位置，持续30 s或直到棉垫点燃(定义为炽烧或燃烧)。棉垫的位置可稍做调整以达到热气点燃棉垫的最佳效果。

如果裂缝附近的试件表面不规则，应注意确定在测量过程中棉垫框架的支承柄与棉垫和试件表面保持一定的空间。

操作者可采用“筛选检验”来判定试件的完整性。所谓“筛选检验”是在可能丧失的位置选择短时间使用棉垫，或是采用单一棉垫在这个区域附近移动。棉垫烧焦表明失效，但应使用未用过的棉垫按规定的方法测定完整性。

在试件或试件局部无须满足隔热性的条件下，当试件背火面裂缝附近的温度超过300 ℃时，不应使用棉垫测定完整性，应使用缝隙探棒测量完整性。

8.4.2 缝隙探棒

在使用缝隙探棒的位置，试件表面裂缝的尺寸大小应依据试件的明显变形速率间隔一定时间进行测定。两种缝隙探棒轮流使用，且在使用时不应存在不适当的外力。

a) ϕ6 mm的缝隙探棒是否能够穿过试件进入炉内，并沿裂缝方向移动150 mm的长度；

b) ϕ25 mm的缝隙探棒是否能够穿过试件进入炉内。

在缝隙探棒移动路径上的细微阻挡，它们对热烟气穿过裂缝的流动过程产生极小甚至没有影响，可不予考虑使用探棒(例如：穿过施工缝的小紧固件由于变形而产生缝隙)。

9 试验方法

9.1 约束应用

根据设计要求，将试件安装在刚性框架内从而得到相应的约束。这种方法在适当的条件下可应用于隔墙和楼板。在这种情况下，试件边缘和框架之间的缝隙应用刚性材料填充。

约束也可用液压或其他加载系统提供。提供的约束力或力矩会限制膨胀、收缩或转动。这种情况下，这些约束力或力矩数值是重要的数据信息，应在整个试验过程中间隔一定时间进行测量。

9.2 荷载使用

对承载构件，试验荷载应在试验开始前至少15 min时加载，并且加载的速率不发生波动。对此产生的相应变形应进行测量记录。如果在一定的试验荷载等级条件下，试件的组成材料发生明显的变形，则在试验前应保持所加的荷载值恒定，直到变形稳定。根据要求，试验期间荷载值应保持恒定，并且当试件发生变形时，加载系统应能够快速作出响应保持荷载的恒定。

如果在加热终止后试件未坍塌，荷载应迅速卸载，除非需要监测试件的持续承载能力。对后一种情况，在报告中应清楚描述该试件的冷却过程，是否是人为冷却、移出试验炉冷却或打开试验炉冷却。

9.3 试验开始

试验开始前5 min内，应对所有热电偶的初始温度记录进行一次检查，并进行数据记录。同时应记录试件的初始变形数据和试件初始条件。

试验时，记录试件内部初始平均温度值(如果存在)、试件背火面的初始平均温度值和环境温度值。

当试验炉内接近试件中心的热电偶记录到50 ℃时，便可将其作为试验开始时间。同时，所有手动和自动的观察测量系统都应开始工作，按照6.1规定的升温条件测量和控制试验炉炉温。

9.4 测量和观测

从试验开始，应进行以下相关的测量和观测。

9.4.1 温度测量

对试验期间的固定热电偶(除移动热电偶外所有热电偶)，以时间间隔不超过1 min测量并记录温度值1次。

移动热电偶应符合8.1.3的要求。

9.4.2 炉压测量

炉内压力应进行连续测量和记录，或是在控制点时间间隔不超过5 min测量记录1次。

9.4.3 变形测量

在试验过程中，试件相应变形量应进行测量和记录。对承重试件，在试件加载前和按要求进行加载后，都应进行尺寸测量，并在耐火试验过程中，间隔1 min测量一次形变。变形速率根据测量的变形值进行计算。

a) 对于水平承重试件，在可能发生最大变形量的位置测量(对简支承构件，最大变形通常发生在跨度的中间)。

b) 对垂直承重试件，伸长(试件高度增加)应表示为正值，收缩(试件高度减少)表示为负值。

9.4.4 完整性观测

整个试验过程中应对分隔构件的完整性进行判定，并对以下各项进行观测记录：

a) 棉垫：记录棉垫被点燃的时间(按8.4.1规定的方法测量，棉垫发出炽烧或开始燃烧)，同时记录棉垫被点燃的位置(没有发出火光或燃烧的棉垫变焦现象可忽略不计)。

b) 缝隙探棒：按8.4.2规定的方法测量，记录缝隙探棒能通过试件裂缝的时间，同时记录裂缝的位置。

c) 蹿火：应记录试件背火面蹿出火焰和持续的时间，同时记录蹿出火焰的位置。

9.4.5 加载和约束

对承重试件，应记录试件承载能力丧失的时间。为维持其约束条件，力和/或力矩所发生的适当改变应记录。

9.4.6 一般现象

试验期间应对试件的试验现象进行观察，如果试件结构出现变形、开裂、材料熔化或软化、材料剥落或烧焦等相关现象，应记录在报告中。如果背火面冒出大量浓烟气的现象应记录在报告中。

9.5 试验的终止

试验有以下任意一个原因即可终止：

a) 威胁人员安全或可能损坏仪器设备；

b) 达到选定的判定准则；

c) 委托方提出要求。

在b)条件下试件丧失完整性和隔热性后，委托方提出要求时，试验可继续进行以获得附加数据。

10 判定准则

10.1 一般要求

本条款描述了对不同形式的建筑耐火构件在标准耐火试验条件下的性能判定准则。对特殊类型的建筑耐火构件要在一般的性能判定准则基础上增加部分特殊条款，或是对原条款进行部分修改。

试件应满足的耐火性能，包括承重构件的稳定性和建筑分隔构件完整性和隔热性，其判定准则用时间长短表示。如果试件所代表的建筑构件要同时达到以上几个性能，则应同时从几个方面进行判定。

10.2 判定准则的细则

试件的耐火性能应从以下一个或多个方面进行性能判定。

建筑结构的某些构件，可能需要在相应标准中规定相应的性能判定准则。

10.2.1 承载能力

试件在耐火试验期间能够持续保持其承载能力的时间。判定试件承载能力的参数是变形量和变形速率。试件变形在达到稳定阶段后将会发生相对快速的变形速率，因此依据变形速率的判定应在变形量超过 $L/30$ 之后才可应用。

对 GB/T 9978 本部分的结论，试件超过以下任一判定准则限定时，均认为试件丧失承载能力。

a） 抗弯构件

极限弯曲变形量，$D=\frac{L^2}{400d}$ mm 和

极限弯曲变形速率，$\frac{dD}{dt}=\frac{L^2}{9\ 000d}$ mm/min

式中：

L——试件的净跨度，单位为毫米(mm)；

d——试件截面上抗压点与抗拉点之间的距离，单位为毫米(mm)。

b） 轴向承重构件

极限轴向压缩变形量，$C=\frac{h}{100}$ mm 和

极限轴向压缩变形速率，$\frac{dC}{dt}=\frac{3h}{1\ 000}$ mm/min

式中：

h——初始高度，单位为毫米(mm)。

10.2.2 完整性

试件在耐火试验期间能够持续保持耐火隔火性能的时间。试件发生以下任一限定情况均认为试件丧失完整性：

a） 依据 8.4.1 进行试验，棉垫被点燃；

b） 依据 8.4.2 的规定，缝隙探棒可以穿过；

c） 背火面出现火焰并持续时间超过 10 s。

10.2.3 隔热性

试件在耐火试验期间持续保持耐火隔热性能的时间。试件背火面温度温升发生超过以下任一限定的情况均认为试件丧失隔热性。

a） 平均温度温升超过初始平均温度 140 ℃；

b） 任一点位置的温度温升超过初始温度(包括移动热电偶)180 ℃(初始温度应是试验开始时背火面的初始平均温度)。

11 试验的有效性

当试验装置、试验条件、试件准备、仪器使用、试验程序等条件均在 GB/T 9978 本部分规定的限制条件之内时，试验结果有效。

当试验炉内温度、炉内压力和试验环境温度等试件受火条件超出第 6 章规定的偏差上限时，也可以考虑试验结果的有效性。

12 试验结果表示

12.1 耐火极限

试件的耐火极限是指满足相应耐火性能判定准则的时间。

12.2 判定准则

12.2.1 隔热性和完整性对应承载能力

如果试件的“承载能力”已不符合要求，则将自动认为试件的“隔热性”和“完整性”不符合要求。

12.2.2 隔热性对应完整性

如果试件的“完整性”已不符合要求，则将自动认为试件的“隔热性”不符合要求。

12.3 提前终止试验

在相关的性能判定准则条件下，如果在试件丧失性能判定准则之前终止试验，则应陈述终止试验的原因。在试验结果中应给出并确认试验终止的时间。

12.4 结果表示

以下是举例说明承重分隔构件耐火试验结果的表示方法。在该例中隔热性和完整性不符合判定准则的要求，并且在试件垮塌之前委托方要求终止试验。

例如：结果表示为“承载能力≥128 min(委托方要求终止试验)；

完整性　　120 min；

隔热性　　110 min”。

注：如果由于背火面温度较高导致不能使用棉垫，此情况应说明。

13 试验报告

试验报告应在显著位置描述以下内容。

“试验报告应提供试件的详细结构资料、试验条件及试件按 GB/T 9978 本部分规定的方法进行试验所获得的试验结果。若试件在尺寸、详细结构资料、荷载、应力、约束或边界条件方面存在较大偏差时，则试验结果无效。”

试验报告应含与试件及耐火试验相关的所有重要信息，包括以下项目和在试件试验标准中规定要求的单独项目：

a） 试验室的名称和地址，唯一的编号和试验日期；

b） 委托方的名称和地址，试件和所有组成部件的产品名称和制造厂，如果缺少该信息应进行说明；

c） 试件的详细结构和组装程序方法，在试件图中含有结构尺寸，如可能可附带照片、使用材料的相关性能；

d） 对试件耐火性能的判定及判定方法有一定影响的信息，例如，试件的含水率及养护期信息；

e） 对承重构件试件的加载量及其计算依据；

f） 使用的支承和约束条件及其选择的理由；

g） 所有热电偶、变形测量和压力测量仪器的安装位置信息和试验时从这些仪器上所测的数据制成的曲线或图表；

h） 试验期间试件发生现象的描述，并且依据第10章的判定准则所确定试验的终止；

i） 试件的耐火极限，表示见第12章的规定；

j） 对于非对称分隔构件，试件应进行正面和反面两个方向的耐火试验，取极小值确定结果的有效性。除非能确定其薄弱面，只对该面进行耐火试验确定结果的有效性。

附　录　A
（资料性附录）
本部分章条编号与 ISO 834-1:1999 章条编号对照

表 A.1 给出了本部分章条编号与 ISO 834-1:1999 章条编号对照一览表。

表 A.1　本部分章条编号与 ISO 834-1:1999 章条编号对照

本部分章条编号	对应的国际标准章条编号
—	6.7
附录 A	—
附录 B	—
注：表中的章条以外的本部分其他章条编号与 ISO 834-1:1999 其他章条编号均相同且内容相对应。	

附 录 B
（资料性附录）
本部分与 ISO 834-1:1999 技术性差异及其原因

表 B.1 给出了本部分与 ISO 834-1:1999 的技术性差异及其原因的一览表。

表 B.1 本部分与 ISO 834-1:1999 的技术性差异及其原因

本部分的章条编号	技术性差异	原　因
1	删除了原标准中的“然后，以试件性能在此试验条件下满足规定要求的持续时间为依据，用获得的试验数据对构件试件分级。”	以适应我国使用现状
2	引用我国标准 GB/T 5907，代替引用 ISO 13943《耐火试验词汇表》 引用我国标准 GB/T 16839.1《热电偶　第 1 部分：分度表》，代替引用 IEC 60584-1:1995《热电偶　第 1 部分：分度表》	以适合我国国情
5.2	修改了对炉内衬材料的要求	以适合我国的国情
5.5.1.1	删除了 ISO 834-1:1999 中有关板式热电偶的规定，在 GB/T 9978:1999 第 5.1.3 条的基础上进行了重新编写。重新绘制图 1。 镍铬/镍铝热电偶改为镍铬/镍硅	板式热电偶在国内没有生产与使用，也无计量检定依据，以适合我国国情和方便使用，删除了有关板式热电偶的规定，改为国内常用的热电偶
5.5.1.2	重新绘制图 2	为了方便使用，将热电偶的热端焊接在圆铜片的中心位置
5.5.1.3	增加了“红外辐射测温仪”。 重新绘制图 3	增加了可选择的测量仪器红外辐射测温仪，方便实际使用。 为了方便使用，图 3 该为将热电偶的热端焊接在圆铜片的中心位置
6.1.2	参考 GB/T 9978—1999 相关部分的内容，对原语句进行了重新编写，调整了个别语句的位置	更符合国内的语言习惯
6.3	删除了 b)条中“应给出根据实际使用材料性能确定的荷载量和根据典型材料性能确定的荷载量的关系”。 删除了 c)条中“应提供使用的荷载量与依据试件的期望材料性能和试件的典型材料性能所确定的荷载量的关系，或是通过试验进行确定”	两个“关系”的确定需要以大量的试验为基础，以目前国内的实际情况，无法确定以上两个“关系”
6.4	对于支承末端和边界约束结合我国国情进行了更具体的处理	增加可操作性
6.5	删除了原文中对环境的要求，改为“试验炉应安装在具有足够尺寸的试验室内，试验时记录试验起始的环境温度”	原文中对环境条件的要求过于局限，不适合国内的实际使用情况，因此进行了重新编写

表 B.1（续）

本部分的章条编号	技术性差异	原　因
—	删除了原文中6.7条“校准”的相关内容	按照标准规定的要求进行试验，其本身就是一个校准的过程，不必赘述
8.1.1	删除了ISO 834-1:1999中有关板式热电偶的特殊规定。对于可通用于普通热电偶的相关规定，将原文中的“板式热电偶”一词改为“热电偶”	板式热电偶在国内没有生产与使用，也无计量检定依据，以适合我国国情和方便使用，删除了有关板式热电偶的规定，改为国内常用的热电偶
8.1.3	增加了“若达到或超过150 ℃，则继续测温作为判定依据”	补充内容，使其更加完整
8.1.5	比原文增加了一条“环境热电偶”的使用规定	补充内容，使其更加完整
8.4.1	增加了“使用缝隙探棒测量完整性”	补充内容，使其更加完整
9.3	删除了第2段“试验时，试件内部初始平均温度（如果存在）和试件背火面的初始平均温度应在（20±10）℃范围内，应与环境温度的偏差在5 ℃范围以内（见6.5）”。增加了“试验时，记录试件内部初始平均温度值（如果存在）、试件背火面的初始平均温度值和环境温度值。在试验结束后，应用计算机根据初始温度值对试验数据进行修正”	因为在第6章第6.5条中删除了对环境条件的相关要求，在该条中删除了与环境条件相关的内容。增补了有关初始数据记录与数据修正的内容，提高了试验的可操作性

参 考 文 献

［1］ GB/T 14107—1993 消防基本术语 第二部分

［2］ GB/T 16283—1996 固定灭火系统基本术语

［3］ ISO 13943：2000 Fire safety—Vocabulary

ICS 13.220.50
C 82

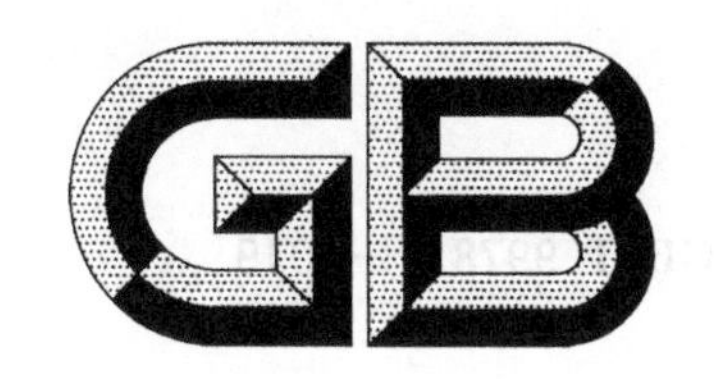

中华人民共和国国家标准

GB/T 9978.2—2019

建筑构件耐火试验方法 第2部分：耐火试验试件受火作用均匀性的测量指南

Fire Resistance Tests—Elements of building construction—Part 2: Guidance on measuring uniformity of furnace exposure on test samples

(ISO/TR 834-2:2009, Fire Resistance Tests—Elements of building construction—Part 2: Guidance on measuring uniformity of furnace exposure on test samples, MOD)

2019-12-10 发布 2020-07-01 实施

国家市场监督管理总局
国家标准化管理委员会 发布

前言

GB/T 9978《建筑构件耐火试验方法》已经和计划发布以下部分：

——第1部分：通用要求；

——第2部分：耐火试验试件受火作用均匀性的测量指南；

——第3部分：试验方法和试验数据应用注释；

——第4部分：承重垂直分隔构件的特殊要求；

——第5部分：承重水平分隔构件的特殊要求；

——第6部分：梁的特殊要求；

——第7部分：柱的特殊要求；

——第8部分：非承重垂直分隔构件的特殊要求；

——第9部分：非承重吊顶构件的特殊要求；

……

本部分为GB/T 9978的第2部分。

本部分按照GB/T 1.1—2009给出的规则起草。

本部分使用重新起草法修改采用ISO/TR 834-2:2009《耐火试验　建筑构件　第2部分：耐火试验试件受火作用均匀性的测量指南》。

本部分与ISO/TR 834-2:2009相比在结构上有部分调整，附录A中列出了与ISO/TR 834-2:2009的章条编号对照一览表。

本部分与ISO/TR 834-2:2009相比存在技术性差异，这些差异涉及的条款已通过在对应条款外侧页边空白位置的垂直单线(|)进行标示，附录B中给出了相应技术性差异及其原因的一览表。

本部分由中华人民共和国应急管理部提出。

本部分由全国消防标准化技术委员会(SAC/TC 113)归口。

本部分起草单位：应急管理部天津消防研究所。

本部分主要起草人：李希全、李涛、李国辉、赵华利、胡园、郑巍、黄伟、董学京、刁晓亮、阮涛、冉令譞、王铁杰、白斌。

引　　言

按照 GB/T 9978.1 的规定，在耐火试验炉中对试件进行耐火试验时，采用本标准推荐的试验方法，通过测量试验炉内多个位置的温度、空气流速和氧含量等参数，可判断试件的受火作用均匀性情况。推荐的试验方法采用低成本、易获取的轻质材料制作试件样品，能够最大程度减小不同样品之间水分含量的差别对试验结果的影响。

建筑构件耐火试验方法
第2部分:耐火试验试件受火
作用均匀性的测量指南

1 范围

GB/T 9978的本部分规定了一种试验方法,用以测量试件在耐火试验炉中按照GB/T 9978.1的规定进行耐火试验时的受火作用均匀性。本部分给出了模拟试件表面附近温度、空气流速和氧含量等参数测量仪器的类型和布置位置,模拟试件内部为冷弯型钢骨架,试件受火面的表面为石膏板。

本部分不包括耐火试验炉的性能要求。

2 规范性引用文件

下列文件对于本文件的应用是必不可少的。凡是注日期的引用文件,仅注日期的版本适用于本文件。凡是不注日期的引用文件,其最新版本(包括所有的修改单)适用于本文件。

GB/T 9775 纸面石膏板(GB/T 9775—2008,ISO6308:1980,MOD)

GB/T 9978.1 建筑构件耐火试验 第1部分:通用要求(GB/T 9978.1—2008,ISO 834-1:1999,MOD)

3 术语和定义

GB/T 9978.1界定的以及下列术语和定义适用于本文件。

3.1

耐火试验炉的有效开口区域 effective area of furnace opening

在仪器监测范围边界以内的耐火试验炉开口区域。

4 试验装置

4.1 支承结构(模拟试件)

4.1.1 支承结构采用冷弯型钢制作支撑龙骨,支撑龙骨的受火面安装有两层符合GB/T 9775规定的耐火纸面石膏板(H类),每层石膏板的厚度不小于16 mm;支撑龙骨的背火面安装一层厚度不小于18 mm的结构面板。

注:采用胶合板或刨花板作为典型的结构面板。

4.1.2 支承结构中,冷弯型钢支撑龙骨、耐火纸面石膏板和结构面板的详细组装构造见图1～图6。其中,图1～图3为水平支承结构,图4～图6为垂直支承结构。图示尺寸的支撑结构中,水平支承结构适用于开口尺寸为3 m×4 m的水平耐火试验炉;垂直支承结构适用于开口尺寸为3 m×3 m的垂直耐火试验炉。对应用于其他开口尺寸耐火试验炉的支承结构,相关尺寸需进行必要的修正。

单位为毫米

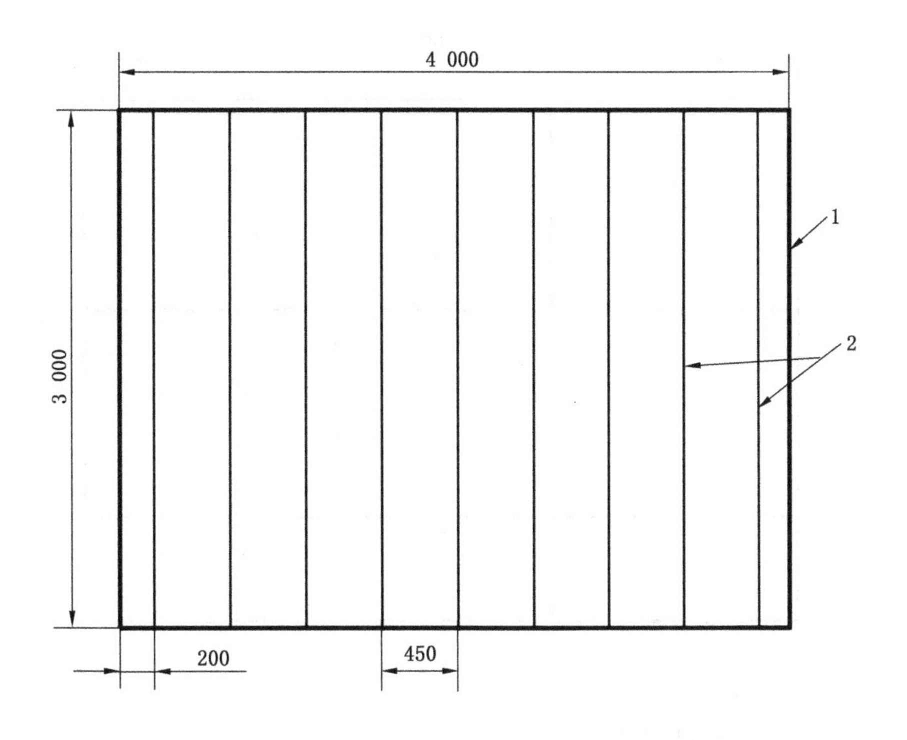

说明：

1——水平支承结构的四周边界；

2——水平支撑龙骨9根，中心间距为450 mm。

图1　水平支承结构构造细节——支撑龙骨布置

单位为毫米

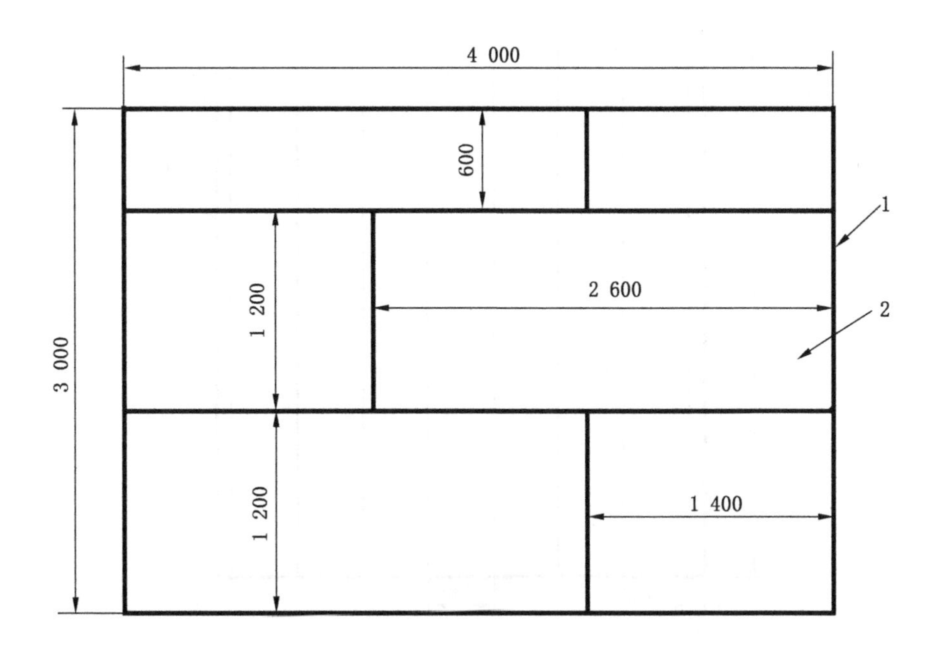

说明：

1——水平支承结构的四周边界；

2——水平支承结构受火面的内层(第一层)石膏板和背火面的结构面板。

图2　水平支承结构构造细节——内层石膏板和结构面板安装布置

单位为毫米

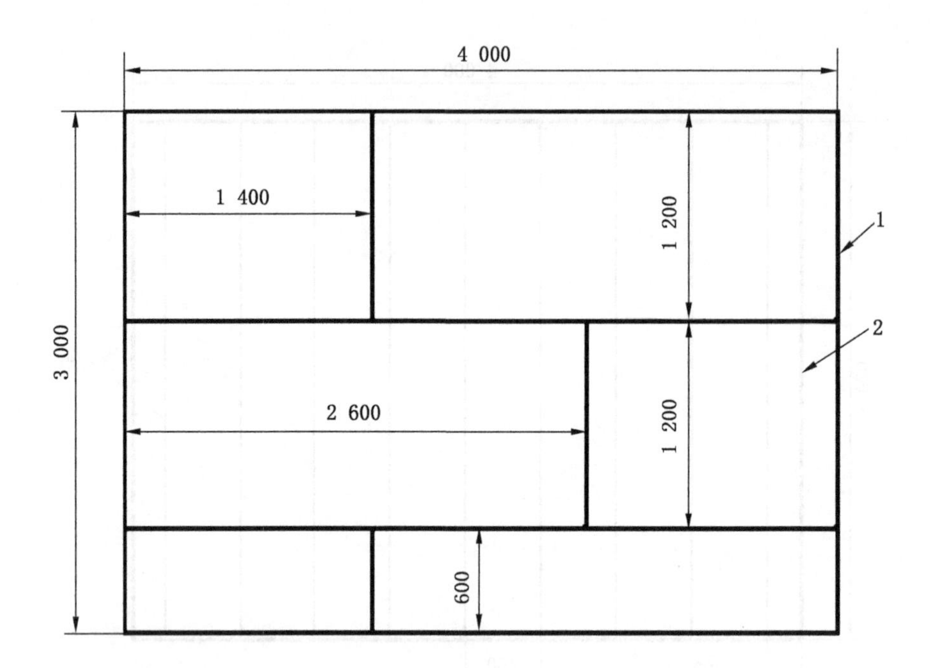

说明：

1——水平支承结构的边界；

2——水平支承结构受火面的外层(第二层)石膏板。

图3　水平支承结构构造细节——外层石膏板安装布置

单位为毫米

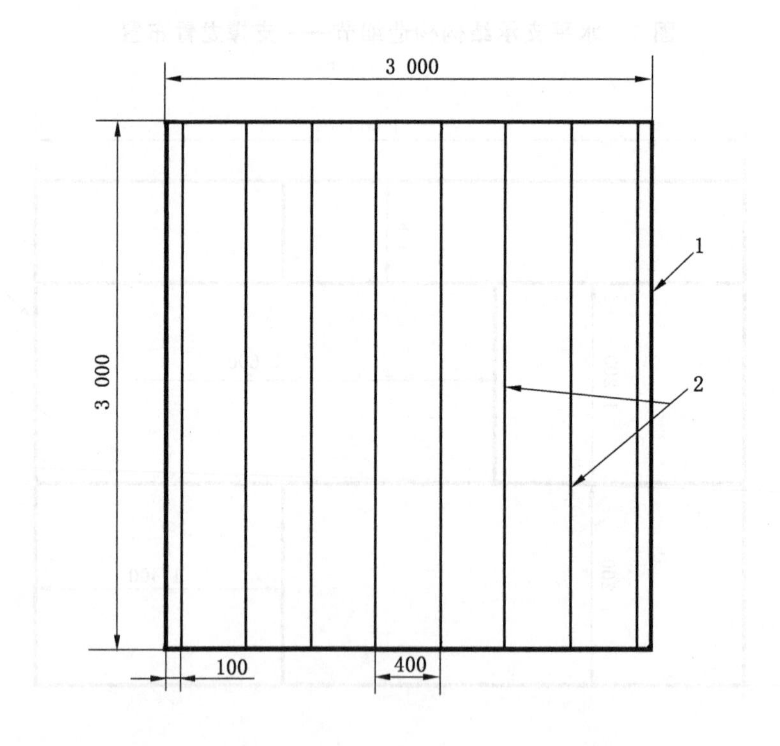

说明：

1——垂直支承结构的四周边界；

2——垂直支撑龙骨8根，中心间距为400 mm。

图4　垂直支承结构的构造细节——支撑龙骨布置

单位为毫米

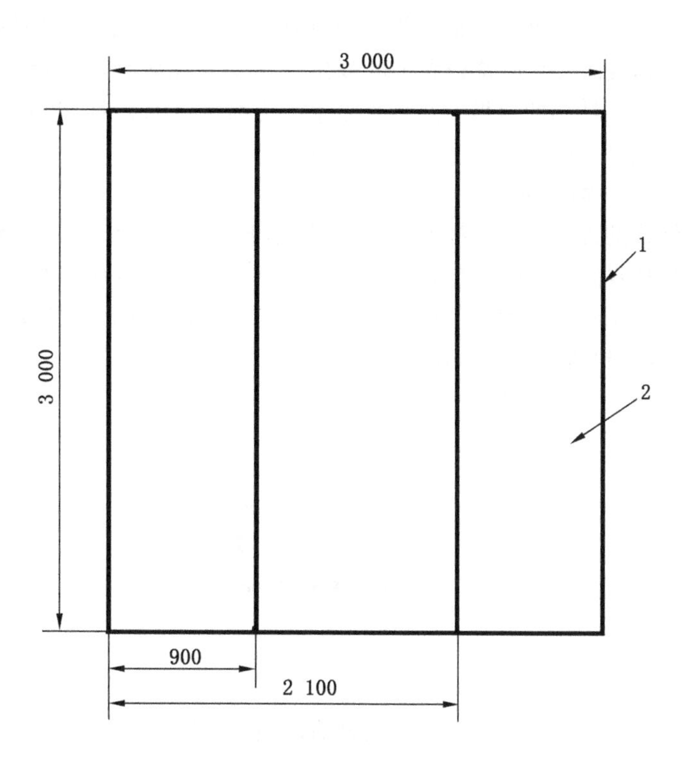

说明：

1——垂直支承结构的边界；

2——垂直支承结构受火面的内层(第一层)石膏板和背火面的结构面板。

图5 垂直支承结构的构造细节——内层石膏板和结构面板安装布置

单位为毫米

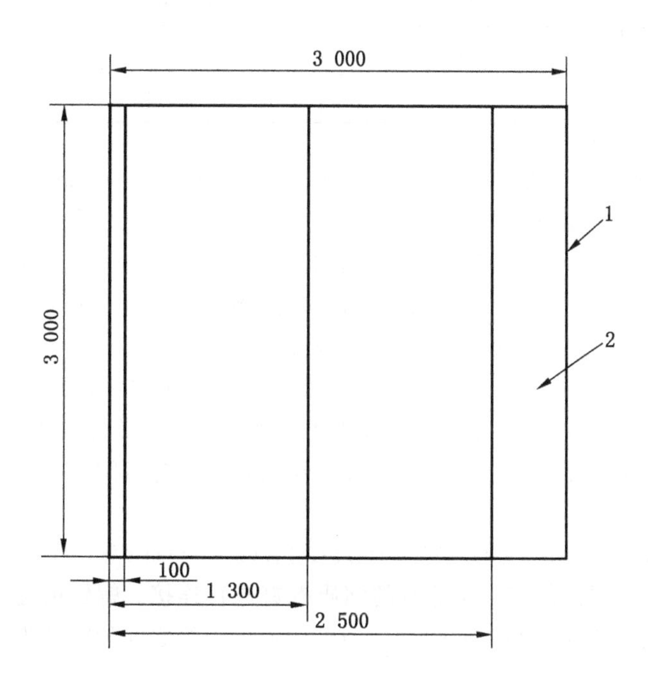

说明：

1——垂直支承结构的四周边界；

2——垂直支承结构受火面的外层(第二层)石膏板。

图6 垂直支承结构的构造细节——外层石膏板安装布置

4.1.3 用于水平支承结构的冷弯型钢支撑龙骨,应采用厚度不小于1.4 mm的钢板成型。水平支撑龙骨形状为C型(见图7),其截面尺寸应符合表1的规定。水平支撑龙骨应与相关的冷弯型钢边龙骨连接固定,边龙骨位于水平支承结构的边界上并垂直于水平支撑龙骨的方向,边龙骨的尺寸应与水平支撑龙骨相符,边龙骨与水平支撑龙骨之间应采用钢质螺钉进行连接固定。

注:边龙骨与水平支撑龙骨的连接也可以使用钢质角夹固定。

4.1.4 用于垂直支承结构的冷弯型钢支撑龙骨,应采用厚度不小于0.9 mm的钢板成型。垂直支撑龙骨形状为C型(见图7),其截面尺寸应符合表1的规定。垂直支撑龙骨应与相关的冷弯型钢边龙骨连接固定,边龙骨位于垂直支承结构的顶部和底部,边龙骨的尺寸应与垂直支撑龙骨相符,边龙骨与垂直支撑龙骨之间应采用钢质螺钉进行连接固定。

注:边龙骨与垂直支撑龙骨的连接也可以使用钢质角夹固定。

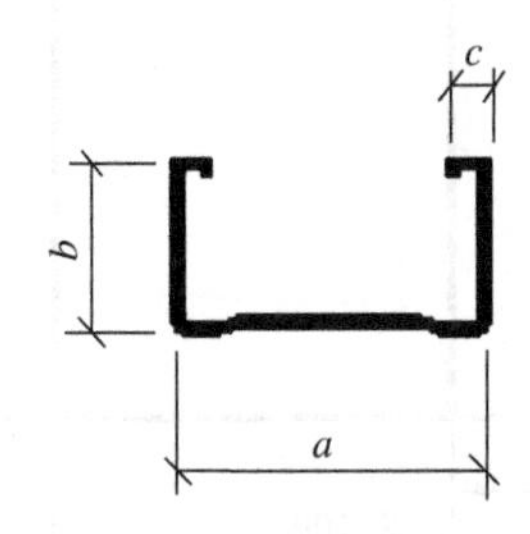

图7 支撑龙骨的截面示意图

表1 支撑龙骨的截面尺寸

单位为毫米

支撑龙骨类型	截面尺寸		
	深度(高度)a	翼缘宽度 b	回折棱缘宽度 c
水平支撑龙骨	≥240	≥40	≥12
垂直支撑龙骨	≥90	≥30	≥5

4.1.5 支承结构中,相邻支撑龙骨之间的中心间距应为300 mm~450 mm。

4.1.6 支承结构受火面的内层(第一层)石膏板与支撑龙骨之间应采用适宜的钢质螺钉进行连接,典型的螺钉尺寸为:螺纹直径5 mm,螺帽直径8 mm,螺杆长度25 mm。螺钉的连接位置位于每根支撑龙骨的中心轴线上,螺钉间距不大于200 mm;螺钉与石膏板边缘之间的距离为10 mm~15 mm。

注:内层石膏板(第一层),即底层石膏板,与支撑龙骨相接触。

4.1.7 支承结构受火面的外层(第二层)石膏板与支撑龙骨之间应采用适宜的钢质螺钉进行连接,典型的螺钉尺寸为:螺纹直径5 mm,螺帽直径8 mm,螺杆长度40 mm。螺钉的连接位置位于每根支撑龙骨的中心轴线上,螺钉间距不大于200 mm,且与连接内层石膏板的螺钉间距为100 mm;螺钉与石膏板边缘之间的距离为10 mm~15 mm。

注:直接受火的石膏板,即外层(第二层)石膏板,与内层石膏板(第一层)相接触。

4.1.8 结构面板与支撑龙骨之间应采用适宜的钢质螺钉进行连接。螺钉的连接位置位于每根支撑龙骨的中心轴线上,螺钉间距不大于200 mm;螺钉与结构面板边缘之间的距离为10 mm~15 mm。

4.2 测量仪器及其应用

4.2.1 用于支承结构受火面的表面附近温度测量的热电偶,其结构及精度要求应符合GB/T 9978.1中有关耐火试验炉炉内温度测量热电偶的规定。

4.2.2 用于支承结构受火面的表面气体流速测量的双向低速探测器,其结构如图8所示。探测器的探

头由内径为 D、长度为 $L=2D$ 的不锈钢管制作(如 $D=14$ mm,$L=28$ mm),该管分成两个相同的小室,两室之间的压差由长度(a)可调的支撑管连接到差压变送器测量。差压变送器的分辨率应满足微压差的测量需求,测量范围为 0 Pa～2 000 Pa。

单位为毫米

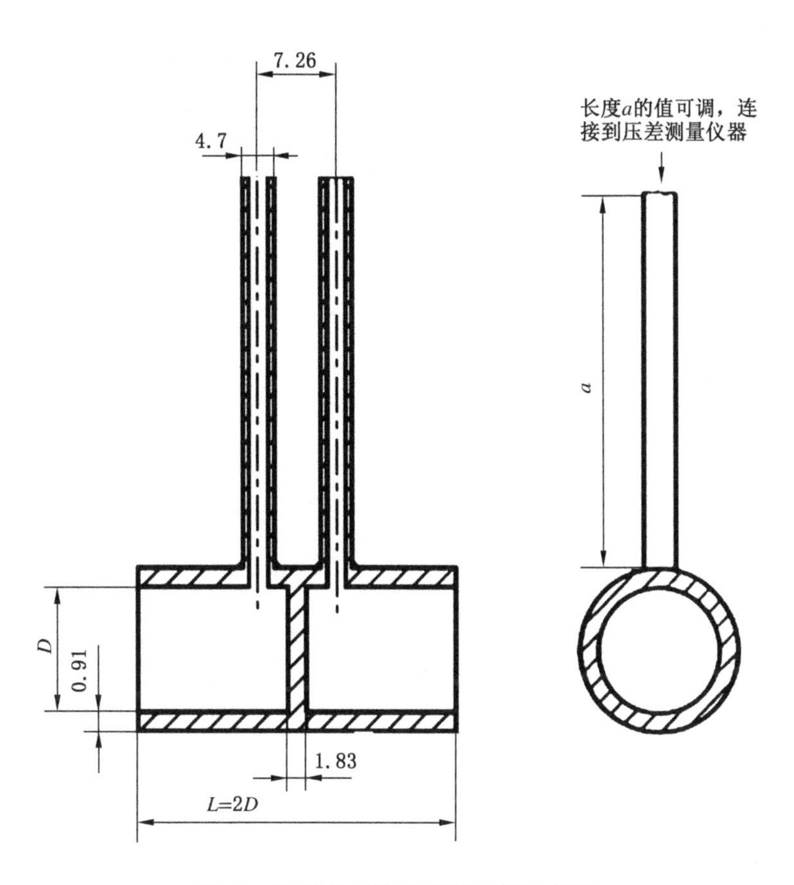

图 8 双向低速探测器结构示意图

4.2.3 双向低速探测器附近的温度采用 K 型(镍铬-镍硅)快速响应且非接地的热电偶进行测量,热电偶丝应带有耐热护套,电偶丝的外径不大于 1.5 mm。

4.2.4 支承结构受火面的表面气体流速 v,按式(1)进行计算:

$$v = 0.805\sqrt{(133p)(T)} \qquad \cdots\cdots(1)$$

式中:

v ——支承结构受火面的表面气体流速,单位为米每秒(m/s);

p ——双向低速探测器测得的压差,单位为帕斯卡(Pa);

T ——快速响应热电偶测量的温度,单位为开尔文(K)。

4.2.5 从耐火试验炉内获取气体样本的氧含量测量取样探头结构应与 GB/T 9978.1 中用于测量耐火试验炉内压力的 T 型探头一致。氧含量采用氧分析仪测量,测量精度不应低于±0.05%(氧的体积分数),响应时间不应超过 3 s。

4.2.6 热电偶、双向低速探测器和氧含量测量取样探头的布置如图 9 所示,支承结构受火面的表面温度测量热电偶不少于五支。

注:如耐火试验炉的开口尺寸为 1 700 mm×1 700 mm 或更小,则耐火试验炉的有效开口区域的每个角部布置一支热电偶,耐火试验炉的有效开口区域中心布置一支附加热电偶。

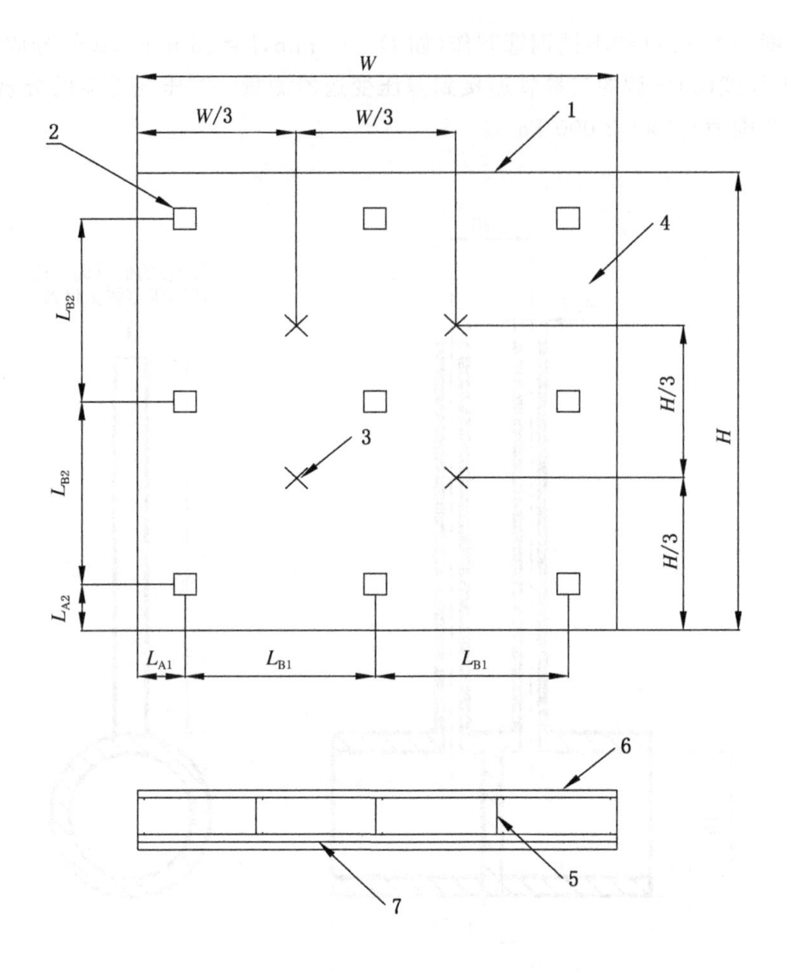

说明：

1——支承结构的四周边界；

2——支承结构受火面的表面附近温度测量热电偶；

3——双向低速探测器的探头及其附近的快速响应热电偶(各 4 支)；

4——测量氧含量的 T 型取样探头，位于 4 支快速响应热电偶所形成的矩形内；

5——支承结构的冷弯型钢支撑龙骨；

6——支承结构的背火面，结构面板；

7——支承结构的向火面，石膏板。

图 9　测量仪器的布置位置

4.2.7　图 9 中的尺寸 L_{A1} 及 L_{A2} 应由测试实验室决定，但不应小于 450 mm。

4.2.8　图 9 中的尺寸 L_{B1} 和 L_{B2} 不应大于 1 700 mm。

4.2.9　耐火试验炉的有效开口区域面积，A_{eff}，按式(2)进行计算：

$$A_{eff}=(W-2L_{A1})(H-2L_{A2}) \quad \cdots\cdots(2)$$

4.2.10　支承结构受火面的表面附近温度测量热电偶的安装位置如图 10 所示。

单位为毫米

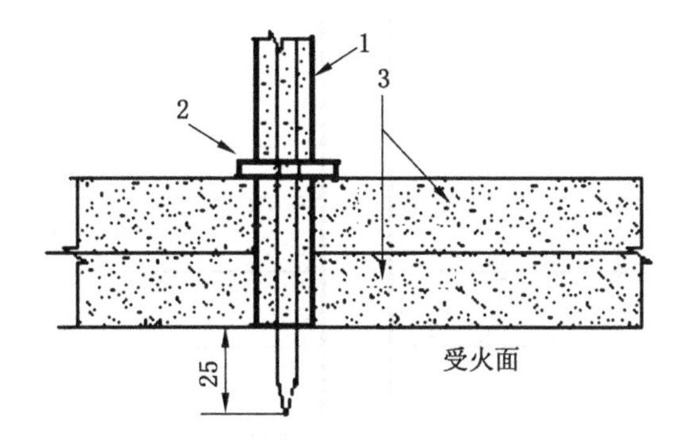

说明：

1——支承结构受火面的表面温度测量热电偶；

2——热电偶锁紧垫；

3——石膏板。

图 10 热电偶在支承结构表面上的位置

4.2.11 双向低速探测器的探头和快速响应热电偶应放置在石膏板的受火面，如图 11 所示。相邻探头的方向应旋转 90°。探头和热电偶之间的距离应在 50 mm 和 150 mm 之间。

单位为毫米

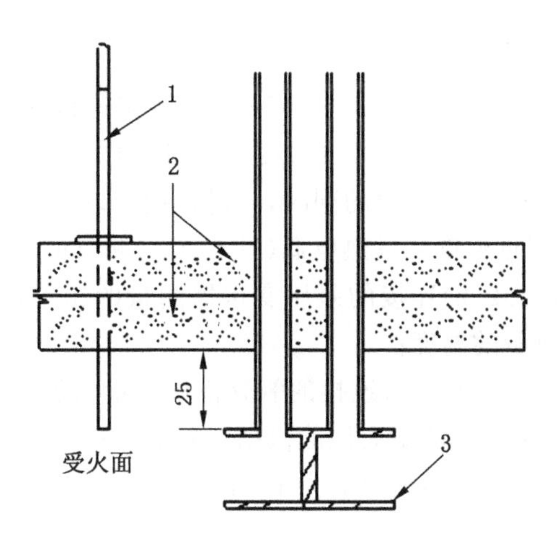

说明：

1——K 型(镍铬-镍铝)非接地快速响应热电偶(面向炉内侧)；

2——石膏板；

3——双向低速探测器探头(面向炉内侧)。

图 11 双向低速探测器探头和快速响应热电偶在支承结构表面上的位置

4.2.12 氧含量测量取样探头应放置在石膏板的受火面，如图 12 所示。

单位为毫米

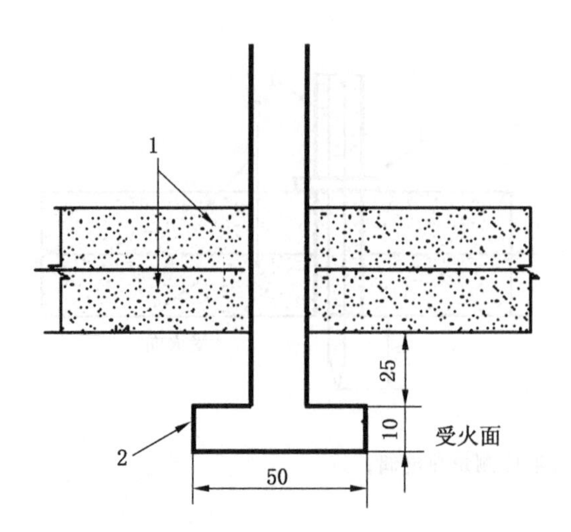

说明：

1——石膏板；

2——测量氧含量的T型取样探头(面向炉内侧)。

图12　氧含量测量探头在支承结构表面上的位置

5　试验程序

5.1　将支承结构安装在试验框架上，按照GB/T 9978.1的规定进行耐火试验。

5.2　按照GB/T 9978.1的规定测量并记录炉内温度、炉内压力。

5.3　在开始测量并记录炉内温度、炉内压力的同时，测量并记录以下参数：

a)　支承结构受火面表面附近温度测量热电偶(见4.2.1)测量的温度；

b)　与双向低速探测器(见4.2.2)连接的差压变送器测量的压差，双向低速探测器附近的快速响应热电偶(见4.2.3)测量的温度；

c)　与氧含量测量取样探头(见4.2.5)连接的氧分析仪测量的氧含量。

5.4　试验的持续时间可基于支承结构的耐火性能依据试验需要进行确定，且不应小于45 min。

5.5　记录5.2、5.3所述所有数据的时间间隔应为1 min。

6　试验报告

试验报告应包括以下所有与试件耐火试验有关的重要信息：

a)　测试实验室的名称和地址，唯一的查阅号码和测试日期；

b)　试件的安装程序和支承结构细节，包含尺寸的图纸，在可能的情况下采用照片说明；

c)　按照GB/T 9978.1规定测量的炉内温度，时间间隔为1 min；

d)　按照GB/T 9978.1规定测量的炉内压力，时间间隔为1 min；

e)　耐火试验炉的有效开口面积(见4.2.9)；

f)　安装在支承结构上的热电偶测量的平均温度，时间间隔为1 min；

g)　安装在支承结构上的热电偶测量的最高温度与最低温度的差值，时间间隔为1 min；

h)　按双向低速探测器和快速响应热电偶测量数据计算的气流速度，时间间隔为1 min；

i)　氧含量，时间间隔为1 min。

附 录 A
（资料性附录）
本部分与 ISO/TR 834-2:2009 的章条编号对照

表 A.1 给出了本部分与 ISO/TR 834-2:2009 的章条编号对照情况。

表 A.1 本部分与 ISO/TR 834-2:2009 的章条编号对照

本部分章条编号	对应的 ISO/TR 834-2:2019 章条编号
4.1.2	4.1.2、4.1.2.1
5.2	—
5.3	—
5.4	5.2
5.5	5.3
附录 A	—
附录 B	—
附录 C	附录 A
注：表中未列出的其他章条编号与 ISO/TR 834-2:2009 相对应。	

附 录 B
（资料性附录）
本部分与 ISO/TR 834-2:2009 的技术性差异及其原因

表 B.1 给出了本部分与 ISO/TR 834-2:2009 的技术性差异及其原因情况。

表 B.1 本部分与 ISO/TR 834-2:2009 的技术性差异及其原因

本部分的章条编号	技术性差异	原因
2	关于规范性引用文件，本标准做了具有技术性差异的调整，以适应我国的技术条件，调整的情况集中反映在第 2 章“规范性引用文件”，具体调整如下： ● 引用修改采用 ISO 834-1 制定的我国标准 GB/T 9978.1，代替引用 ISO 834-1。 ● 增加引用 GB/T 9775 纸面石膏板（GB/T 9775—2008，ISO 6308:1980，MOD）	适应我国国情，便于标准的理解与应用
4.1.1	直接给出规定石膏板应为“符合 GB/T 9775 规定的耐火纸面石膏板(H 类)”，删除 ISO/TR 834-2:2009 中 4.1.1 的注 1	适应我国国情，便于标准的理解与应用
4.1.3、4.1.4	增加支撑龙骨的截面图示，且以列表的形式给出有关龙骨尺寸的规定	便于标准的理解与应用
4.2.1	删除了 ISO/TR 834-2:2009 中板式热电偶的表述，热电偶要求由“应符合 ISO 834-1 的规定”改为“应符合 GB/T 9978.1 中有关耐火试验炉炉内温度测量热电偶的规定”	适应我国国情，便于标准的理解与应用
4.2.2	增加了有关双向低速探测器的结构和测量仪表(差压变送器)要求的描述内容	明确测量仪器的要求，便于标准的理解与应用
4.2.3	“镍铬-镍铝”改为“镍铬-镍硅”	适应我国国情
4.2.5	增加了氧含量测量仪器的要求	明确测量仪器的要求，便于标准的理解与应用
4.2.10	删除了 ISO/TR 834-2:2009 中板式热电偶在支承结构上的安装图，改为符合 GB/T 9978.1 规定的测温热电偶的安装图	适应我国国情，便于标准的理解与应用
5.2	增加试验炉内温度、炉内压力的测量程序要求内容	提高标准的可操作性
5.3	增加有关试件受火作用均匀性有关参数的测量程序要求内容	提高标准的可操作性
5.4	增加试验持续时间可基于支承结构的耐火性能依据试验需要进行确定的内容	提高试验的灵活性，且更有利于考核试件受火作用的均匀性
6 c) 6 d)	将 ISO/TR 834-2:2009 中的“ISO 834-1”改为“GB/T 9978.1”	适应我国国情，便于标准的理解与应用

附 录 C
（资料性附录）
补 充 解 释

本部分描述的试验方法，可以对符合 GB/T 9978.1 要求的耐火试验炉内部环境温度特征进行测量和记录，标准试件采用常见、低成本的建筑材料制作，设备采用耐火试验室中常用的仪器设备。

采用本部分规定的试验方法获取的试验数据，可为实验室证明其测试和校准结果质量符合 GB/T 27025—2008 中 5.9 的规定提供依据，试验记录的数据包括安装在支承结构上受火面表面附近热电偶测量的温度、快速反应热电偶测量的温度、差压变送器测量的试件表面气流压差和氧分析仪测量的耐火试验炉内氧含量。

测量热电偶安装在支承结构上，用以标明耐火试验炉的有效开口区域。附加热电偶均匀分布在有效开口区域范围内。支承结构受火面表面附近热电偶用于测量炉内温度的时间、几何均匀性（一致性）和/或耐火试验炉对试件作用的热通量变化；快速反应热电偶用于测量支承结构受火面表面气体温度，双向低速探测器测量支承结构受火面表面气流压差，从而计算出试件表面的横向流动气流速度，用以表征耐火试验炉内的空气湍流情况和试件表面的剪切力信息。测量耐火试验炉内的氧含量可表征可燃材料在耐火试验过程中被点燃的可能性。

参考文献

［1］ GB/T 25207—2010 火灾试验 表面制品的实体房间火试验方法

［2］ GB/T 27025—2008 检测和校准实验室能力的通用要求

［3］ ISO 834-1:1999 Fire-resistance tests—Elements of building construction—Part 1: General requirements

［4］ ISO/IEC 17025:2005 General requirements for the competence of testing and calibration laboratories

［5］ ASTM C1396/C1396M-14a Standard Specification for Gypsum Board

［6］ EN 520:2004＋A1:2009 Gypsum plasterboards—Definitions, requirements and test methods

ICS 13.220.50
C 82

中华人民共和国国家标准

GB/T 9978.3—2008

建筑构件耐火试验方法
第3部分:试验方法和试验数据应用注释

Fire-resistance tests—Elements of building construction—
Part 3:Commentary on test method and test data application

(ISO/TR 834-3:1994,MOD)

2008-06-26 发布　　　　2009-03-01 实施

中华人民共和国国家质量监督检验检疫总局
中国国家标准化管理委员会　发布

前 言

GB/T 9978《建筑构件耐火试验方法》分为如下若干部分：

——第1部分：通用要求；

——第2部分：耐火试验炉的校准；

——第3部分：试验方法和试验数据应用注释；

——第4部分：承重垂直分隔构件的特殊要求；

——第5部分：承重水平分隔构件的特殊要求；

——第6部分：梁的特殊要求；

——第7部分：柱的特殊要求；

——第8部分：非承重垂直分隔构件的特殊要求；

——第9部分：非承重吊顶构件的特殊要求；

……

本部分为GB/T 9978的第3部分。

本部分修改采用ISO/TR 834-3:1994《耐火试验　建筑构件　第3部分：试验方法和试验数据应用注释》(英文版)。

本部分根据ISO/TR 834-3:1994重新起草。在附录A中列出了本部分章条编号与ISO/TR 834-3:1994章条编号的对照一览表。

考虑到我国国情，在采用ISO/TR 834-3:1994时，本部分做了一些修改。有关技术性差异已编入正文中并在它们所涉及的条款的页边空白处用垂直单线标识。在附录B中给出了这些技术性差异及其原因的一览表，以供参考。

为便于使用，对应于ISO/TR 834-3:1994，本部分还做了下列编辑性修改：

——“ISO 834本部分”修改为“GB/T 9978本部分”；

——用小数点“.”代替ISO/TR 834-3:1994中作为小数点的逗号“,”；

——规范性引用文件“ISO 834-1:”修改为“GB/T 9978.1—”；

——删除ISO/TR 834-3:1994的前言。

本部分的附录A、附录B均为资料性附录。

本部分由中华人民共和国公安部提出。

本部分由全国消防标准化技术委员会第八分技术委员会(SAC/TC 113/SC 8)归口。

本部分起草单位：公安部天津消防研究所。

本部分主要起草人：韩伟平、赵华利、王颖、黄伟、李博、安冰、李希全、阮涛、刁晓亮、俞颖飞、董学京、白淑英。

建筑构件耐火试验方法
第3部分:试验方法和试验数据应用注释

1 范围

GB/T 9978本部分提供的信息是建议性的,目的是为耐火试验方法和试验数据的应用提供指南。

GB/T 9978本部分也确定了将来的修订版可能通过研究而获得改进的内容,如:与试件组件性能相关的试验现象及其与实际建筑结构之间的关系,与试验仪器和试验方法相关的技术。

2 规范性引用文件

下列文件中的条款通过GB/T 9978的本部分的引用而成为本部分的条款。凡是注日期的引用文件,其随后所有的修改单(不包括勘误的内容)或修订版均不适用于本部分,然而,鼓励根据本部分达成协议的各方研究是否可使用这些文件的最新版本。凡是不注日期的引用文件,其最新版本适用于本部分。

GB/T 5907 消防基本术语 第一部分[1)]

GB/T 9978.1—2008 建筑构件耐火试验方法 第1部分:通用要求(ISO 834-1:1999,MOD)

3 术语和定义

GB/T 5907和GB/T 9978.1确立的术语和定义适用于GB/T 9978的本部分。

4 标准试验程序

4.1 概述

实际情况表明,对耐火试验的标准试验程序进行一些简化是必要的,以供所有实验室能在可控制条件下进行试验,并使试验结果获得期望的可重复性和复现性。

某些可导致试验结果发生一定程度偏差的因素,未包含在标准试验程序规定的范围内,在这一点上,材料与结构的不同变化显得尤其重要。已经在本部分中确定的其他因素,在标准使用者能够接受的能力范围之内。如果标准使用者对这些因素给予适当的关注,就能够将试验程序的可重复性和复现性提高到一个可以接受的水平。

4.2 加热模式

GB/T 9978.1—2008中6.1.1描述的试验炉内标准升温曲线,与过去几十年里一直使用的耐火试验时间-温度曲线基本一致。采用诸如在火场中观测到的已知熔点材料开始熔化的时间等作为参考因素,该温度曲线与某些建筑火灾的实际火场温度具有明显的相关性。

---

1) 该标准将在整合修订GB/T 5907—1986、GB/T 14107—1993和GB/T 16283—1996的基础上,以《消防词汇》为总标题,分为5个部分。其中,第2部分为GB/T 5907.2《消防词汇 第2部分:火灾安全词汇》,将修改采用ISO 13943:2000。

标准升温曲线的实质是提供一个能合理代表火灾发生条件的标准试验环境条件，在该试验环境条件下，可以比较建筑结构中具有代表性的不同构件的耐火性能。但要特别注意的是，标准耐火试验环境不一定代表了实际火灾发生的情况，也不一定表明建筑构件在标准耐火试验条件下的耐火性能就是在真实火灾中的耐火性能。标准耐火试验只是在通常（正常）情况下，对建筑物的分隔构件和结构构件的耐火性能进行等级划分。此外，耐火性能只与标准耐火试验的持续时间有关，与实际火灾的持续时间无关。

有关实际火灾环境的加热条件与标准耐火试验的加热条件之间的联系，以及火灾后的环境冷却温度曲线等信息，可参见参考文献[1]的内容。

值得注意的是，标准升温曲线可以用一个指数公式来描述，该曲线非常接近于式(1)所示的曲线，此公式表示方式比较有利于计算。

$$T=345\lg(480t+1) \quad \cdots\cdots(1)$$

式中：

T——温度升高值，单位为摄氏度(℃)；

t——温度升高值达到 T 时所持续的升温时间，单位为小时(h)。

公式(1)可以变换成：

$$T=1\,325(1-0.325e^{-0.2t}-0.204e^{-1.7t}-0.471e^{-19t}) \quad \cdots\cdots(2)$$

式中：

T——温度升高值，单位为摄氏度(℃)；

t——温度升高值达到 T 时所持续的升温时间，单位为小时(h)。

采用试验记录的实际升温曲线的面积和上述标准升温曲线的面积进行比较，可以获得试验炉内温度偏差，用 de 表示，如 GB/T 9978.1—2008 中 6.1.2 所述，可以通过对标绘点使用求面仪测量得到，或采用辛普森法则和梯形法进行计算而获得。

GB/T 9978.1—2008 中 6.1.1 描述的升温条件是本部分中要求的构件耐火试验的温度条件，不适合于代表真实的火灾环境温度条件，例如含有烃类燃料的火灾。含有烃类燃料的火灾环境更适合于用非建筑构件的耐火试验标准来描述。最近提出的关于烃类火灾的升温条件，举例如下：

$$T=1\,100(1-0.325e^{-0.166\,7t}-0.204e^{-1.141\,7t}-0.471e^{-15.833t}) \quad \cdots\cdots(3)$$

式中：

T——温度升高值，单位为摄氏度(℃)；

t——温度升高值达到 T 时所持续的升温时间，单位为小时(h)。

实际应用时，式(3)可以表示为：

$$T=1\,100(1-0.33e^{-0.17t}) \quad \cdots\cdots(4)$$

式中：

T——温度升高值，单位为摄氏度(℃)；

t——温度升高值达到 T 时所持续的升温时间，单位为小时(h)。

4.3 耐火试验炉

GB/T 9978.1—2008 中 6.1.1 描述的升温条件，不足以确保采用不同设计方案制造的耐火试验炉对试件提供同样的耐火试验环境，也不足以确保从这些不同的耐火试验炉得到试件试验结果的一致性。

用来控制试验炉温度的热电偶处在一个动态热平衡状态的环境中，受到加热炉内存在的热辐射和热对流的影响。通过对流把热量传递到一个无遮蔽物体的过程，取决于受热物体的大小和形状，通常小的受热物体（如热电偶接头）的温度要高于大的受热物体（如试件）的温度。因而对流热对热电偶温度有较大的影响，传递到试件的热量主要受到试验炉炉壁辐射热和火焰辐射热的影响。

试验炉中，同时存在气体热辐射和炉壁表面之间的热辐射。气体热辐射取决于试验炉内的温度和气体的吸收特性，同时受可见火焰部分的辐射影响显著。

试验炉炉壁表面之间的热辐射取决于炉壁的温度、炉壁的吸收特性与发射特性以及试验炉的大小和构造。因此，试验炉炉壁的温度取决于其热力学特性。

对任一物体的对流热传递，取决于该物体所在局部环境气体温度与该物体表面温度的差异以及气体的流速。

试验炉内气体产生的辐射热与其温度相关，试件吸收的辐射热是试验炉内气体辐射热和试验炉炉壁辐射热的总和。后者开始时很小，随着炉壁温度的升高而逐渐增加。本部分中描述的热电偶很小，适宜于测量气体温度。另一方面，试件温度对辐射热更为敏感。

根据上述讨论，在不同测试机构中使用本部分的试验要求时，为了实现试验结果的一致性，其最终的解决方法是使用标准的测试机构对耐火试验炉进行理想化设计。这些设计应精细到试验炉尺寸、构造、材料、建造技术以及使用燃料的类型等方面。

有一种方法可以减少目前在用耐火试验炉之间存在的试验结果不一致的问题。采用温度易随炉内气体温度变化而变化的热惰性材料，把耐火试验炉炉壁表面填满，该材料的特征性能应符合 GB/T 9978.1—2008 中 5.2 的规定。这样，试验炉内气体和试验炉炉壁之间的温差会降低，由燃料供给的不断增加的热量，通过试验炉炉壁辐射到达试件表面。因而，采用不同设计的耐火试验炉，测试相同试件得到的耐火试验结果的可通用性会得到加强。

在可能的情况下，应重新检查、优化现有耐火试验炉有关燃料喷嘴和可能使用燃料的设计方案，以避免可能导致试件表面受热不均的气流紊乱和相关压力波动的发生。

尽管 GB/T 9978.1—2008 中 5.5.1.1 对用于测量并控制炉内温度的热电偶设计有所说明，但仍然建议在试验操作中尽可能使用对于辐射热和对流热综合效应更为敏感的热电偶，以进一步减少试验炉热性能变化带来的影响。

为了完善试验结果的一致性，调整现有试验炉设计的最为有效的“工具”之一是使用校准程序（见 4.12）。

4.4 试件养护

4.4.1 混凝土材料非标准含水量的校正

GB/T 9978.1—2008 中 7.4 规定，试验时，试件的含水量应与通常的实际使用情况一致。

除非在有持续空调和中央供暖系统的建筑物中，否则，建筑构件均暴露在空气中，不同程度地受到大气环境温度和/或湿气条件的循环影响。构件所使用材料的性能及其尺寸，决定了构件含水量达到平衡条件时受到环境湿度影响而波动的程度。

把试件的养护条件与其在通常情况下的使用条件进行比较，可以得到试件在养护前后的含水量变化量，尤其是构件中具有高吸湿能力的吸湿性组分，如普通水泥、石膏和木材等，其含水量变化量尤为明显。但是，对于 GB/T 9978.1—2008 中 7.4 描述的内容，在普通无机建筑材料制品中，只有含有水分的普通水泥产品的耐火试验结果会受到其含水量变化的影响。

为了比较试验结果，试件含水量需要在标准环境条件下进行调节，即把试件置于温度为(23±5)℃、相对湿度为(50±20)%的大气环境条件下进行养护，直至达到平衡含水量。

如果已知试件在某一含水量下按隔热性判定的耐火极限，则可根据公式(5)计算该试件在其他含水量下的耐火极限：

$$T_d^2 + T_d(4 + 4b \times \Phi - T_\Phi) - 4T_\Phi = 0 \qquad \cdots\cdots(5)$$

式中：

Φ ——试件的单位体积含水量；

T_Φ——试件在含水量为 Φ 时的耐火极限，单位为小时(h)；

T_d——试件在烘箱干燥条件下干燥后的耐火极限,单位为小时(h);

b ——随试件渗透性能而变化的因素。对于砖、密实混凝土和喷射混凝土试件,b 取 5.5;对于轻质混凝土试件,b 取 8.0;对于加气混凝土试件,b 取 10.0。

根据试件在某一含水量下按隔热性判定的耐火极限值来计算该试件在其他含水量下的耐火极限,也可以通过使用参考文献[2]和[3]中描述的方法来求得。

如果采用人工干燥技术使试件达到标准环境条件下的平衡含水量,则进行试件调节工作的试验室有责任避免采用可能明显影响试件组分性能的试验程序。

4.4.2 根据相对湿度来测定固化混凝土的湿度条件

参考文献[4]描述了采用带有电感元件的仪器测定硬化混凝土样品相对湿度的推荐方法。类似于采用带有电感元件仪器的测量方法,可用来测定其他材料制备的耐火试验样品的相对湿度。

对于木结构构件,在适当的情况下可以使用基于电阻原理的湿度表来测定耐火试验样品的相对湿度,以确定木材是否达到了恰当的湿度含量。这种基于电阻方法的湿度表在参考文献[5]和[6]有所描述。

4.5 燃料输入量和产热量

目前,燃料输入量并不是构件耐火试验过程中必须测量的数据。当然,这个数据经常由试验室进行测量,同时鼓励 GB/T 9978 本部分的使用者获得此信息,这将对其进一步进行研究开发工作有所帮助。

当记录燃料的输入速率时,下列有关试验过程的指南,或许有助于记录工作的开展。

每间隔 10 min(如果需要,可以缩短间隔时间)记录一次输入试验炉喷嘴的燃料总量(累积量)。同时,应确定在整个试验过程中需要的燃料总输入量。使用可连续记录的流量计,比只能阶段性读取瞬时流量或总流量的流量计更为方便。选择使用的流量测量和记录系统,应能确保流量速率读数的准确度在±5%的范围内。应报告燃料的类型、每一段时间的燃料燃烧总热量值和输入燃料的累计流量值(换算到温度为 15 ℃,压力为 100 kPa 标准条件下的数值)。

已经完成的燃料输入量的测量结果表明,含有可燃组分的试件组件在进行耐火试验时,试验后期,试件中的可燃材料对试验炉内环境存在有热贡献。在我国的建筑法规中,建筑构件的可燃组分是否对火灾产生热贡献可不予以考虑,但应根据建筑物的类别、耐火等级等要求,来控制所使用构件的整体燃烧性能(一般为不燃烧体或难燃烧体)。

还应注意的是,对水冷却保护的钢结构或大型隔断进行耐火试验时,测量燃料输入量的方法可能会明显不同。

4.6 压力测量技术

安装管式压力传感器的管组时,传感管和参比管通常应配对使用,它们的通道是共同从与测量相关的水平位置一直通向测量装置。至于参比管,可能在某些地方并不实际存在,但应视作是隐含存在的(在这种情况下,同一房间中两个特定平面之间的空气层可代表参比管)。

在同一水平面上的参比管和传感管,可能处于不同的温度。

参比管和传感管从一个水平面弯曲到另一个水平面时,很可能(在每一平面上)处于相同的温度。参比管和传感管的顶部可能很热,而在底部可能很凉,但在同一个水平面上的温度应该相同(参见参考文献[7])。

在试验炉内安装传感管时,应该注意避免传感管受到试验炉内气体流动和紊乱扰动引起的动力学影响(参见参考文献[8])。

4.7 停止加热后的延续试验程序

GB/T 9978.1对试验炉停止加热后的延续试验程序没有提出要求，也没有在参考文献中涉及到。

在实际操作中，可在耐火试验后继续对承重构件试件维持试验荷载或计算荷载至一定时间(通常是24 h)，以便于得到试件代表的建筑构件在火灾后的剩余强度或刚性数据，但由于该数据很难与某一火灾条件(或某一火灾后的条件)进行对应，所以该项试验未包含在本部分规定的要求范围内。

对于分隔构件试件，可通过在耐火试验后立即进行某种形式的冲击试验，对其耐火性能进行附加评估。冲击试验是为了模拟考察火灾中燃烧物碎块或消防灭火水龙的冲击作用对防火分隔构件性能的影响，因为某些场所的防火分隔构件在火灾中受到冲击作用时或在冲击作用后的一段时间内仍需要维持有效的防火分隔功能。这种冲击试验可以在一个完整的耐火试验全部结束后(即达到了预先设定的耐火试验时间)进行，也可以在耐火试验进行到一定阶段(例如，达到了预先设定的耐火试验时间的一半)时进行；这种试验是考察分隔构件稳定性的一种测量方法，不是消防员使用消防水龙模拟灭火的方法。

值得注意的是，上述两种附加试验在多数情况下都可能影响继续进行超过耐火极限时间以后的耐火试验。随着外推计算方法和其他计算方法对试验数据需求的不断增加，耐火试验机构应尽可能地延长耐火试验时间，直至试件安全地达到限定的耐火极限判定标准。

4.8 试件尺寸

GB/T 9978.1规定了应对全尺寸试件进行耐火试验的总要求。GB/T 9978.1中也认识到这种情况并不总是可以实现的，因为它受到了采用的耐火试验设备尺寸的限制。在不可能使用全尺寸试件进行耐火试验的情况下，提出了克服这一不足的尝试方法，即规定试件的标准最小尺寸是能代表高为3 m、横截面尺寸为3 m×4 m的房间构件所需的尺寸。

强烈建议采用全尺寸试件进行耐火试验的原因，是因为建筑结构的大多数承重构件和某些分隔构件在火灾下的特性，难以采用其模型尺寸试件的试验结果来完全代表。

对于大多数非承重建筑构件，为了试验需要，把试件尺寸从全尺寸减少到一个较为方便的尺寸并不会带来任何严重的问题，特别是对于那些结构构造是模型化的构件更是如此。

对于承重结构构件，减小耐火试验试件尺寸的同时保持其功能指标不变是很重要的。例如，全尺寸的地板尺寸减小时，边长之间的比例应保持不变。同样，建筑结构单元尺寸与其所支撑构件尺寸的相对比例应保持不变，即具有代表性的缩尺构件承受的不同应力之间应维持平衡。同时，应建立所讨论缩尺建筑结构的正确的应力表示方法。

4.9 试件结构

GB/T 9978.1规定了耐火试验试件所使用的材料、试件结构和试件构造方法等，应能代表构件的实际使用情况。这意味着耐火试验试件应包括节点、膨胀伸缩缝和特有的固定方法或装配特点等特征结构，并以能代表实际使用情况的方式进行构造。

值得注意的是，除非有其他特殊设计方法，否则存在着一种构造比实际应用情况更高标准的耐火试验试件的发展趋势。此外，关注耐火试验试件的构造一致性也很重要，从而可以避免因为试件的构造缺陷而导致形成额外的无关结果。

所以，对试件情况和试验条件的准确而细致的描述，是耐火试验数据最为必要的附件；必要时，应强调试件的这些特征，以合理解释表面上显得不规律的试验结果。

4.10 试件加载

在耐火试验中，施加在试件上的荷载对试件的耐火性能有重要影响。同时，对试验数据的进一步应用，及其与其他试验或相似试验得到试验数据之间的关系，也是一个重要补充。

GB/T 9978.1 中 6.3 确定了选择试验荷载的不同依据。第一个方法，能够对试验数据提供广泛应用的试验荷载确定方法，是依据构成试件的结构组件材料的实际测试性能和国家认可的建筑法规规定的设计方法；实际构件施加前述确定的试验荷载之后，导致其临界区域的材料产生应力，这些应力是国家认可建筑法规中的设计方法所规定允许的最大应力。此方法提供的试验荷载是最严格的，同时也为试验数据的外推及其在计算程序中的应用提供了一个现实可行的依据。

第二个方法，是依据构成试件的材料的理论性能和国家认可的建筑规范规定的特定设计方法。这个性能特征值通常由材料的生产者提供，或通过查阅有关材料的标准性能参数的参考文献来获得(通常给出一个范围)。大多数情况下，此方法确定的试验荷载的值有一点保守，因为材料性能的实际值大多数情况下高于其特征值，并且建筑构件不会承受到设计方法所预期的极限应力的作用。另一方面，这个方法与典型的国家规范规定的荷载设计方法及其相关的关于建筑构件中使用材料性能的设计说明，具有更密切的关系。如果材料的实际性能已经确定，且/或耐火试验试件的结构组件的应力已经在耐火试验过程中得到测量，则从这样的耐火试验中获得的结果的有效性可能加强。

第三个方法，不同于前述的两种方法，因为此方法确定的荷载与某些特定要求相关，因此也限定了试验结果的应用。由于试验荷载总是小于实际情况下构件应承受的荷载，所以根据现行建筑法规规定必须承受的标准设计载荷来选择建筑构件，比按照上述第一和第二种方法加载试件测试得到的性能来选择建筑构件，有更大的安全系数和更高的耐火性能。此外，如果根据建筑构件中结构材料的实际物理性能以及这些构件按规定值施加荷载时所承受的应力来获得有关试验数据，则试验结果的有效性也会进一步得到增强。

除了研究试验过程中确定试验荷载的各个依据之外，应注意与这些依据有关的，在建筑结构设计时采用的国家认可的建筑法规，这些法规可能会提供一系列不同的构件设计方法，这些设计方法通常因考虑建筑的不同使用环境而不完全一样，尤其是当考虑对风、雪、地震等荷载因素的适应性时，建筑结构的设计有着显著不同。

因此，需要重点注意的是，在耐火试验过程中无论选取哪种方法来确定施加荷载，都宜考虑与试件所代表构件在实际中未受热时荷载的相关性；另外，确定试验荷载的依据以及其他影响试验结果数据有效性和可适用性的相关信息，如材料特性和应力水平等信息，应在试验报告中明确给出。

荷载的集中加载点，能够在极大程度上为建筑梁和柱提供与实际情况十分接近的应力条件。对于楼板和墙，应更加注意均布荷载的模拟加载效果，应采用最多的荷载加载点，而且加载系统应能适应试验过程中试件的全部预期挠度，并确保试件维持规定的荷载分布。

4.11 边界条件和约束

4.11.1 概述

GB/T 9978.1—2008 中 6.4 对不同承重系统试件的约束应用、试件对热膨胀或热转动的抵抗作用给出了一些供选择的方法，反映了在 GB/T 9978.1 中描述的试验方法的内在本质，即以最能代表在实际中最严酷应用情况的方法对试件进行耐火试验。

为了把应用于试件的约束条件与构件在实际建筑结构中的约束条件进行关联，以下观点适用：

a) 当试件的周围环境条件和支撑结构能够在标准时间-温度曲线表示的整个高温范围内，为构件提供因热膨胀和/或热转动而产生应力的足够抵抗力时，可以认为实际建筑中的楼板和屋顶组件、墙体结构、柱和独立的梁能够抵抗热膨胀和/或热转动应力。

b) 虽然，确定如何实现“构件因热膨胀和/或热转动而产生应力的足够抵抗力”的方法，需要工程实践来判断。但是，这些必要的抵抗力可以由构件的一些结构特性来提供，如楼板和屋顶组件的支撑结构产生的侧向刚性作用、某一结构组件内连接梁的支撑结构产生的侧向刚性作用以及被支撑结构的重力等。与此同时，结构连接节点应足以充分地把热膨胀和/或热转动产生的应力传递给上述支撑结构或其他产生抵抗力的结构。某一结构的连接板或相邻结构的刚性，也应在评估该结构抵抗热膨胀应力的能力时予以考虑。根据这一原理，建筑梁的两个以上的连续支撑结构会对梁的预期热转动应力产生抵抗力。

c) 耐火试验结果表明，试件约束条件的变化可以显著影响建筑构件或组件的耐火时间。在大多数情况下，在耐火试验中应用约束，对试件耐火性能的测试结果有益。但有时，过分的轴向约束会加速试件耐火稳定性的失效或引起诸如在混凝土结构中可能发生的加速爆裂现象；有时，例如一面受火的非静定钢筋混凝土楼板，瞬间约束可能导致未增强区域或增强较薄弱的区域形成严重破裂变形，从而导致结构的剪切破坏。

随着受约束结构的耐火试验经验的增加，可以预测上面提及的某些不规律的特性，而且还有可能在通常方式下将受约束试件的试验条件与实际建筑结构条件进行关联。然而，还有很多工作需要继续完成，而且在不可能将试件试验时所需要的边界条件与构件在实际建筑结构中可能承受的边界条件进行关联的情况下，耐火试验可以在很少或者没有对试件热膨胀或热转动应力进行约束的条件下完成。

4.11.2 抗弯构件(梁、楼板、屋顶)

抗弯构件试件可以静置于滚动支座上或安装在约束结构界限内进行耐火试验。在后一种情况中，对于试件的轴向或旋转热膨胀可以采用多种约束方法。在复杂程度低的设备中，试件安装在约束结构的部分结构内进行试验，该部分结构能够响应试件结构构件的轴向推力而不发生明显的变形。这种轴向推力有时可以通过校准约束结构进行调节；有时可以通过在结构构件末端与约束结构之间预留膨胀伸缩缝的方法，在一定程度上控制这种轴向推力。这种结构安排，对试件也提供了热转动约束。在更为复杂的约束结构布置中，通常使用相对于构件轴向布置的液压装置来实现约束及其测量。

在存在热膨胀约束的情况下，试件在耐火试验中受热会引起轴向压缩力。大多数情况下，这种轴向压缩力出现在构件横截面的某一位置上，使得与该轴向压缩力相关的弯曲力矩趋向于抵消由试件加载产生的弯曲力矩，除非试件爆裂的可能性或不稳定性失效超过了这个有利效应，否则，将会导致试件承载能力和耐火性能的提高。

在多数情况下，如果一个抗弯构件试件在不受约束的条件下进行耐火试验，则采用此耐火试验结果来选用在火灾状态下可能受到热约束的对应抗弯构件是安全的。

4.11.3 轴向构件(柱、承重墙)

在实验室进行的柱和承重墙的耐火试验，表明的是这些构件在实际火灾中经受应力情况的理想化状态。例如，在耐火试验中不可能重现轴向构件在实际火灾中可能出现的末端弯矩的变化情况。实际上，约束的效应取决于防火分区中火灾的局部情况，如果防火分区中提供的是充分均匀的加热环境，则对试件受热膨胀延长的约束力会大大降低。

柱和承重墙的承载能力及其相关的试验荷载值，在很大程度上取决于它的支撑结构状况。对于铰链约束的细长型建筑构件，即使是支撑结构内由于摩擦引起的很小的力，都会显著增加该构件的承载能力。在耐火试验中，作用于试件末端的无意约束也会显著增加试件的承载能力。在某些实验室中也出现过这样的情况，对于柱构件，尽管使用的是球形的末端支撑结构，但通常很难提供真实的同心轴向支撑(或承载)点，推荐的做法是采用已知小偏心率的支撑结构。

基于以上原因，对于柱或承重墙而言，最好是在无热膨胀抵抗力或末端完全受限的情况下进行耐火试验。

4.11.4 非承重墙和隔断

从理论上讲，所有的非承重墙和隔墙均在不施加外部荷载的情况下进行耐火试验。然而从实际建筑来看，这些构件会受到从其他建筑构件传递荷载的影响，或者在火灾中受到构件自身膨胀产生应力的影响。因此,此类构件的耐火试验应在具有足够硬度的封闭受限框架内进行,此框架应能够抵抗试件热膨胀产生的作用力而不发生任何变形或只有微小变形。

4.11.5 试验室测量

考虑到目前缺乏关于热膨胀或热转动抵抗效能的信息,因此,在对任何约束形式的试件进行耐火试验时,试验室应尝试确定约束结构的约束力大小和方向。

4.12 校准

校准包含这样一个工作程序,其目的是确保根据 GB/T 9978 本部分的要求,在不同耐火试验炉或同一耐火试验炉在不同时间对相同样品进行耐火试验的结果具有可比性。如果校准程序达到了这一目标,则规定试件在不同耐火试验炉或同一耐火试验炉在不同时间进行耐火试验时,达到与承载能力和隔热性相关性能指标的时间不会出现明显的差异。

所有耐火试验校准的主要特征,包括控制和测量试验炉炉温、压力和试验环境条件的程序和仪器使用。校准试验的目标是确保在试件受火面上建立均匀统一的受热条件并达到规定的受热水平,并确保垂直方向安装试件的受火面上能获得线性静压力梯度,水平方向安装试件的受火面上能获得均匀统一的静压力。

试件的承载能力受到以下因素的影响:试件支撑结构,约束和边界条件,设计载荷的应用,使用已按标准进行校准的设备对载荷大小、试件变形和偏转进行瞬时测量的操作过程。目前,还没有能够直接评估这些因素特性的校准程序,赖以信任的是试验方法中有关这些因素的说明信息的一致性。

5 耐火性能指标

5.1 目的

如 GB/T 9978.1 所述,确定耐火性能的目的是评价建筑结构构件在标准受热和压力条件下的性能。GB/T 9978 本部分描述的试验方法是通过建立性能指标,来提供确定构件耐高温能力的一个量化方法。这些耐火性能指标是为了确保试验构件在试验条件下,持续发挥其作为一个承重支撑结构或作为一个分隔构件的设计功能,或者兼有两者的功能。这些性能指标要求确定了构件的承载能力和抗火灾蔓延性能。火灾可以有两种方式从一个分隔区域蔓延到另一个分隔区域,一种是由于分隔构件完整性的破坏而造成火灾蔓延,另一种是由于分隔构件因过分受热导致其背火面温度高于一个可接受的温度值而造成火灾蔓延。

GB/T 9978 本部分规定的时间-温度曲线,只是代表了在火灾发展阶段可能出现的多种温升情况中的一种,该方法不能量化构件在真实火灾中某一精确时间阶段内的性能(见 4.2)。

5.2 承载能力

承载能力指标是为了确定承重构件在耐火试验中不出现坍塌的情况下支撑试验载荷的能力。由于对承载能力的测量是期望在不必将试件持续试验至坍塌的情况下进行,所以对楼板、梁和柱试件规定了极限变形速率和极限变形(挠度或轴向变形)量。然而,对墙试件还不可能作出这一指标限定,因为试验表明,墙试件在坍塌以前记录的变形值会因墙体类型的不同而有很大的差异。

5.3 完整性

完整性指标适用于分隔构件,该指标为试件抵抗火焰或热气从迎火面向背火面传播的能力提供一种度量标准,并根据试件的任何裂缝或开口处放置的棉垫被点燃之前的实测时间来确定。棉垫被点燃的难易程度,取决于开口的尺寸、开口处试验炉内的压力、温度以及氧含量。

构件背火面的火焰可能造成不可接受的危害，因此，若试件出现导致棉垫被点燃的裂缝或开口，则判定为不满足完整性指标要求。

5.4 隔热性

隔热性指标适用于分隔构件，该指标为试件保持其背火面温度升高值低于规定值的能力提供一种度量标准。

如果所测试的分隔构件不具备隔热性能或其背火面温度超过了规定值，则其背火面自身产生的辐射热即足以点燃棉垫。

规定的背火面温度指标是为了确保任何与背火面接触的可燃材料在该温度以下不会被点燃。隔热性指标同时包含了对试件背火面最大温升值的规定，当依据 GB/T 9978.1 中 8.1.2 的规定测量试件背火面温度时，可以指明试件结构背火面出现热传递通道或灼热点的潜在区域。

有建议指出，GB/T 9978.1 规定的试件背火面温升限定值有点保守，因为该值的确定明显是基于假设在明火从试验装置处移开之后，试件背火面温度仍能继续升高。曾经做过这样一个试验(参见参考文献[9])，把填满棉花或木屑的盒子放置在按标准耐火试验状况受火的砖墙背火面处，在耐火试验持续进行的 1.5 h 至 12 h 时间范围内，当砖墙背火面温度低于 204 ℃(温度升高 163 ℃)时，未发生木屑或棉花被点燃的现象。当砖墙背火面温度在 204 ℃到 232 ℃之间时，观察到了木屑或棉花接近被点燃的现象；当砖墙背火面温度在 232 ℃到 260 ℃之间时，观察到了木屑或棉花完全被点燃的现象。

5.5 其他性能

虽然按照本试验方法进行耐火试验的试件所包含的材料，可能在试验过程中出现不期望的性能，如释放出烟气等，但是这种现象并不受本试验方法规定性能指标的限定。材料受火释放烟气的性能，由其他特定的测试方法来进行更为恰当的评价。

6 分级

一般，依据建筑物的高度、大小、使用性能和内部空间分隔等特性来对建筑进行常规控制管理，要求建筑物的基本分隔构件和支撑构件具有规定的耐火极限，该耐火极限的确定依据是代表建筑分隔构件和支撑构件的试件进行标准耐火试验的结果。

GB/T 9978 的本部分提出建筑构件进行耐火试验时测量耐火性能的表征方法，即有关建筑构件的耐火稳定性、耐火完整性和耐火隔热性的表征方法。这些性能采用时间单位来表示，在这样的时间段内，试件的相关性能应符合规定的指标要求。

实际上，建筑法规中可采用多种不同的方法对建筑构件的耐火性能作出规定。其一，可以规定建筑构件的耐火极限应达到某一值，其内涵是指在该耐火极限指明的时间段内，建筑构件应达到其应有的所有耐火性能要求；其二，可以针对不同建筑构件在建筑中的功能要求，对其耐火稳定性、耐火完整性或耐火隔热性指标分别规定指标要求。当采用第二种方法时，应在相关建筑法规中明确其适宜且重要的限定使用条件。

建筑构件的耐火性能要求通常表示为耐火性能等级(耐火极限)或耐火时间。耐火性能等级的划分通常以半个小时或一个小时为间隔来表示，范围从 0.5 h 至 4 h；同时，可针对建筑构件的燃烧性能的不同(燃烧体、难燃烧体、不燃烧体)，来区分耐火性能等级的划分。

7 可重复性和可复现性

7.1 概述

尽管 GB/T 9978 的本部分已经根据提高可重复性和可复现性的目的，对试验程序提出了一些改进措施建议，但迄今为止还没有一个完整全面的试验程序，可用于得到耐火试验结果可重复性和可复现性统计评估的数据。由于不要求对名义上相同的样品进行重复试验，而且进行重复试验也不是惯例，所以很少有关于重复试验结果变化的统计数据。然而，还是有一些系统的数据资料可查询(参见参考文献[10])。

可重复性和可复现性通常用标准偏差或偏差系数(标准偏差和总平均值的比值，用百分比表示)来表示；也可以用临界差值或相对准确度来表示。

目前还没有很好的方法可用于评估表示可复现性的偏差系数，然而试验经验表明，试验室间可复现性的偏差系数是试验室内可重复性的偏差系数的两至三倍。

为了进一步改善耐火试验结果的可重现性和可重复性，应考虑 7.2、7.3 规定的一些因素。

7.2 可重复性

可重复性是在单个试验室内完成的对相同组件试件进行重复耐火试验，得到耐火时间可变性的度量方法。测定的耐火时间的可变性归因于一些随机因素或系统因素的影响，可能与下述因素有关：

a) 试件装配；

b) 仪器(试验炉和加载设备)；

c) 控制设备；

d) 操作人员(控制和观察)；

e) 试验环境影响。

随机因素包括：材料变化和材料成型工艺改变；荷载大小及应用方式(如约束的程度、末端固定、荷载偏心率等)；传感器及仪器的变化；操作条件影响；试验环境变化(温度、湿度等)。

系统因素包括上述列举的几方面因素，如人工操作设备的不同操作人员、试验炉温度或压力的系统变化(高或低)、传感器及仪器校准的偏移。

在某些情况下，决定性的因素可能包含随机因素和系统因素两方面。例如，试验炉炉压的大小和变化有可能引起构成楼板——吊顶组件的悬挂吊顶结构在试验结束前就失效。这种现象，可能在某一受控的炉压值上随机出现，也可能系统地出现在某一稍高的炉压值上。

7.3 可复现性

可复现性是在不同试验室间完成的对相同组件试件进行重复耐火试验，得到耐火时间可变性的度量方法。上面提到的随机因素和系统因素，也对试验室间耐火试验结果的可变性产生影响，可能会增加耐火试验结果可变性的具体系统因素包括：

a) 耐火试验炉之间的差别(例如：试件尺寸，燃料类型，试验炉喷嘴的数量、类型和方向)；

b) 结构荷载(例如：施加荷载的方法，荷载分布，荷载偏心率)；

c) 边界条件(例如：约束，环向冷却)；

d) 控制和记录仪器的使用(例如：自动或手动，温度仪器，压力仪器)；

e) 试验条件和性能指标的解释。

8 内插法和外推法

8.1 概述

8.1.1 内插法

内插法，是指根据某一类建筑构件中已完成的，一系列特定构件的耐火试验及给出的各耐火等级结果，分析确定构件进行耐火试验时各种参数变量对其耐火等级的影响，并试图对一个未经试验的同类构件推导出耐火等级，该等级应介于原来由耐火试验建立的同类构件的耐火等级范围之内。使用内插法需要至少以两个构件的试验结果为基础，建立一个数学关系式或经验关系式。建立关系式时可以考虑的因素有：构件尺寸、构件材料或者试验测定的变量范围内的设计变更。

8.1.2 外推法

外推法，是指根据某一类建筑构件中已完成的耐火试验及给出的一个耐火等级结果，分析确定构件进行耐火试验时各种参数变量对其耐火等级的影响，并试图对一个未经试验的同类构件推导出耐火等级，该等级应延伸超过原来由耐火试验建立的同类构件的耐火等级范围之外。使用外推法需要以一个或多个耐火试验结果及其他与火灾性能相关的数据为基础，建立一个火灾模型。建立火灾模型可以考虑的因素有：试件尺寸、试件材料或者在试验测定变量范围以外的设计变更。外推法的可靠性取决于所使用火灾模型的准确性，而且当采用外推法时，应指定使用的火灾模型。

8.2 内插法和外推法的应用

8.2.1 影响因素

有许多参数影响内插法和外推法的应用。当进行耐火试验前知道试验结果数据有扩展应用的要求时，则进行试验时应控制相关试验参数，在必要的时候还需要进行一些附加数据的测量，用以协助试验数据的内插或外推应用工作。为了达到这一目的，需要考虑以下三类主要参数：

a） 试件尺寸的变量——长度、宽度、厚度等；

b） 试件所用材料的变量——强度、密度、隔热性、湿度；

c） 试件荷载或设计方面的变量——荷载、边界条件、节点、安装方法。

这些参数的影响作用取决于试件的种类和所需要考虑的变化情况，仅有可能指明其中一些参数在少数典型情况下的影响作用。基于这个目的，可以把试件分为承重构件和分隔构件两类。对承重构件，主要是确保参数的变化应足以支撑荷载；而对分隔构件，主要是确保其满足完整性和隔热性要求。在某些情况中（如承重分隔构件），上述两种要求都需要满足。

在内插法和外推法的应用中，可以应用简单规则的承重构件主要有具有隔热性能的钢结构构件、取决于增强保护的混凝土结构构件以及耐火性能影响参数中炭化速率是关键参数的木结构构件。对于钢结构构件，尺寸、荷载和设计内容的改变会导致所使用的隔热材料指标要求的改变。对于混凝土结构构件，可以对一些单一结构系统做类似的近似处理，在这些单一结构系统中，混凝土钢筋的布置要么是简单布置以达到其使用强度要求，要么作出更为复杂的布置并考虑应力和应变的重新分配。对大多数木质结构构件，可以根据未成炭区域的木材最终剩余强度进行分析。

8.2.2 应用方法

内插法和外推法可以分为下列四种应用方法，复杂程度依次递增。需要使用这些方法的机构，在详细的使用规则和应用限制条件上应达成一致：

a） 以耐火试验结果和一般概念为基础的定量设计规则，这些规则仅适用于该领域内的专家使用。

b） 以特定耐火试验结果为基础的定量设计规则（或经验规则），这种特定的耐火试验是为测试构件中使用的材料或制品对构件耐火性能的贡献而进行，并采取安全措施，以避免出现不切实际的结果。

c） 回归方法：在一系列的系统试验中测量一系列参数，并采用回归方法确定一个关系式，以获得最佳结果。

d） 物理模型：根据基本原理或采用对测试数据进行计算研究的方法，建立构件耐火性能与其材料性能相关关系的模型；模型确立后，通过输入适当的材料性能即可确定相应构件的耐火性能。

如果数据不充足，或考察的结构明显不能代表内插法或外推法中作为基础的耐火试验结构时，应考虑采用内插法和外推法确定构件耐火等级时出现的偏差。

上述内容可参见参考文献[11]。

9 耐火性能与建筑火灾的关系

在考虑构件耐火性能与建筑火灾的关系时，应明确构件的耐火性能是通过完整的耐火试验过程来确定的。当把耐火试验时的火灾场景与实际建筑火灾进行比较时，通常应该注意的是时间-温度曲线及其与各种不同火灾场景下室内“真实”火灾的环境温度和火灾发展速率之间的关系。

需要采用试验证明建筑结构是合格的，能在火灾中提供需要的安全水平。这可以通过一些规范或说明性文件，引用构件耐火试验结果的方法来实现，这些规范或说明性文件将决定建筑结构中具体部位的耐火性能要求。应用方法的适当性由实际使用效果的反馈来监控，以避免不可接受的耐火等级失效。

试验结果采用以时间表示的耐火性能分类或等级来表达，在这一时间段内，建筑构件的耐火性能满足规定的指标要求。

耐火试验测试的耐火时间表明了构件耐火性能的相对等级，不能直接与特定建筑的耐火等级相联系。从一个耐火试验时间基数到建筑规范规定的建筑物火灾特性的转换关系的识别，是十分重要的。

建筑构件在耐火试验中表现的实际性能，与试验条件、试件模拟实际建筑构件的程度和用于确定试件失效的判定指标等因素紧密相关。试件失效判定指标的微小变化，就会对试验得到的耐火极限产生重大影响，特别是需要考察试件完整性和隔热性指标的试验。

应特别注意，在考察试件完整性和隔热性指标的耐火试验中记录的构件耐火时间，与真实火灾中实际构件的失效时间没有直接关系。在建筑构件进行耐火试验的起初阶段，已经从试验原理上认识到了这一事实（参见参考文献[12]、[13]）。

耐火试验是对不同建筑构件在火灾场景中的对火反应性能进行测量比较的一种方法，这些火灾场景在火灾模型和物理模型方面进行了近似处理。

应谨慎考虑为使耐火试验“更真实”而进行的尝试。按照使用试验结果的责任者的要求，应考虑任何显著改变耐火试验现有分级的测量方法，而且仅在可能引起安全水平的变化已经得到识别、有需要且得到认可的情况下，才采用该方法。

附 录 A
(资料性附录)
本部分章条编号与 ISO/TR 834-3:1994 章条编号对照

表 A.1 给出了本部分章条编号与 ISO/TR 834-3:1994 章条编号对照一览表。

表 A.1 本部分章条编号与 ISO/TR 834-3:1994 章条编号对照

本部分章条编号	对应的 ISO/TR 834-3:1994 章条编号
1	1
2	2
3	—
4	3
4.1	3 与 3.1 之间的悬置段
4.2	3.1
4.3	3.2
4.4	3.3
4.4.1	3.3.1
4.4.2	3.3.2
4.5	3.4
4.6	3.5
4.7	3.6
4.8	3.7
4.9	3.8
4.10	3.9
4.11	3.10
4.11.1	3.10.1
4.11.2	3.10.2
4.11.3	3.10.3
4.11.4	3.10.4
4.11.5	3.10.5
4.12	3.11
5	4
5.1	4.1
5.2	4.2
5.3	4.3
5.4	4.4
5.5	4.5

表 A.1（续）

本部分章条编号	对应的 ISO/TR 834-3:1994 章条编号
6	5
7	6
7.1	6 与 6.1 之间的悬置段
7.2	6.1
7.3	6.2
8	7
8.1	7 的第 1 段、第 2 段
8.1.1	7 的第 1 段
8.1.2	7 的第 2 段
8.2	7 的第 3 段至第 8 段
8.2.1	7 的第 3 段至第 5 段
8.2.2	7 的第 6 段至第 8 段
9	8
附录 A	—
附录 B	—
参考文献	附录 A

附 录 B
(资料性附录)
本部分与 ISO/TR 834-3:1994 技术性差异及其原因

表 B.1 给出了本部分与 ISO/TR 834-3:1994 技术性差异及原因一览表。

表 B.1 本部分与 ISO/TR 834-3:1994 技术性差异及原因

本部分章条编号	技术性差异	原 因
2	增加引用 GB/T 5907—1987《消防基本术语 第一部分》;引用我国标准 GB/T 9978.1,代替引用国际标准 ISO 834-1 删除 ISO/TR 834-3 中的两个规范性引用文件 ISO/TR 3956:1975、ISO/TR 10158:1991	以适合我国国情和方便使用 根据两个文件在标准正文中提及的情况分析,按照我国标准 GB/T 1.1—2000 的规定,此两个文件属于参考文献,不属于规范性引用文件
3	增加术语和定义一章	完善标准内容并方便使用
4.3 倒数第 2 段	删除了"(参见参考文献[1])"内容	此参考文献内容是关于板式热电偶的说明内容,而 GB/T 9978.1 中并未使用板式热电偶
4.4.1 第 4 段	"相对湿度为 50、温度为 20 ℃"改为"温度为(23±5)℃、相对湿度为(50±20)%"	与 GB/T 9978.1 的内容保持一致
4.5 第 4 段	修改了原标准中有关不同国家的建筑法规中对构件可燃组分控制的表述内容,按照我国情况进行表述	以适宜于我国使用
4.10 第 2 段	采用"构成试件的材料的实际测试性能和国家认可的建筑规范规定的特定设计方法",代替"建立试验荷载及其产生的应力与构成试件的结构组件材料的实际测试性能之间的相关关系"	依据 GB/T 9978.1 的相关内容修改,便于使用
4.10 第 3 段	采用"构成试件的材料的理论性能和国家认可的建筑规范规定的特定设计方法",代替"建立要求的试验荷载与构成试件的材料的性能特征值之间的相关关系"	依据 GB/T 9978.1 的相关内容修改,便于使用
4.12	删除 ISO/TR 834-3 中 3.11 中一段"在参考文献[9]中描述了关于温度和压力条件的校准程序"内容	有关耐火试验炉的温度和压力条件的校准程序,将依据目前正在制定过程中的 ISO 834-2 标准,来制定我国标准 GB/T 9978.2
4.7	修改了原标准中有关不同国家采用不同的后续试验程序的内容	以适宜于我国使用
6	修改了原标准中有关不同国家的建筑法规中对耐火性能等级的划分、表述等内容,按照我国情况进行表述	以适宜于我国使用
9	删除了原标准中第 7 段至第 11 段有关国外建筑构件耐火试验方法研究历史的内容	以适宜于我国使用

表 B.1（续）

本部分章条编号	技术性差异	原　　因
附录 A	增加了资料性附录《本部分章条编号与 ISO/TR 834-3:1994 章条编号对照》	了解本部分与 ISO/TR 834-3:1994 条款对应关系，便于本部分的使用和理解
附录 B	增加了资料性附录《本部分与 ISO/TR 834-3:1994 技术性差异及原因》	了解本部分与 ISO/TR 834-3:1994 内容的技术性差异和原因，便于本部分的使用和理解
参考文献	删除了 ISO/TR 834-3 中的原参考文献[1]、[9]、[14]、[15]和[16]，增加在规范性引用文件中删除的两个文献，并重新对文献进行排号	本部分标准的正文中已删除有关内容，故删除相关的参考文献

参 考 文 献

[1] ISO/TR 3956: 1975,Principles of structural fire-engineering design with special regard to the connection between real fire exposure and the heating conditions of the standard fire-resistance test (ISO 834)

[2] HARMATHY,T. Z. Experimental Study on Moisture and Fire Endurance,Fire Trchnology,l(1),1986

[3] ASTM E119,Standard Methods of Fire Tests of Building Construction and Materials

[4] MENZEL,C. A. A Method for Determining the Moisture Condition of Hardened Concrete in Terms of Relative Humidity. In:Proceedings American Socity for Testing and Materials ASTM. 55, 1955,page 1085

[5] Wood Handbook of the Forest Products Laboratory,US Department of Agriculture,14-2～14-3,1987

[6] ASTM D4444,Standard Test Methods for Use and Calibration of Hand-Held Moiture Meters

[7] NBSIR 81-2415,Furnace Pressure Probe Investigation. National Bureau of Standards

[8] OLSSON,S. Swedish National Testing Institute Technical Report of Standards. SPRAPP 1985:2

[9] INGERG,S. H. Fire Test of Brick Walls,Building Materials and Structures Report 143,US Department of Commerce,National Bureau of Standards,1954

[10] Task Group Report on Repeatability and Reproducibility of ASTN E119 Fire tests. ASTM Research Report RR: 05-1003(1981)

[11] ISO/TR 10158:1991 ,Principles and rationale underlying calculation methods in relation to fire resistance of structural elements

[12] BLETZACKER,R. W. The Role of Research and Testing in Building Code Regulation. News in Engineering. The Ohio University,1962

[13] BS 476-10:1983,Guide to the Principles and Application of Fire Testing

[14] GB/T 14107—1993 消防基本术语 第二部分

[15] GB/T 16283—1996 固定灭火系统基本术语

[16] ISO 13943:2000 Fire safety —Vocabulary

ICS 13.220.50
C 82

中华人民共和国国家标准

GB/T 9978.4—2008

建筑构件耐火试验方法
第4部分：承重垂直分隔构件的特殊要求

Fire-resistance tests—Elements of building construction—
Part 4: Specific requirements for loadbearing vertical separating elements

（ISO 834-4:2000，MOD）

2008-06-26 发布　　　　2009-03-01 实施

中华人民共和国国家质量监督检验检疫总局
中国国家标准化管理委员会　发布

前　言

GB/T 9978《建筑构件耐火试验方法》预计分为如下若干部分：

——第1部分：通用要求；

——第2部分：耐火试验炉的校准；

——第3部分：试验方法和试验数据应用注释；

——第4部分：承重垂直分隔构件的特殊要求；

——第5部分：承重水平分隔构件的特殊要求；

——第6部分：梁的特殊要求；

——第7部分：柱的特殊要求；

——第8部分：非承重垂直分隔构件的特殊要求；

——第9部分：非承重吊顶构件的特殊要求；

……

本部分为GB/T 9978的第4部分。

本部分修改采用ISO 834-4:2000《耐火试验　建筑构件　第4部分：承重垂直分隔构件的特殊要求》(英文版)。

本部分根据ISO 834-4:2000重新起草。附录A为ISO 834-4:2000原有附录，附录B列出了本部分章条编号与ISO 834-4:2000章条编号的对照一览表。

考虑到我国国情，在采用ISO 834-4:2000时，本部分做了一些修改。有关技术性差异已编入正文中并在它们所涉及的条款的页边空白处用垂直单线标识。在附录C中给出了这些技术性差异及其原因的一览表，以供参考。

为便于使用，对应于ISO 834-4:2000，本部分还做了下列编辑性修改：

——"ISO 834的本部分"修改为"GB/T 9978的本部分"；

——用小数点"."代替作为小数点的逗号","；

——删除国际标准的前言和引言。

本部分的附录A、附录B、附录C为资料性附录。

本部分由中华人民共和国公安部提出。

本部分由全国消防标准化技术委员会建筑构件耐火性能分技术委员会(SAC/TC 113/SC 8)归口。

本部分起草单位：公安部天津消防研究所。

本部分主要起草人：董学京、赵华利、韩伟平、黄伟、严洪、李博、李希全、阮涛、刁晓亮、白淑英。

建筑构件耐火试验方法
第4部分:承重垂直分隔构件的特殊要求

1 范围

GB/T 9978的本部分规定了测试承重垂直分隔构件一面受火时的耐火性能试验方法。

本部分适用于承重垂直分隔构件的耐火性能试验;当未经试验的建筑构件结构符合本部分给出直接应用范围规定条件时,已按本部分规定进行了耐火试验建筑构件,其耐火性能结果可应用于未经试验的同类建筑构件。

2 规范性引用文件

下列文件中的条款通过GB/T 9978的本部分的引用而成为本部分的条款。凡是注日期的引用文件,其随后所有的修改单(不包括勘误的内容)或修订版均不适用于本部分,然而,鼓励根据本部分达成协议的各方研究是否可使用这些文件的最新版本。凡是不注日期的引用文件,其最新版本适用于本部分。

GB/T 5907 消防基本术语 第一部分[1)]

GB/T 9978.1 建筑构件耐火试验方法 第1部分:通用要求(GB/T 9978.1—2008,ISO 834-1:1999,MOD)

GB/T 9978.3 建筑构件耐火试验方法 第3部分:试验方法和试验数据应用注释(GB/T 9978.3—2008,ISO/TR 834-3:1994,MOD)

3 术语和定义

GB/T 5907和GB/T 9978.1确立的以及下列术语和定义适用于本部分。

3.1

垂直分隔构件 vertical separating elements

将一幢建筑物内分隔为几个防火区域和/或将一幢建筑物与其相邻建筑物分隔开,以阻止火灾在防火区域之间或不同建筑物之间蔓延的垂直隔离建筑构件。如:防火墙。

3.2

承重墙 loadbearing wall

承重的建筑垂直分隔构件。

4 符号和缩略语

GB/T 9978.1规定的符号和缩略语适用于本部分。

1) 该标准将在整合修订GB/T 5907—1986、GB/T 14107—1993和GB/T 16283—1996的基础上,以《消防词汇》为总标题,分为5个部分。其中,第2部分为GB/T 5907.2《消防词汇 第2部分:火灾安全词汇》,将修改采用ISO 13943:2000。

5 试验装置

本部分试验使用的试验装置与GB/T 9978.1中的相关规定相同，其中包括试验炉、加载装置、约束部件和支承框架。试验装置的示意图见图1。

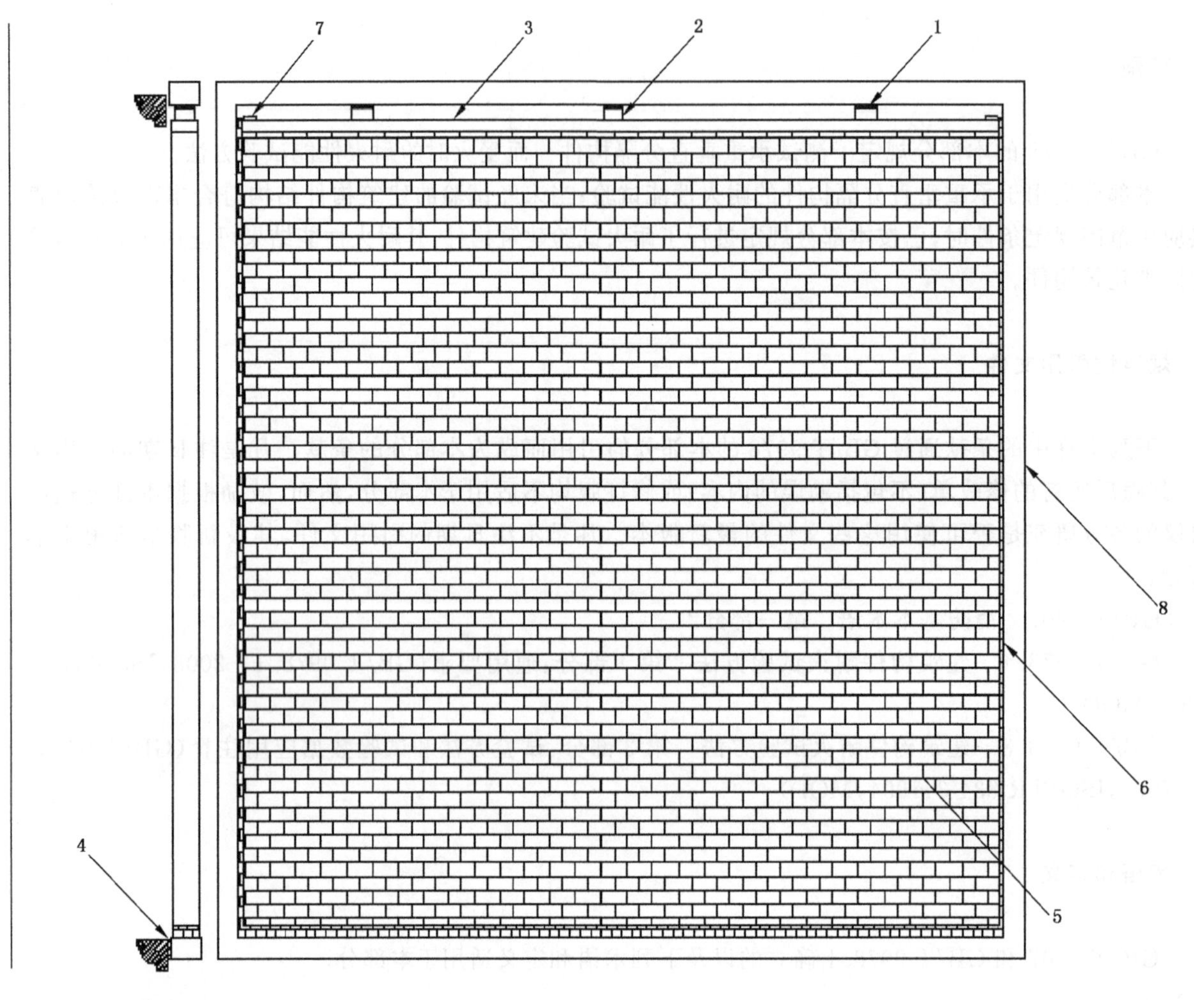

1——液压油缸；
2——荷载传感器；
3——荷载分布梁；
4——封堵材料；
5——承重墙试件；
6——隔热纤维；
7——拉线位移传感器；
8——试验框架。

图1 承重墙加载试验布置的示意图

6 试验条件

6.1 总则

试验过程中炉内的升温条件、炉内压力和加载条件均应符合GB/T 9978.1中的规定和本部分的要求。

6.2 约束和边界条件

约束和边界条件应符合 GB/T 9978.1 中的相关规定和本部分的要求。

6.3 加载条件

6.3.1 所有承重垂直分隔构件均应在加载的条件下进行试验，加载量的准确度按 GB/T 9978.1 中的 5.3 和 5.6 规定，由委托者提供试验构件的设计使用的条件。应指明加载量计算时采用的材料性能数据及其来源。对于含有多部分不连续承载的垂直分隔构件，加载量应按所有部分的总数均衡分配。

6.3.2 当试件的高度过大，试验炉无法安装时，应按照承载试件的高宽比调整荷载，因此委托方应提供该试件尺寸调整后的设计荷载值。

6.3.3 垂直加载可从试件的顶部或底部加压，试件任何非约束边与试件框架间的间隙均应采用具有无约束性和不燃性的材料进行密封。

6.3.4 加载时可通过一根承载梁将荷载均布在试件的全部水平宽度平面上进行加载，也可在试件的全部水平宽度平面上选择几个点，采用几个各自独立的加载头进行加载；加载方式的选择应能代表构件实际使用情况。当构件设计用于非正常方式承载(偏心承载)或当一个带空腔构件只有单侧部分需要承载，则这些特殊的构件设计方式应在试件中体现。

6.3.5 当进行均布加载时，试件应安装在一个能承载的框架内。该框架的刚性应大于试验构件的刚性，并能承受试验过程中施加的加载量。作为一个准则，在框架的平面内当荷载分布结构的跨距中心承受 10 k 的力时，承载框架结构的任一边变形量不应大于 1 mm。

6.3.6 加载系统具有满足试件最大允许变形的加载能力。

6.3.7 由两部分组成的墙，其每一部分都要加载时，应对每一部分的加载量单独规定。加载装置应具有可使两部分加载量不同的加载能力。

7 试件准备

7.1 试件设计

试件设计应能体现并达到构件需求等级的多方面结构性能。

当垂直分隔构件含有设计辅助部件的一部分(如接线盒、表面处理材料等)时，这些辅助部件应包含在试件中。

7.2 试件尺寸

在实际应用中，构件尺寸的高和宽小于等于 3 m，整个试件的相应尺寸作为试验样品，并要符合试验炉口的安装条件；当实际应用构件尺寸大于试验炉口所能容纳尺寸(3 m×3 m)时，试件受火的相应尺寸应不小于 3 m×3 m，并且满足试验炉口的安装条件。

7.3 试件数量

对于结构对称的构件，除本部分另有规定外，只需要一件试件；对结构非对称的构件，试件数量应符合本部分和 GB/T 9978.1 中的相关规定。

7.4 试件养护

试验时的试件，包括所使用的任何填充材料和连接件，其强度和含水量条件应养护至与实际使用情况相近。有关试件养护的方法在 GB/T 9978.1 中给出。应测定并记录试件养护达到平衡时的含水量或养护状态。对试件的支撑结构,包括支撑结构与试验框架的连接件无此养护要求。

7.5 试件安装和约束

除委托者另有要求外,安装的试件在一垂直边应能够自由变形。

当试件尺寸小于试验框架开口尺寸时,应使用一个支撑结构将试验框架开口尺寸缩减到试件需要的尺寸值。除非支撑结构的物理条件对试件性能有影响,否则支撑结构无须经受与试件相同的养护处理要求。使用支撑结构时,支撑结构与分隔构件试件间的连接方法,包括所有用于连接的配件和材料,应与分隔构件的实际使用情况相符,且该连接部位应视为试件的一部分;同时,支撑结构应视为试验框架的一部分。图 2 给出了承重墙加载试验设计使用支撑结构的一个示例图。

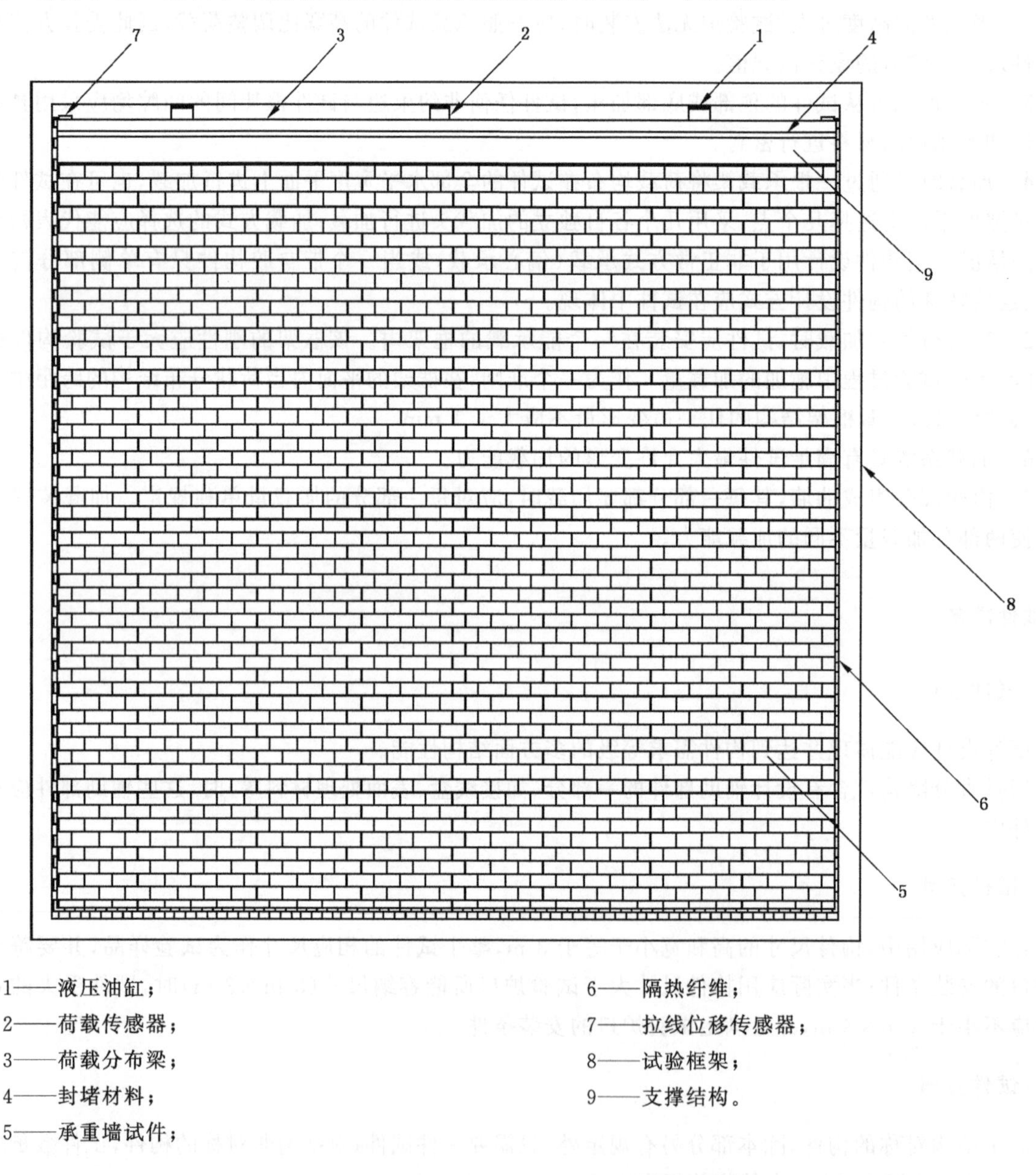

1——液压油缸;
2——荷载传感器;
3——荷载分布梁;
4——封堵材料;
5——承重墙试件;
6——隔热纤维;
7——拉线位移传感器;
8——试验框架;
9——支撑结构。

图 2 承重墙加载试验使用支撑结构的示例图

试件与支撑结构间的所有连接方法应能体现实际使用情况下的约束状况;同时,试件与试验框架间的连接方法也应能体现实际使用情况下的约束状态。支撑结构的刚性应能充分体现实际使用情况下的约束状态。

8 仪器使用

8.1 炉内热电偶

应采用热电偶测量炉内温度，热电偶的布置应能反映试件受火面区域内的炉温。所用热电偶的构造及其固定方法应与GB/T 9978.1中的规定一致。

试件受火面每1.5 m^2范围内，热电偶的数量不应少于一支，对任何试验的热电偶数量不应少于4支，测量感温端头朝向试件的向火面。

8.2 背火面热电偶

背火面热电偶的布置及其固定方法应与GB/T 9978.1中的规定一致。此外，在试件背火面的下列位置，增加布置测定试件背火面最高温度的热电偶，布置位置离最近边缘的距离不应小于100 mm；具体布置方法如下(见图3)。

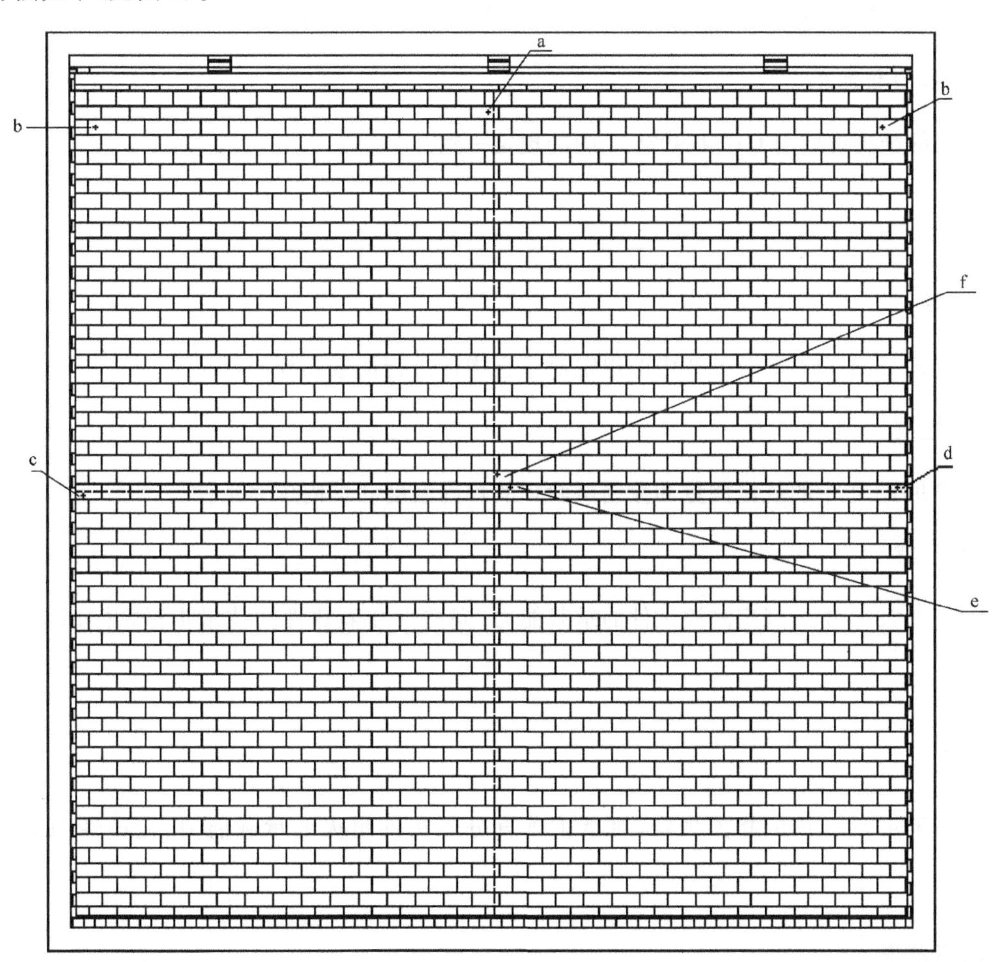

a——试件上边的中间宽度处；

b——试件上部和竖框成直线处；

c——试件固定(约束)边中间高度处；

d——试件固定(无约束)边中间高度处；

e——试件中间宽度处邻近一个水平接缝处；

f——试件中间高度处邻近一个垂直接缝处。

图3　承重墙测定背火面最高温度热电偶布置示例图

a） 在试件上边的中间宽度处；

b） 在试件上部和竖框成一直线处；

c） 在非承重墙系统中，在竖框和横框的连接点；

d） 试件固定(约束)边的中间高度处；

e） 试件自由(无约束)边的中间高度处；

f） 如果可能，试件的中间宽度处邻近一个水平接缝的位置(正压区)；

g） 如果可能，试件的中间高度处邻近一个垂直接缝的位置(正压区)。

8.3 变形测量

变形量的测量零点是试件受加载后，在开始耐火试验升温前，且试件的偏转和轴向变形已经稳定后测得的偏转和轴向变形值。

对只有单一垂直部分构成的试件，应测量其垂直轴向变形；对有两个部分构成的试件，应单独测量每个部分的垂直轴向变形。

对只有水平偏转变形的测量应在试件背火面的多个位置进行，以确定最大值。

8.4 测量仪器的准确度

测量仪器的准确度应与GB/T 9978.1中的规定一致。

9 试验方法

9.1 荷载使用

按GB/T 9978.1和本部分6.3中的规定对垂直构件进行加载和控制荷载。

9.2 试验炉控制

按GB/T 9978.1中的规定测量和控制试验炉的炉内温度和炉内压力条件。

9.3 测量和观察

按GB/T 9978.1中的规定测控试件的承载能力、完整性和隔热性的技术指标，并进行相关的测量和观察。

10 判定准则

应按GB/T 9978.1中的相关规定，对承重垂直分隔构件耐火的承载能力、完整性和隔热性进行判定。

11 试验的有效性

当试验装置、试验条件、试件准备、仪器使用、试验程序等条件均在GB/T 9978本部分规定的限制条件之内时，试验结果有效。

当试验炉内温度、炉内压力和试验环境温度等试件受火条件超出GB/T 9978.1和本部分规定的偏差上限时，也可以考虑试验结果的有效性。

12 试验结果表示

耐火试验结果的表示按GB/T 9978.1中的相应规定执行。

当一个试件承受由委托者提供的为某一特定用途设定的荷载值时，且该荷载值小于现行有效的建筑设计规范规定的荷载值进行耐火试验时，该试件的承载能力应采用“限制”这一术语在试验结果中加以限定说明。该荷载值来源的详细信息应在试验报告中给出。

13 试验报告

试验报告应符合GB/T 9978.1中的相应规定。

附　录　A
（资料性附录）
试验结果的直接应用指南

如果符合以下条件，耐火试验结果可以直接应用于类似的未经耐火试验的承重垂直分隔构件：

a） 构件的高度未增加；

b） 构件的荷载未增加，构件荷载的偏心率未增加，且荷载的位置未改变；

c） 构件的边界条件未改变；

d） 构件的厚度未减小；

e） 构件使用的任何材料的特征强度和密度未改变；

f） 构件任意一点处的隔热性未降低；

g） 构件横断面的设计（如加强筋的位置等）无任何改变；

h） 构件任一开口的尺寸未增加；

i） 构件开口的保护部件（如玻璃窗、门、密封系统等）未改变；

j） 构件开口的位置未改变；

k） 当经耐火试验的试件包含约束的垂直边时，构件的高度未增加。

附 录 B
（资料性附录）
本部分章条编号与 ISO 834-4:2000 章条编号对照

表 B.1 给出了本部分章条编号与 ISO 834-4:2000 章条编号对照一览表。

表 B.1 本部分章条编号与 ISO 834-4:2000 章条编号对照

本部分章条编号	对应的国际标准章条编号
8.4	—
附录 B	—
附录	C
注：表中的章条以外的本部分其他章条编号与 ISO 834-4:2000 其他章条编号均相同且内容相对应。	

附　录　C
（资料性附录）
本部分与 ISO 834-4:2000 的技术差异及其原因

表 C.1 给出了本部分与 ISO 834-4:2000 的技术差异及其原因的一览表。

表 C.1　本部分与 ISO 834-4:2000 的技术差异及其原因

本部分的章条编号	技术性差异	原　因
1	删除了 ISO 834-4:2000 中的“或者根据 ISO/TR 12470 分析满足外推应用。因为 ISO/TR 12470 仅仅给出了一般导则，所以特殊外推应用分析只有通过个别耐火构件的专家来完成。”	目前，我国还没有相应的外推应用标准，对于满足该部分的构件，可以直接应用该部分的检测结果；否则，必须对相应的构件，按照标准该部分的要求，制成相应的试件，进行检测
2	引用 GB/T 9978.1 代替引用 ISO 834-1，引用 GB/T 9978.3 代替引用 ISO/TR 834-3，引用 GB/T 5907 代替 ISO 13943。 删除引用 ISO/TR 12470	以适合我国国情
5	图 1（承重墙加载试验布置的示意图）修改 ISO 834-4:2000 中的底部加载装置为顶部加载装置	我国目前采用的加载装置为顶部加载装置
7.5	图 2（承重墙加载试验使用支撑结构的实例图）修改 ISO 834-4:2000 中的底部加载装置和支撑结构为顶部加载装置和支撑结构	我国目前采用的加载装置和支撑结构为顶部加载装置和支撑结构
8.1	修改“板式热电偶”为“热电偶”	与 GB/T 9978.1 一致，并适合我国国情
8.2	增加测量背火面最高温度的热电偶布置示意图	便于理解标准
8.4	增加该条要求	便于明确测量仪器的准确度

参 考 文 献

[1] GB/T 14107—1993 消防基本术语 第二部分
[2] GB/T 16283—1996 固定灭火系统基本术语
[3] ISO 13943:2000,Fire safety—Vocabulary

ICS 13.220.50
C 82

中华人民共和国国家标准

GB/T 9978.5—2008

建筑构件耐火试验方法 第5部分:承重水平分隔构件的特殊要求

Fire-resistance tests—Elements of building construction—
Part 5:Specific requirements for loadbearing horizontal separating elements

(ISO 834-5:2000,MOD)

2008-06-26 发布　　2009-03-01 实施

中华人民共和国国家质量监督检验检疫总局
中国国家标准化管理委员会　发布

前　言

GB/T 9978《建筑构件耐火试验方法》预计分为如下若干部分：

——第1部分：通用要求；

——第2部分：耐火试验炉的校准；

——第3部分：试验方法和试验数据应用注释；

——第4部分：承重垂直分隔构件的特殊要求；

——第5部分：承重水平分隔构件的特殊要求；

——第6部分：梁的特殊要求；

——第7部分：柱的特殊要求；

——第8部分：非承重垂直分隔构件的特殊要求；

——第9部分：非承重吊顶构件的特殊要求；

……

本部分为GB/T 9978的第5部分。

本部分修改采用ISO 834-5:2000《耐火试验　建筑构件　第5部分：承重水平分隔构件的特殊要求》(英文版)。

本部分根据ISO 834-5:2000重新起草。附录A为ISO 834-5:2000原有附录，附录B列出了本部分章条编号与ISO 834-5:2000的章条编号对照一览表。

考虑到我国国情，在采用ISO 834-5:2000时，本部分做了一些修改。有关技术性差异已编入正文中并在它们所涉及的条款的页边空白处用垂直单线标识。在附录C中给出了这些技术性差异及其原因的一览表，以供参考。

为便于使用，对应于ISO 834-5:2000，本部分还做了下列编辑性修改：

——“ISO 834的本部分”修改为“GB/T 9978的本部分”；

——用小数点“.”代替作为小数点的逗号“,”；

——删除国际标准的前言和引言。

本部分的附录A、附录B和附录C均为资料性附录。

本部分由中华人民共和国公安部提出。

本部分由全国消防标准技术委员会建筑构件耐火性能分技术委员会(SAC/TC 113/SC 8)归口。

本部分起草单位：公安部天津消防研究所。

本部分主要起草人：李博、赵华利、韩伟平、黄伟、董学京、董燕、李希全、阮涛、刁晓亮、白淑英。

建筑构件耐火试验方法
第5部分:承重水平分隔构件的特殊要求

1 范围

GB/T 9978的本部分规定了确定表面为受火面的承重水平分隔构件耐火性能的试验方法。

如果屋顶或楼板等构件没有梁的支撑无法进行试验时,本部分也适用于该类带梁的承重水平分隔构件。然而,试验数据不能直接在这两种试件构件间进行传递应用。

当未经试验建筑构件的结构符合本部分给出的直接应用范围规定的条件时,已按本部分规定进行耐火试验的构件耐火性能结果可应用于未经试验的同类建筑构件。

2 规范性引用文件

下列文件中的条款通过GB/T 9978的本部分的引用而成为本部分条款。凡是注日期的引用文件,其随后所有的修改单(不包括勘误的内容)或修订版均不适用于本部分,然而,鼓励根据本部分达成协议的各方研究是否可以用这些文件的最新版本。凡不注日期的引用文件,其最新版本适用于本部分。

GB/T 5907 消防基本术语 第一部分[1)]

GB/T 9978.1 建筑构件耐火试验方法 第1部分:通用要求(GB/T 9978.1—2008,ISO 834-1:1999,MOD)

GB/T 9978.6 建筑构件耐火试验方法 第6部分:梁的特殊要求(GB/T 9978.6—2008,ISO 834-6:2000,MOD)

3 术语和定义

GB/T 5907和GB/T 9978.1确立的以及下列术语和定义适用于本部分。

3.1

梁 beams

建筑结构中的水平导向承载构件。

注:它们可以与其支撑的结构构成组合构件,也可以与其支撑的结构分离。

3.2

受火长度 exposed length

试件在试验炉内受到火作用的有效长度。

3.3

受火宽度 exposed width

试件在试验炉内受到火作用的有效宽度。

---

1) 该标准将在整合修订GB/T 5907—1986、GB/T 14107—1993和GB/T 16283—1996的基础上,以《消防词汇》为总标题,分为5个部分。其中,第2部分为GB/T 5907.2《消防词汇 第2部分:火灾安全词汇》,将修改采用ISO 13943:2000。

3.4

楼板 floor

建筑结构中两层之间的承重水平分隔构件。

3.5

水平分隔构件 horizontal separating element

用于防火分隔和防火隔断来划分防火单元和/或防火分区和/或分隔相邻建筑物而起承重水平分隔作用的楼板和/或屋顶构件。

3.6

强制通风空间 plenum

吊顶与楼板或屋顶之间通常设置的(但不是必需的)一种调节空气流动的隐蔽空间。

3.7

屋顶 roof

房屋或构筑物顶部的屋盖。

3.8

跨度 span

支点之间的中心距离。

3.9

试件长度 specimen length

试件的总长度。

3.10

试件宽度 specimen width

试件的总宽度。

3.11

悬挂式吊顶 suspended ceiling

需要悬挂或/和固定在承重水平构件上的非承重保护性水平隔板以及它的龙骨部件、隔热材料、检修通道和通道镶嵌板(包括悬挂部件、附属部件,如:照明系统和通风系统)。

4 符号和缩略语

GB/T 9978.1 规定的和下面列出的符号和缩略语适用于本部分。

符号	描述	单位
L_{exp}	试件的受火长度	mm
L_{sup}	试件支点之间的跨度	mm
L_{spec}	试件长度	mm
W_{exp}	试件的受火宽度	mm
W_{sup}	双向受力试件的横向跨度	mm
W_{spec}	试件的宽度	mm

5 试验装置

本试验所采用的试验装置与 GB/T 9978.1 规定的相同,其中包括试验炉、加载装置、约束部件和支承框架。

6 试验条件

6.1 总则

试验过程中的炉内升温条件、炉内压力和加载条件均应符合 GB/T 9978.1 的相关规定和本部分的要求。

6.2 约束和边界条件

约束和边界条件应符合 GB/T 9978.1 相关规定和本部分的要求。

6.3 荷载

6.3.1 承重水平分隔构件的试验加载值应按照 GB/T 9978.1 中 6.3a)、b)或 c)的规定进行设计计算，试验前应该对委托者提供的加载条件进行协商。此外，还应该明确标明试件的承载力值并说明数据来源。

6.3.2 如果试验试件小于实际使用中的构件，那么试件的尺寸、加载类型和加载程度及支点情况将起到非常重要的作用。在加载情况和实际使用中完全相同的情况下，试件的破坏模式(如：弯曲破坏，剪切破坏或局部破坏)将取决于试件的材料和结构形式。当具体的破坏模式难以确定时，需要分别对每种破坏模式进行两次或两次以上的验证。

6.3.3 试验中选用的荷载值和分布方式要保证其产生的最大弯矩和最大剪力不低于实际使用中的设计值。

6.3.4 当加载系统通过重块或液压系统对试件施加均布荷载时，单点加载值不得超过总荷载的 10%。当对试件施加集中荷载时，单点加载值可以超过总量的 10%，但加载点和试件之间承压板的面积不得小于 0.01 m^2，也不得大于 0.09 m^2，且承压板面积不得超过总面积的 16%。加载系统不应影响试件表面的空气流动，且加载设备与试件表面的距离不得小于 60 mm。

6.3.5 加载系统应该能够满足试件的最大变形。

6.3.6 当楼板或屋顶试件中含有一个或几个结构梁时，还应满足 GB/T 9978.6 中的附加要求。当对水平组合构件进行加载时，如果需要对其中的梁部件施加额外的集中荷载或均布荷载，加载系统应能够满足要求。

7 试件准备

7.1 试件设计

为了获得试件耐火性能的准确信息，选用的试件在各方面均应具有代表性。相同的部件应避免采用不同的结构形式。

如果试件组合体中含有一个吊顶，那么吊顶的尺寸应满足 L_{exp} 和 W_{exp} 的规定，并对其整体进行性能评定。另外，还应遵循以下要求：

a) 试件应根据委托方提出的实际使用状况要求和方法进行安装。

b) 试件应含有实际应用中的所有零部件，如悬挂部件和/或固定部件，伸缩部件和连接部件。如果吊顶的附属部件(如照明系统或通风系统)是吊顶设计中不可分割的部分，则试件中均应包括，且分布状况应与实际使用中相同。

c) 如果吊顶设计中含有纵向和横向的连接，则试件应包括这两点。试件安装时，应避免搭接部位出现缝隙，设计中有要求的除外。如果设计中有要求，选取的缝隙应该具有代表性，且布置在吊顶范围内，不应设置在试件的四周。

d) 吊顶和墙体边缘设置，节点，以及节点材料在实际应用中都应该具有代表性。吊顶的安装应该能够阻止热气蔓延，并保证构件不会沿着轴向伸缩，或向任何方向膨胀，吊顶有设计要求时除外。为了准确评价试件膨胀装置和龙骨的热膨胀性能，龙骨应该与四周紧密连接。

e) 如果吊顶试件横向和纵向的结构不同，那么沿着不同的方向其性能也会存在一定的差异。试验选用的吊顶试件应该能够沿着纵向体现出各个关键部位的具体状况。当状况过于复杂而不能确定时，应该根据具体的结构沿着横向和纵向分别进行试验。

f) 如果附属部件不是吊顶的一部分，且安装后会影响到试件的耐火性能，那么就需要另外的试验来判定这些部件的性能。

7.2 试件尺寸

7.2.1 楼板支点为简支

7.2.1.1 标准状况（楼板支点为铰接）在 7.2.1.2 和 7.2.1.3 中有说明。简支楼板的安装情况见图 1。

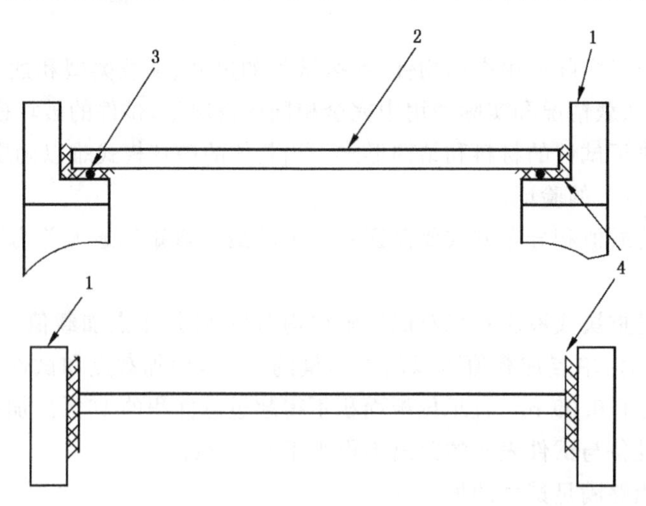

1——试验炉体；

2——试件；

3——轴或辊子；

4——隔热材料。

图 1 简支试件示例

7.2.1.2 试件受火长度（L_{exp}）不小于 4m 时。试件支点之间的中间跨度（L_{sup}）应在受火长度（L_{exp}）的每端最多加长 100 mm；试件长度（L_{spec}）应在受火长度（L_{exp}）的每端最多加长 200 mm。

7.2.1.3 试件的宽度（W_{spec}）为受火宽度（W_{exp}）时，且不应小于 3 m。如果试件为简支单跨，且不含结构部件或吊顶，那么其宽度不应小于 2 m。

7.2.2 实际状况

7.2.2.1 楼板的实际使用中具有代表性的支撑条件见 7.2.2.2～7.2.2.5。

7.2.2.2 当楼板实际长度大于试验炉开口长度时，试件的受火长度（L_{exp}）不应小于 4 m。构件的设计受火长度小于 4 m 时，可按实际的长度进行试验。加载长度不应超过实际使用长度。试件长度（L_{spec}）在受火长度（L_{exp}）每端最多加长 200 mm。

7.2.2.3 对于某些构件包含的约束梁，4 m 的跨度是不够的，因为此时只有部分梁处于受弯状态，其余的部分都在受到支撑部件的约束。因此要使至少 4 m 的梁受到正弯矩的作用，需要选择更长的试件。如果希望梁的 $X\%$受到正弯矩作用，那么试件总长应为 $L_{exp}=4\times 100/X$ m。

试件的受火宽度(W_{exp})不应小于 3 m。对于实际设计中受火宽度小于 3 m 的，按实际受火宽度受火即可。

7.2.2.4 对于单跨结构，其横向跨度(W_{sup})等于受火宽度(W_{exp})。

7.2.2.5 如果结构中含有两跨，横向跨度(W_{sup})应是受火宽度(W_{exp})，则每端加上支撑长度的一半。选择支撑时其长度应该保证 W_{sup}和 W_{exp}的差异不超过实际的应用状况。试件的宽度(W_{spec})为受火宽度(W_{exp})，则每端最多加 200 mm。

7.3 试件数量

试件的数量应符合本部分和 GB/T 9978.1 的相关规定。

7.4 试件养护

试验时试件(包括内填充材料和接缝材料)的强度和含水量应与实际使用情况相似，具体情况见 GB/T 9978.1 的规定。确定并记录试件达到平衡时的含水量或养护状态。所有的支撑结构，包括试件框架的内衬层也应符合此要求。

7.5 试件的安装和约束

7.5.1 承重水平分隔构件进行耐火试验时，可以铰接(简支)也可以模拟实际使用时的边界条件。如果采用实际使用中的支撑和约束条件，应在试验报告和试验结果中进行详细说明。

7.5.2 楼板或屋面等试件试验时通常安装在铰接支撑上。当端部条件已知时，试件试验时应按实际使用情况安装在平滑的混凝土或钢板支撑面上。

7.5.3 简支试件安装时，应允许试件自身的纵向自由移动和垂直变形，应避免一切因摩擦力而引起的限制。

7.5.4 设计必要的装置来限制试件的热膨胀、旋转和轴向变形，以满足因热膨胀和约束所产生的作用力。

7.5.5 当一个试验中的梁不是一根时，每根梁均应在规定的条件下受火，并且独立加载。

7.5.6 试件周边所有缝隙均应用不燃材料封堵，且不得对试件附加任何约束。

7.5.7 采用具有耐火弹性材料对支撑进行密封保护，防止试验时热气对端部条件造成影响。

7.5.8 当试件尺寸小于试验框架开口时，可使用支撑部件减少开口尺寸以满足试件要求。如果不影响试件的耐火性能，支撑部件不必考虑试件的要求。当在支撑部件和试件间有梁连接时，试件和梁之间的节点设计，包括所有的固定材料和节点材料，应与实际使用状况一致，并作为试件的一部分。支撑结构作为试验框架的一部分。

7.5.9 试件与支撑部件或试验框架间的所有连接均能够产生一定的约束作用。支撑部件也应该具有足够的刚性来提供一定的约束作用。

8 仪器使用

8.1 炉内热电偶

热电偶用来测定炉内温度，需均布于试件的向火面，并能够提供炉内可靠的温度信息。这些热电偶的结构和布置情况应符合 GB/T 9978.1 的规定。

试件向火面热电偶每 1.5 m^2 不得少于 1 个，总数不得少于 4 个。热电偶的测温端朝向炉内。

8.2 背火面热电偶

试件背火面热电偶的结构和布置状况应符合 GB/T 9978.1 的规定。当楼板或屋面试件中含有一根或多根承重梁时，应该按 GB/T 9978.6 的规定对梁布置热电偶。

背火面热电偶与试件边缘的距离不得小于 100 mm。

8.3 变形测量

试验前对试件进行加载，稳定后所测的变形值为本次试验的变形零点。

测量挠度变形时应选取沿纵轴跨度中间位置。对于含有梁的试件，测量梁的挠度变形时同样要选取沿梁纵轴的跨度中间位置。

挠度变形测量应在选取不同的位置进行多点测量，以确定挠度最大值。

8.4 测量仪器的准确度

测量仪器的准确度应与 GB/T 9978.1 中的规定一致。

9 试验方法

9.1 荷载使用

按照 GB/T 9978.1 的相关规定和本部分 6.3 的规定对水平试件进行加载和控制。

9.2 试验炉控制

炉内温度和炉内压力的测量及控制应符合 GB/T 9978.1 的规定。

9.3 测量与观察

按照 GB/T 9978.1 的规定，对试件的承载能力、完整性和隔热性进行测量和观察。

10 判定准则

按照 GB/T 9978.1 的相关规定，对水平承重分隔构件承载能力、完整性和隔热性进行判定。

11 试验的有效性

当试验装置、试验条件、试件准备、仪器使用、试验程序等条件均在 GB/T 9978 本部分规定的限制条件之内时，试验结果有效。

当试验炉内温度、炉内压力和试验环境温度等试件受火条件超出 GB/T 9978.1 与本部分规定的偏差上限时，试验结果也可以考虑是可接受的。

12 试验结果表示

耐火试验结果的表示按 GB/T 9978.1 的相应规定执行。

某些构件可能用于特殊用途，因此工作荷载的形式和大小由委托者提供，如果荷载值小于相关建筑防火规范的规定，那么在试验结果中表示试件的承载能力时应使用“限制”一词。具体情况和计算过程应在试验报告中说明。

13 试验报告

试验报告应符合 GB/T 9978.1 的相应规定。

附 录 A
（资料性附录）
试验结果的直接应用指南

当符合以下条件时，试验结果可直接应用于未进行耐火试验的承重水平分隔构件。

a） 承重水平构件

1） 结构的类型(梁和板)未改变；

2） 梁的周长与面积比未改变；

3） 板的热惯性量(表示为$\sqrt{k\rho c}$)未增加；

4） 梁和板的基本材料的导热性未增加。

b） 吊顶

1） 板的渗透性未增加；

2） 瓦的厚度未减少；

3） 瓦的设计和制作用材料未改变；

4） 瓦的面积未增加，瓦的长宽比未改变；

5） 与支撑部件的固定方式未改变；

6） 强制通风系统的高度未减少；

7） 悬挂部件的长度增加未超过$X\%$；

8） 悬挂系统和支撑结构的允许膨胀量未减少；

9） 悬挂点之间的间距未增加；

10） 悬挂部件横截面面积和热容量未减少；

11） 吊顶未安装更多的附属部件或附属部件的尺寸不大于试验中用到的尺寸；

12） 孔洞内未填附加的隔热材料。

对于具有一定耐火性能的构件，起保护作用非承重部件的丧失可能会导致整个承载构件的丧失。保护性部件只有在一定条件下，如特定温度和特定变形状态下，才会丧失。这些临界状态因构件的支撑条件不同而不同。由某种支撑条件得到的临界温度值不得应用于比它更易导致变形的支撑条件。如：由约束部件获得临界温度状态，不允许用于简支部件。

附　录　B
（资料性附录）
本部分章条编号与 ISO 834-5:2000 章条编号对照

表 B.1 给出了本部分章条编号与 ISO 834-5:2000 章条编号对照一览表。

表 B.1　本部分章条编号与 ISO 834-5:2000 章条编号对照

本部分章条编号	对应的国际标准章条编号
3.9	第二个 3.8
3.10	3.9
3.11	3.10
8.4	—
附录 B	—
附录 C	—
注：表中的章条以外的本部分其他章条编号与 ISO 834-5:2000 其他章条编号均相同且内容相对应。	

附 录 C
（资料性附录）
本部分与 ISO 834-5:2000 技术性差异及其原因

表 C.1 给出了本部分章条编号与 ISO 834-5:2000 的技术性差异及其原因的一览表。

表 C.1 本部分与 ISO 834-5:2000 的技术性差异及其原因

本部分的章条编号	技术性差异	原 因
1	删除了 ISO 834-5:2000 中的“或者根据 ISO /TR 12470 分析满足外推应用。因为 ISO /TR 12470 仅仅给出了一般导则，所以特殊外推应用分析只有通过个别耐火构件的专家来完成”内容	目前，我国还没有相应的外推应用标准，对于满足该部分的构件，可以直接应用该部分的检测结果；否则，必须对相应的构件，按照标准该部分的要求，制成相应的试件，进行检测
2	引用 GB/T 9978.1 代替引用 ISO 834-1:1999，引用 GB/T 9978.6 代替引用 ISO 834-6，引用 GB/T 5907 代替 ISO 13943。 删除引用 ISO /TR 12470	以适合我国国情
8.1	删除了关于对板式热电偶的规定	板式热电偶目前在国内没有生产与使用并且没有相应的计算核定标准。为适合我国国情和方便使用，删除了板式热电偶的规定
8.4	增加该条要求	便于明确测量仪器的准确度

参 考 文 献

[1] GB/T 14107—1993 消防基本术语　第二部分
[2] GB/T 16283—1996 固定灭火系统基本术语
[3] ISO 13943:2000　Fire safety—Vocabulary

ICS 13.220.50
C 82

中华人民共和国国家标准

GB/T 9978.6—2008

建筑构件耐火试验方法
第6部分:梁的特殊要求

Fire-resistance tests—Elements of building Construction—
Part 6:Specific requirements for beams

(ISO 834-6:2000,MOD)

2008-06-26 发布　　　　2009-03-01 实施

中华人民共和国国家质量监督检验检疫总局
中国国家标准化管理委员会　发布

前　言

GB/T 9978《建筑构件耐火试验方法》预计分为如下若干部分：

——第1部分：通用要求；

——第2部分：耐火试验炉的校准；

——第3部分：试验方法和试验数据应用注释；

——第4部分：承重垂直分隔构件的特殊要求；

——第5部分：承重水平分隔构件的特殊要求；

——第6部分：梁的特殊要求；

——第7部分：柱的特殊要求；

——第8部分：非承重垂直分隔构件的特殊要求；

——第9部分：非承重吊顶构件的特殊要求；

……

本部分为GB/T 9978的第6部分。

本部分修改采用ISO 834-6:2000《耐火试验　建筑构件　第6部分：梁的特殊要求》(英文版)。

本部分根据ISO 834-6:2000重新起草。附录A、附录B为ISO 834-6:2000原有附录，附录C列出了本部分章条编号与ISO 834-6:2000章条编号的对照一览表。

考虑到我国国情，在采用ISO 834-6:2000时，本部分做了一些修改。有关技术性差异已编入正文中并在它们所涉及的条款的页边空白处用垂直单线标识。在附录D中给出了这些技术性差异及其原因的一览表，以供参考。

为便于使用，对应于ISO 834-6:2000，本部分还做了下列编辑性修改：

——"ISO 834的本部分"修改为"GB/T 9978的本部分"；

——用小数点'.'代替作为小数点的逗号","；

——删除国际标准的前言和引言。

本部分附录A、附录B、附录C和附录D均为资料性附录。

本部分由中华人民共和国公安部提出。

本部分由全国消防标准技术委员会建筑构件耐火性能分技术委员会(SAC/TC 113/SC 8)归口。

本部分起草单位：公安部天津消防研究所。

本部分主要起草人：李希全、赵华利、韩伟平、黄伟、董学京、宫云财、李博、阮涛、刁晓亮、白淑英。

建筑构件耐火试验方法
第6部分:梁的特殊要求

1 范围

GB/T 9978的本部分内容规定了在判定梁耐火性能时应遵循的试验方法。

通常情况下梁是底面和两侧面受火。当梁四面受火或少于三面受火时,受火条件应做必要改变。梁作为楼板结构的一部分,应按GB/T 9978.5的相应规定和楼板结构共同试验,并对其完整性和/或隔热性进行评定。

当未经试验建筑构件的结构符合本部分给出的直接应用范围规定的条件时,已按本部分规定进行了耐火试验的构件,其耐火性能结果可应用于未经试验的同类建筑构件。

本部分试验方法的总则指南见附录A。

2 规范性引用文件

下列文件中的条款通过GB/T 9978的本部分的引用而成为本部分的条款。凡是注日期的引用文件,其随后所有的修改单(不包括勘误的内容)或修订版均不适用于本部分,然而,鼓励根据本部分达成协议的各方研究是否可使用这些文件的最新版本。凡是不注日期的引用文件,其最新版本适用于本部分。

GB/T 5907　消防基本术语　第一部分[1)]

GB/T 9978.1　建筑构件耐火试验方法　第1部分:通用要求(GB/T 9978.1—2008,ISO 834-1:1999,MOD)

GB/T 9978.5　建筑构件耐火试验方法　第5部分:承重水平分隔构件的特殊要求(GB/T 9978.5—2008,ISO 834-5:2000,MOD)

3 术语和定义

GB/T 5907、GB/T 9978.1和GB/T 9978.5确立的以及下列术语和定义适用于本部分。

3.1

组合结构　composite construction

由钢梁或钢/混凝土组合梁支撑钢筋混凝土板,梁和板等构配件相互连接组成的结构。

4 符号和缩略语

GB/T 9978.1和GB/T 9978.5规定的符号和缩略语适用于本部分。

---

1) 该标准将在整合修订GB/T 5907—1986、GB/T 14107—1993和GB/T 16283—1996的基础上,以《消防词汇》为总标题,分为5个部分。其中,第2部分为GB/T 5907.2《消防词汇　第2部分:火灾安全词汇》,将修改采用ISO 13943:2000。

5 试验装置

本部分所采用的试验装置与 GB/T 9978.1 的相关规定相同,其中包括试验炉、加载装置、约束部件和支承框架。

6 试验条件

6.1 总则

试验过程中的炉内升温条件、炉内压力和加载条件均应符合 GB/T 9978.1 的相关规定和本部分的要求。

6.2 约束和边界条件

约束和边界条件应符合 GB/T 9978.1 相关规定和本部分的要求。

6.3 加载条件

6.3.1 梁的试验加载值应按照 GB/T 9978.1 中 6.3a)、b)或 c)的规定进行计算,试验前应对委托方提供的加载条件进行确认。此外,还应该明确标明试件承载力值数据的来源。

6.3.2 当试件小于实际使用中的构件时,试件的尺寸、加载类型、加载量和支点情况将对试件的破坏模式起到非常重要的作用。当加载情况和实际使用情况完全相同时,试件的破坏模式(如:弯曲破坏,剪切破坏或局部破坏)将取决于试件的结构形式。当具体的破坏模式难以确定时,需要对每种破坏模式分别进行两次或两次以上试验验证。

6.3.3 荷载大小和分布方式所产生的最大弯矩和最大剪切力应该等于或大于设计值。

6.3.4 加载系统应能够为试件提供所需的均布荷载或集中荷载,当用集中荷载模拟均布荷载所产生的弯曲效果时,加载点不应少于 2 个,间距不应小于 1 m。当使用 4 点加载系统,加载点应布置在距离任一端的 1/8、3/8、5/8、7/8 跨度(L_{sup})的位置。荷载应通过荷载分配板传递到梁上,分配板的宽度不超过 100 mm。加载系统不应影响试件表面的空气流动,加载点处除外,加载装置与试件表面的距离不得小于 60 mm。

6.3.5 加载系统应能满足试件的最大允许变形。

7 试件准备

7.1 试件设计

7.1.1 对于代表实际使用情况的梁和楼板或屋面的组合构件,进行试验时可以将其整体看作“T”形梁。对于钢梁上面的板构件,可以是高密度混凝土,也可以是轻质混凝土,但是前者得出的结果不能用于后者。

7.1.2 对于带梁结构,特别是代表实际使用状况的楼板和屋面部件,板厚应能够反映结构设计情况。实际楼板的宽度应大于等于梁的 3 倍宽度且不应小于 600 mm。实际宽度的选择应依据试验炉的设计而定。

7.1.3 对于不包含代表实际情况的楼板或屋面结构的试件,梁应支撑一个对称放置的标准盖板,盖板情况如下:盖板的设计制作单独进行,使用时采用非连续加强筋,避免在梁和盖板间产生牵连作用而对梁产生附加的强度和刚度。盖板制作可用密度为(650±200)kg/m³ 的加气混凝土板,每块最大长度为

1 m,厚度至少为(150±25)mm,盖板的宽度应大于等于梁的3倍宽度且不小于600 mm。实际宽度的选择应依据试验炉的设计而定。

7.1.4 空腹梁端部应进行封堵以免热气从梁端部散出。试件的安装不应使梁端部位于受火区,还应避免膨胀约束条件与实际使用不符而可能造成垮塌。

7.1.5 在实际使用中梁在长度范围内有机械接头时,接头位置应与实际情况相同或在跨中位置。当接头位于耐火保护层处时,试件保护层还应对接头进行保护。

7.2 试件尺寸

7.2.1 梁支撑在受约束部位上,受火长度(L_{exp})不应小于4 m。试件支撑点之间的中间跨度(L_{sup})应在受火长度(L_{exp})的每端最多加上100 mm;试件长度(L_{spec})应在受火长度(L_{exp})的每端最多加上200 mm。简支梁安装的一般原则见图1。

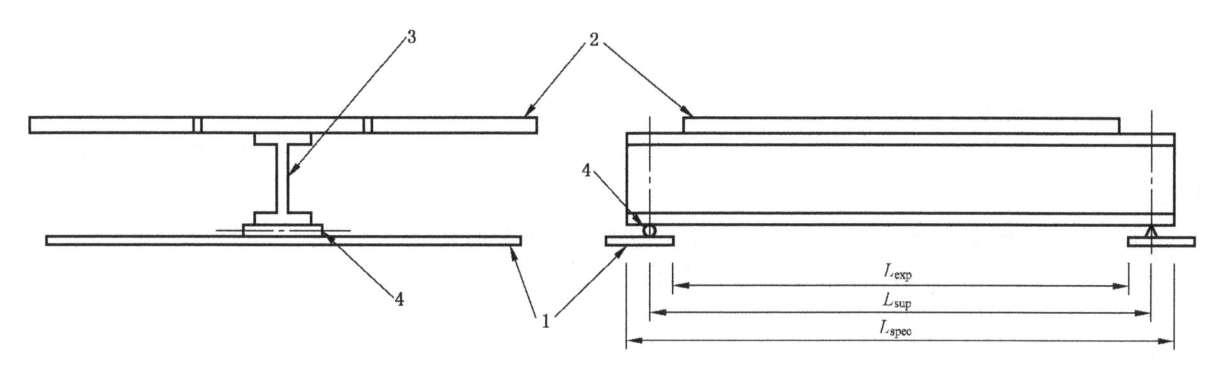

1——支撑;

2——盖板;

3——梁;

4——滚轴。

图1 简支梁示例

7.2.2 对于代表实际应用情况的梁,当梁实际长度大于试验炉的允许长度时,试件的受火长度(L_{exp})不应小于4 m。对于梁的设计受火长度小于4 m时,可按实际长度受火。加载长度不应超过实际受火长度。试件的长度(L_{spec})应在受火长度(L_{exp})每端最多加上200 mm。

对于约束梁,4 m的跨度是不够的,因为此时只有部分梁处于受弯状态,其余的部分都在受到支撑部件的约束。因此要使至少4 m的梁受到正弯矩的作用,就需要选择更长的试件。如果希望梁的$X\%$受到正弯矩作用,那么试件总长应为$L_{exp}=4\times100/X$ m。

7.3 试件数量

试件的数量应符合本部分和GB/T 9978.1的相应规定。

7.4 试件养护

试验时的试件,包括任何内填充材料和接缝材料,其强度和含水量条件应养护至与实际使用情况相近。有关试件养护的方法见GB/T 9978.1的相关规定。应测定并记录试件养护达到平衡时的含水量或养护状态。

7.5 试件安装和约束

7.5.1 一般简支梁在炉内的布置见图1,试件的布置应保证侧向稳定。

对梁进行耐火试验时，可以安装在受约束(简支)部位上，也可以模拟实际中的边界条件。当支撑和约束代表实际使用情况时，这些条件应在试验报告中详细记录，并且试验结果记录时应标明是“限制”在约束条件下。

7.5.2 试验梁安装在受约束部位上时，当边界条件已知，试验结构应和实际应用一样，安装在平滑的混凝土板或钢板上。

7.5.3 简支试件安装时应能够允许试件自身的纵向自由移动和垂直变形，应避免一切因摩擦力引起的限制。

7.5.4 设计必要的装置来限制试件的热膨胀、旋转和轴向变形，以满足因热膨胀和约束所产生的作用力。

7.5.5 当一个试验中的梁数量大于一根时，每根梁都应在规定的条件下受火，并且独立加载。

7.5.6 在盖板周边的任何缝隙都应采用非约束、不燃材料密封。

7.5.7 采用柔性绝热材料密封和保护支点，以免试验时热气从缝隙中窜出，对支撑端部造成影响。

7.5.8 如果梁端部有因支撑原因延伸超出炉体的部分，应使用自身的防火材料保护，或用一层厚度为(100±10)mm，密度为(120±30)kg/m^3 的矿棉或硅酸铝棉毡包裹。

7.5.9 试件为连续梁时，应对其中的1个或2个支点施加约束，未受热部分支点的转角应该与实际使用情况一致。

7.5.10 当梁四面受火，梁顶部到炉盖板的距离应大于等于梁的宽度。

注：对非对称梁或只有一端受约束的梁试验时应进行特别布置。

8 仪器使用

8.1 炉内热电偶

8.1.1 用来测量炉内温度的热电偶，应均布在试件区域内并能够提供可靠的温度信息。梁的受火部分每1m至少布置2个热电偶，这些热电偶的结构和布置情况应符合GB/T 9978.1的相关规定。

8.1.2 热电偶间距不超过1.5 m，并应布置在梁底面以下(100±50)mm，距梁的每侧面(100±50)mm的位置。梁的每侧热电偶的数量应相同。

8.1.3 当梁的高度大于等于500 mm时，应按照8.1.2的规定在梁高度的中部设置附加热电偶。

8.2 试件热电偶

8.2.1 当梁由钢或其他已知其耐火性能的材料制作时，试件温度测量有助于对其丧失隔热性、完整性的判定，并且试验结果可用于评估技术。使用拧、焊接或镶嵌等适当方式使热电偶与钢连接，并保证热电偶引出端至少有50 mm长度和热电偶接头在同一等温区内。

8.2.2 热电偶分别布置在梁跨中间处、两端距试验炉边缘500 mm处与跨中之间的中间截面位置见图2。每个截面上典型的热电偶位置见图3。

单位为毫米

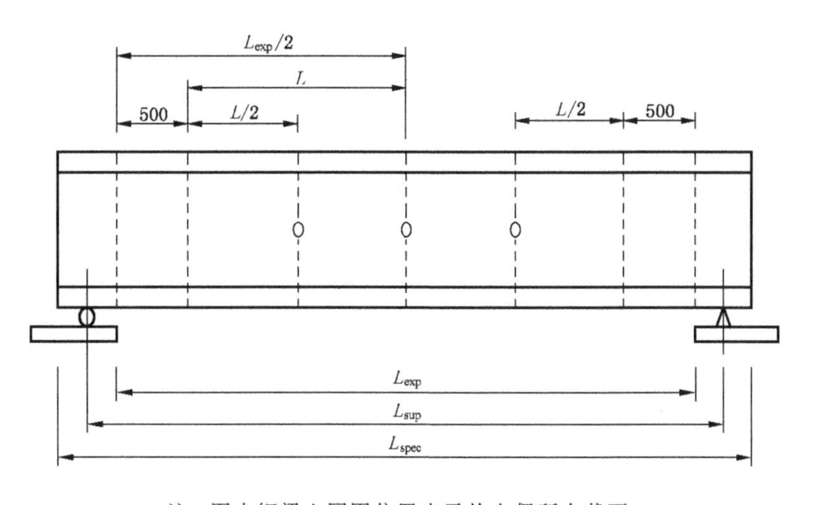

注：图中钢梁上圆圈位置表示热电偶所在截面。

图 2 试件热电偶布置的截面位置

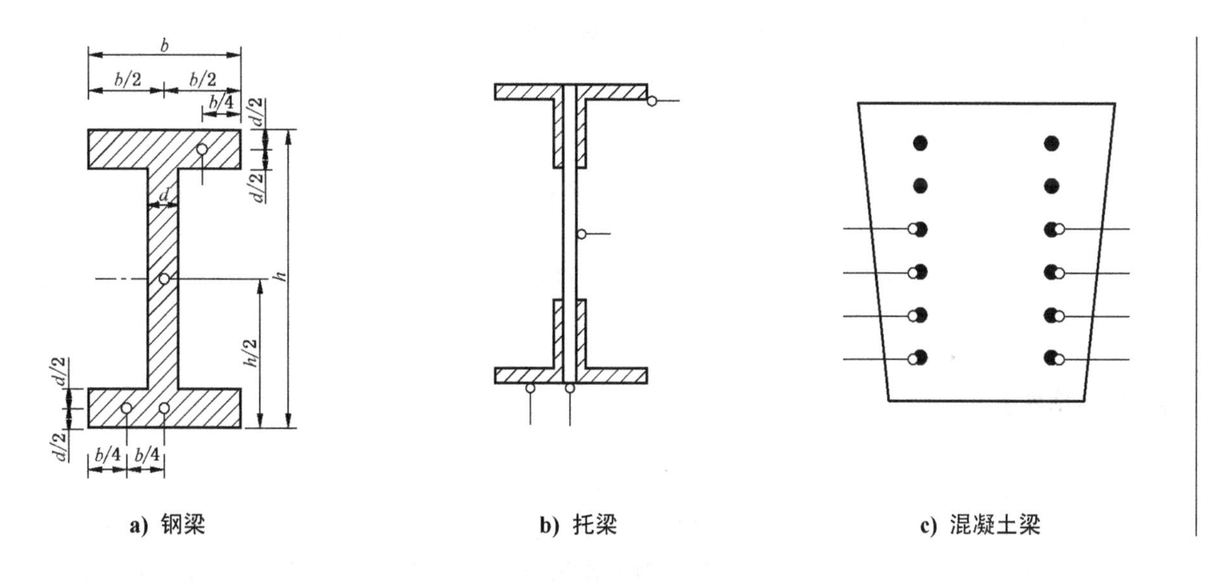

a) 钢梁　　b) 托梁　　c) 混凝土梁

图 3 试件截面上热电偶的典型位置

8.2.3 为获得混凝土的温度梯度而布置的热电偶将有利于预测丧失时间，试验结果可以用于评估技术。热电偶应布置在每个加强抗拉筋(件)上。当多于 8 个时，热电偶将以同样的方式布置在 8 个点上以获得所有抗拉筋(件)中代表性的温度(见图 3)。

8.3 变形测量

8.3.1 试验前 15 min 对试件进行加载，稳定后所测的变形值为本次试验的变形零点。

8.3.2 在试件的跨中位置测量梁纵轴方向的垂直变形挠度值。

8.3.3 变形位移的测量应在不同的位置进行多点测量，以确定最大位移。

8.4 测量仪器的准确度

测量仪器的准确度应与 GB/T 9978.1 中的规定一致。

9 试验方法

9.1 荷载使用

对梁进行加载和控制应符合 GB/T 9978.1 的相关规定和本部分 6.3 的规定。

9.2 试验炉控制

按照 GB/T 9978.1 的相关规定对炉内温度、炉内压力进行测量和控制。

9.3 测量与观察

对试件的承载能力进行测量和按照 GB/T 9978.1 的相关规定对试件的完整性和/或隔热性进行测量和观察。

10 判定准则

应按照 GB/T 9978.1 的相关规定对梁耐火试验时的承载能力进行判定。

11 试验的有效性

当试验装置、试验条件、试件准备、仪器使用、试验程序等条件均在 GB/T 9978 本部分规定的限制条件之内时，试验结果有效。

当试验炉内温度、炉内压力和试验环境温度等试件受火条件超出 GB/T 9978.1 和本部分规定的偏差上限时，也可以考虑试验结果的有效性。

12 试验结果表示

耐火试验结果的表示按 GB/T 9978.1 的相应规定执行。

有特殊用途的某些构件，试验中荷载按照实际使用状况布置，其值可能小于建筑结构规范规定的荷载值，那么在试验结果中表示试件的承载能力时应使用“限制”一词修饰。具体情况和计算过程应在试验报告中说明。

13 试验报告

试验报告应符合 GB/T 9978.1 的相应规定。

附　录　A
（资料性附录）
试验方法总则指南

A.1　总则

在实际中，梁一般用于支撑楼板和屋面板。在某些应用中，它们可能与梁组合在一起。此时，构件整体可以按梁进行试验也可以按楼板进行试验，并根据结构的总刚度调整加载。

当需要评定完整性和隔热性时，需要按 GB/T 9978.5 的相关规定进行附加试验。

评定梁耐火性能时考虑到梁的下面、侧面受火和有时可能上表面受火，但不考虑从梁的两端散热的情况。

本方法适用于通常以梁为主的抗弯构件，该原理也可用于试验其他抗拉构件。

A.2　试件结构

当梁从炉膛内突出时，应保证其对梁的变形没有影响。

试验结构的混凝土密度与热惯性量间有直接的关系，低密度混凝土比高密度混凝土的热传导性低。当采用高密度混凝土保护钢梁时这一点应该注意，因为高密度混凝土和钢间可能会发生较高的热量传导，对减缓试件温度的升高产生影响。这种现象将限制该种试验结果的直接应用。

实际使用中楼板(7.1.2)的宽度，或标准盖板(7.1.3)应足以阻止热气从加载框架通过。应阻止梁在试验时产生的任何变形。

A.3　支撑和加载条件

A.3.1　试件安装到试验炉内

将试件固定在支撑架上以防止其旋转，这可以通过将其固定在支撑架上方的悬臂梁上来实现。固定程度由悬臂和阻止其旋转的力来确定。悬臂的位置是固定的，因此，悬臂施加在加载单元的力根据试件受热程度不同而不同。

A.3.2　加载

当试件的跨度比实际使用短时，同样荷载情况下，试件应力的类型和大小较全尺寸的试件有所不同。跨度较小的特殊截面梁应通过研究确保让在试件上产生的临界应力与全尺寸试件的应力类型相同，并注意由于减少跨度、加大荷载而可能产生过量的剪切应力。这些因素将影响产生所需应力时所采用的加载方式和加载类型。

梁是受弯构件，所以对其进行评定时，简支梁的弯曲是否与实际状况一致是非常重要的。试验中一般不考虑人为设置原因，如：弯应力水平不因需要考虑扭转约束而减少。

A.4　约束和加载条件的影响

对热膨胀、轴向或旋转的约束有多种方法。

准确装置应满足其需要，当试件安装在约束框架内，试件对框架产生的轴向推力不应使框架有变形。在某些情况下可以通过校准约束框架来测量轴向推力。在有些情况下会在试件框架间预留膨胀间隙。由于试件上方或高度方向结构部件的接触或固定，这样的布置同样能对旋转提供约束。

更为准确的办法是由液压千斤顶来提供轴向和与试件相关的约束、测量。

在这些情况下对试件进行试验时，膨胀约束的产生将增大构件的轴向压力。此时这种力会发生在构件的某个截面位置，该力产生的弯曲将会平衡一部分荷载作用产生的弯曲，从而使构件的承载能力和耐火极限相对增加，但当试件出现碎裂或失稳时除外。

A.5 温度测量

试件热电偶的布置应能够确保获得关于试件截面温度的最有用数据信息。

对于组合结构(如在其两边缘间填充混凝土的H型钢梁)，组合构件每个部件的温度数据信息以及试件截面的温度梯度都是非常有用的数据信息，可以对这些数据做进一步评定。

热电偶可用来测量梁和保护层间的温度。得到的数据可用于对具有相同材料保护层的其他材料和类似梁的临界温度进行推测。

A.6 试件特性

对于简支的构件，比如梁，其常温下强度是结构中最重要的性能之一。如果试验加载值是根据材料实际强度确定的，那么其应用具有广泛性，而根据材料标准值进行加载得到的数据则不具有广泛适用性。

对于均质材料，在耐火试验前通过常温下的荷载试验就能够获得它的应力/应变关系。常温下的试验加载不应超过材料的弹性范围，因为这将影响屈服强度。其他对耐火极限有重要影响的因素如下：

a） 沿梁长度方向的横截面面积变化(建议在几个不同的位置检查)；

b） 梁的材料密度，包括所有的组合部件，所有的保护层或涂层；

c） 平均厚度和全部保护材料的不稳定性；

d） 在梁上使用的保护层或涂层等全部吸湿材料的含水量。

附 录 B
（资料性附录）
试验结果的直接应用指南

如果符合以下条件，耐火试验结果可直接应用于类似的未经耐火试验的梁构件。

a） 跨度未增加。

b） 荷载未增加，加载的位置和分布未变化。

c） 旋转约束和纵向的约束未变化。

d） 截面尺寸未减少。

e） 任何基本材料的特性强度和密度未变化。

f） 受热面的数量未变化。

g） 结构未受热的长度未减少。

h） 截面的设计未改变（如在截面上的加强筋）。

对于具有一定耐火性能的梁或组合梁构件，起保护作用的非承重部件的失效可能会导致整个承载构件的失效。保护性部件只有在一定条件下，如特定温度和特定变形状态下，才会失效。这些临界状态因构件的支撑条件不同而不同。由某种支撑条件得到的临界温度值不得应用于比它更易导致变形的支撑条件，如：由约束部件获得的临界温度状态，不允许用于简支部件。

附 录 C
（资料性附录）
本部分章条编号与 ISO 834-6:2000 章条编号对照

表 C.1 给出了本部分章条编号与 ISO 834-6:2000 章条编号对照一览表。

表 C.1 本部分章条编号与 ISO 834-6:2000 章条编号对照

本部分章条编号	对应的国际标准章条编号
—	3.1
3.1	3.2
—	3.3
—	3.4
—	3.5
7.5.7	第二个 7.5.6
7.5.8	7.5.7
7.5.9	7.5.8
7.5.10	7.5.9
8.4	—
附录 C	—
附录 D	—
注：表中的章条以外的本部分其他章条编号与 ISO 834-6:2000 其他章条编号均相同且内容相对应。	

附　录　D
（资料性附录）
本部分与 ISO 834-6:2000 的技术性差异及其原因

表 D.1 给出了本部分与 ISO 834-6:2000 的技术性差异及其原因的一览表。

表 D.1　本部分与 ISO 834-6:2000 的技术性差异及其原因

本部分的章条编号	技术性差异	原　因
1	删除了 ISO 834-6:2000 中的“或者根据 ISO/TR 12470 分析满足外推应用。因为 ISO/TR 12470 仅仅给出了一般导则，所以特殊外推应用分析只有通过个别耐火构件的专家来完成”内容	目前，我国还没有相应的外推应用标准，对于满足该部分的构件，可以直接应用该部分的检测结果；否则，必须对相应的构件，按照标准该部分的要求，制成相应的试件，进行检测
2	引用了 GB/T 9978.1 代替引用 ISO 834-1:1999，引用 GB/T 5907 代替 ISO 13943。 删除引用 ISO/TR 12470。 增加引用了 GB/T 9978.5	以适合我国国情。 与我国其他标准相一致
3	删除了原 ISO 标准中 3.1、3.3、3.4、3.5 关于梁、受火长度、跨距、试件长度术语和定义	与 GB/T 9978.5 中重复
4	删除了原缩略语表格	与 GB/T 9978.1、GB/T 9978.5 中重复
7.5.8	将原标准 7.5.7 中“mineral wool”(矿棉)改为“矿棉或硅酸铝棉毡”	硅酸铝棉毡性能比矿棉好，更加适合实际应用
8.1.1	将“板式热电偶”改为“热电偶”	与 GB/T 9978.1 保持一致，并适应我国国情
8.1.2	将“板式热电偶”改为“热电偶”	与 GB/T 9978.1 保持一致，并适应我国国情
8.1.3	将“板式热电偶”改为“热电偶”	与 GB/T 9978.1 保持一致，并适应我国国情
8.2.2	增加图 2	对热电偶在钢梁上的安装截面位置更加清晰
8.2.2	图 3 中加注热电偶的预埋位置	对热电偶在钢梁上的预埋位置更加清晰
8.3.1	增加试验前加载的时间为 15 min	从仪表的稳定性出发
8.4	增加该条要求	便于明确测量仪器的准确度

参 考 文 献

［1］ GB/T 14107—1993 消防基本术语第二部分
［2］ GB/T 16283—1996 固定灭火系统基本术语
［3］ ISO 13943:2000 Fire safety—Vocabulary

ICS 13.220.50
C 82

中华人民共和国国家标准

GB/T 9978.7—2008

建筑构件耐火试验方法 第7部分:柱的特殊要求

Fire-resistance tests—Elements of building construction—
Part 7:Specific requirements for columns

(ISO 834-7:2000,MOD)

2008-06-26 发布 2009-03-01 实施

中华人民共和国国家质量监督检验检疫总局
中国国家标准化管理委员会 发布

前　言

GB/T 9978《建筑构件耐火试验方法》预计分为如下若干部分：

——第1部分：通用要求；

——第2部分：耐火试验炉的校准；

——第3部分：试验方法和试验数据应用注释；

——第4部分：承重垂直分隔构件的特殊要求；

——第5部分：承重水平分隔构件的特殊要求；

——第6部分：梁的特殊要求；

——第7部分：柱的特殊要求；

——第8部分：非承重垂直分隔构件的特殊要求；

——第9部分：非承重吊顶构件的特殊要求；

……

本部分为GB/T 9978的第7部分。

本部分修改采用ISO 834-7:2000《耐火试验　建筑构件　第7部分：柱的特殊要求》(英文版)。

本部分根据ISO 834-7:2000重新起草。附录A、附录B为ISO 834-7:2000原有附录，附录C列出了本部分章条编号与ISO 834-7:2000章条编号的对照一览表。

在采用ISO 834-7:2000时，本部分做了一些修改。有关技术性差异已编入正文中并在它们所涉及的条款的页边空白处用垂直单线标识。在附录D中给出了这些技术性差异及其原因的一览表，以供参考。

对应于ISO 834-7:2000，本部分还做了下列编辑性修改：

——“ISO 834的本部分”修改为“GB/T 9978的本部分”；

——用小数点“.”代替作为小数点的逗号“,”；

——删除国际标准的前言和引言。

本部分的附录A、附录B、附录C、附录D均为资料性附录。

本部分由中华人民共和国公安部提出。

本部分由全国消防标准化技术委员会建筑构件耐火性能分技术委员会(SAC/TC 113/SC 8)归口。

本部分起草单位：公安部天津消防研究所。

本部分主要起草人：阮涛、赵华利、韩伟平、黄伟、王军、董学京、李博、李希全、刁晓亮、白淑英。

建筑构件耐火试验方法
第7部分:柱的特殊要求

1 范围

GB/T 9978 的本部分规定了确定柱构件耐火性能的试验程序。

柱在进行耐火试验时所有轴向侧面均受火,当实际受火面少于四个时,应重新确定相应的试验条件。

当未经试验建筑构件的结构符合本部分给出的直接应用范围规定的条件时,已按本部分规定进行耐火试验的构件耐火性能结果可应用于未经试验的同类建筑构件。

附录 A 提供了该试验方法的一般性指导。

2 规范性引用文件

下列文件中的条款通过 GB/T 9978 的本部分的引用而成为本部分的条款。凡是注日期的引用文件,其随后所有的修改单(不包括勘误的内容)或修订版均不适用于本部分。然而,鼓励根据本部分达成协议的各方研究是否可使用这些文件的最新版本。凡是不注日期的引用文件,其最新版本适用于本部分。

GB/T 5907 消防基本术语 第一部分[1)]

GB/T 9978.1 建筑构件耐火试验方法 第1部分:通用要求(GB/T 9978.1—2008,ISO 834-1:1999,MOD)

3 术语和定义

GB/T 5907 和 GB/T 9978.1 确立的以及下列术语和定义适用于本部分。

3.1

柱 column

用于垂直承重的非分隔性建筑构件。

3.2

偏心距 controlled eccentricity

从柱的垂直中心轴到承载点的距离。

3.3

承载法兰盘 loading platens

用于加载装置和柱的末端之间,保证正确施加荷载的平板。

4 符号和缩略语

GB/T 9978.1 规定的符号和缩略语适用于本部分。

---

1) 该标准将在整合修订 GB/T 5907—1986、GB/T 14107—1993 和 GB/T 16283—1996 的基础上,以《消防词汇》为总标题,分为5个部分。其中,第2部分为 GB/T 5907.2《消防词汇 第2部分:火灾安全词汇》,将修改采用 ISO 13943:2000。

5 试验装置

本部分所采用的试验装置与 GB/T 9978.1 中的相关规定相同,其中包括试验炉、加载装置、约束部件和支撑框架。柱加载试验装置的示意见图 1。

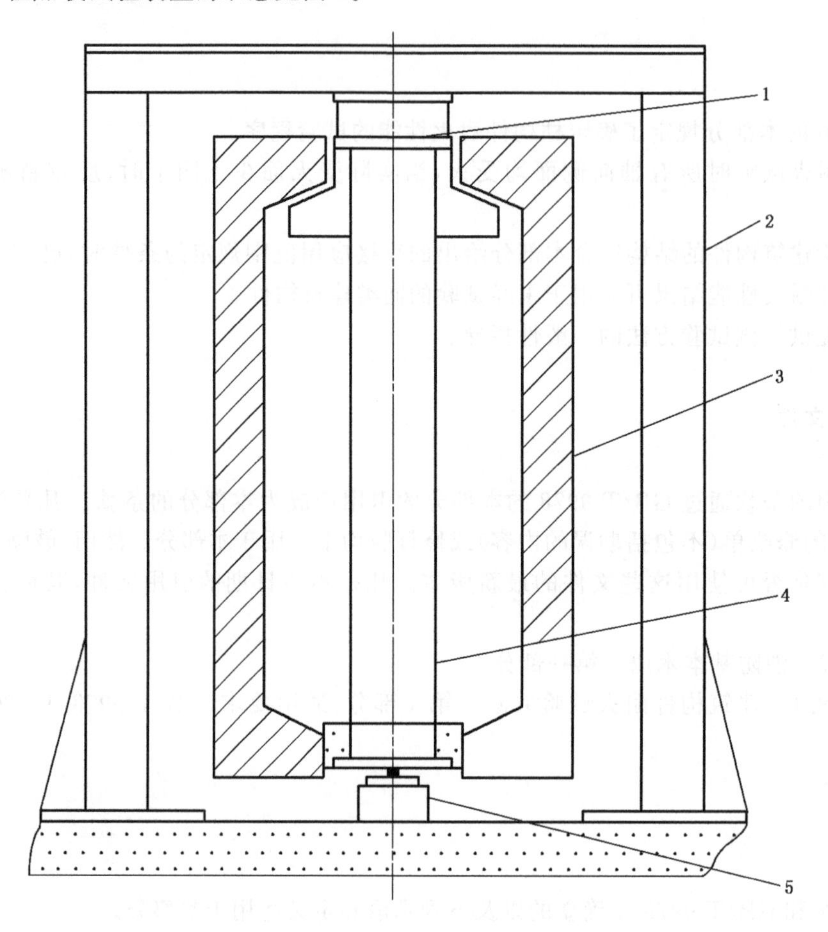

1——承载法兰盘;

2——加载框架;

3——炉体;

4——耐火试验的柱;

5——液压缸。

图 1 柱加载试验布置的示意图

6 试验条件

6.1 总则

试验过程中的炉内升温条件、炉内压力和加载条件均应符合 GB/T 9978.1 中的相关规定和本部分的要求。

6.2 约束和边界条件

约束和边界条件应符合 GB/T 9978.1 中的相关规定和本部分的要求。

6.3 加载条件

6.3.1 柱的试验加载值应按照 GB/T 9978.1 中 6.3a)、b)或 c)的规定进行计算,并与委托方协商以使设计出的结构能被接受。用于柱荷载计算的材料特性应由委托方详细提供并指明来源。

6.3.2 当试件的高度过大,试验炉无法安装时,应按照承重试件的高细比调整荷载,因此委托方应提供该试件尺寸调整后的设计荷载值。

6.3.3 应对试件的末端进行设计,使荷载能够按照要求的稳定度和偏心率从承载法兰盘传递到试件。顶端和底端承载面应相互平行并与柱的轴线垂直,以避免产生偏心位移。

6.3.4 为避免加载装置受热,应对试件两端的接触轴环进行防护。采取的防护措施应方便试验柱的定位、为试验炉内表面提供充分密封、要有适当的接触和支撑,确保在整个加热过程中加载装置的位置不受影响。

密封方法应当允许试件在炉内移动,且不影响荷载从承载法兰盘传递到试件上以及试件末端的约束条件。

6.3.5 加载系统的压缩位移量应满足试件最大变形的要求。

7 试件准备

7.1 试件设计

当实际应用中的耐火层有接缝时,在试件的中部高度至少应设计有一个典型的接缝。

当柱使用中空包覆层时,包覆层的约束位置应能代表其在实际应用中的安装与约束条件。顶部的缝隙、包覆层与柱之间的缝隙应按与实际使用相同的条件填充。

当试验柱包覆耐火层后,应采取措施防止因承载而使耐火层受到附加的影响力。

7.2 试件尺寸

试件的尺寸应为其实际尺寸。当试件的高度超过 3 m 时,试件受火部分的尺寸不应小于 3 m。试件受火高度的每一端最多加高不能大于 300 mm,这段超出的高度用于将试件固定在加载装置上,同时也起到分隔加载装置与炉内环境的作用。超出的高度应尽可能小,以减少热传导损失。

7.3 试件数量

试件数量应符合 GB/T 9978.1 和本部分中的规定。

7.4 试件养护

在试验过程中,试件包括其填充和连接材料的强度和含水量应与在正常使用情况的条件相符,GB/T 9978.1 给出了试件养护的指南。当达到平衡时,应测定并记录试件的含水量和养护状态。包括框架护衬的任何支撑结构不受上述要求的约束。

7.5 试件安装和约束

7.5.1 试件的两端的约束应模拟实际使用条件采用刚性连接方式或铰接方式。但是,在一种约束方式条件下得到的数据不能直接转换为在另一种约束方式条件下的数据。当需要全面的结果时,应在不同的约束条件下进行相应试验。当试件的一端或两端采用铰接时,应确保没有摩擦阻力。

7.5.2 当使用铰接时,可通过在柱和加载装置之间使用球状连接、柱状辊轮或者刃状连接来代表。当使用柱状辊轮时,其轴线应平行于柱截面的短轴。

7.5.3 铰接件应安置在两个承载板之间(一端与加载装置固定,另一端与柱接触)以改进在柱截面上的荷载分布。

7.5.4 应准确选择铰接件与柱中心轴的相对位置，以控制荷载的偏心距不超过 $L/500$（L 为柱的计算长度）或 7 mm。应尽量减小铰接件的摩擦阻力。

7.5.5 当采用固端连接时，应确保承载法兰盘和柱的端面接触。

8 仪器使用

8.1 炉内热电偶

试验炉内的温度应使用热电偶测量，热电偶应均匀分布以测量试件区域的真实温度。热电偶的组成和位置按 GB/T 9978.1 中的规定。

在试验炉内，与试件相对的位置至少安置 6 支热电偶，两两相对分别位于试件受火长度的 1/4、1/2 和 3/4 处。

热电偶的位置应能保证在加热开始时距离试件每个面（100±50）mm，距离试验炉的顶部不小于 400 mm。在测量的过程中，热电偶的位置变化不应超过 50 mm。

8.2 试件热电偶

当柱是由钢或其他高温特性已知的材料制造时，对试件温度的测量将有助于估算其丧失承载能力的时间，也可用于评价技术性能。使用螺纹连接、焊接和喷射均可将热电偶附着在钢壁上。应注意的是，要确保热电偶的热电极至少有 50 mm 和热电偶热端处在等温的区域。

试件的热电偶要固定在四个高度，每个高度至少要有三支热电偶。顶层和底层热电偶分别距柱受热部分末端 600 mm，中间两层热电偶则在高度方向均匀分布。试件的热电偶在每个高度典型的位置如图 2 所示。

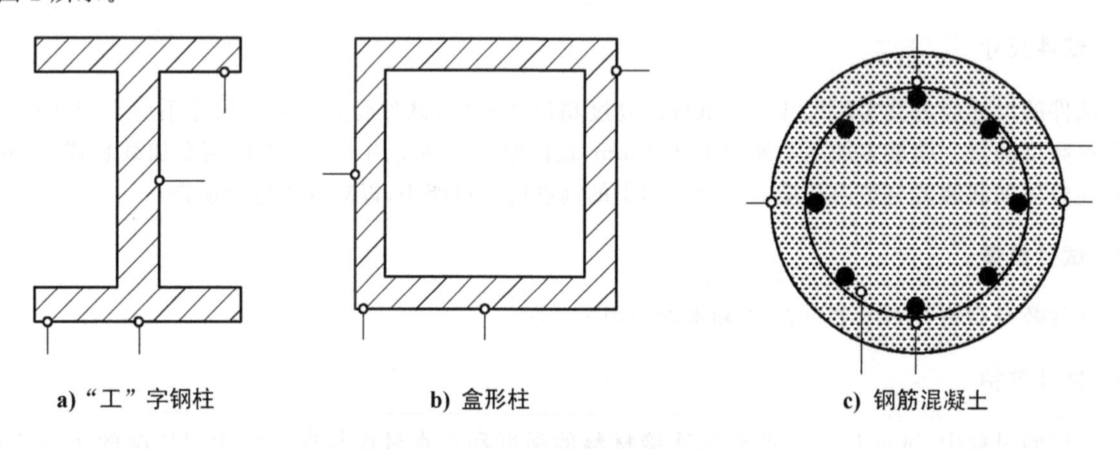

a)“工”字钢柱　　b) 盒形柱　　c) 钢筋混凝土

图 2 试件的热电偶典型分布

8.3 变形测量

试验前 15 min 对试件进行加载，稳定后所测的轴向变形值为本次试验的变形零点。

在整个试验期间，使用传感器或指针指示仪表每 1 min 测量一次试件的轴向变形。

8.4 测量仪器的准确度

测量仪器的准确度应与 GB/T 9978.1 的规定一致。

9 试验方法

9.1 荷载使用

按 GB/T 9978.1 和本部分 6.3 的规定对试件进行加载和控制。

9.2 试验炉控制

按 GB/T 9978.1 中的相关规定测量和控制试验炉内的温度和压力。

9.3 测量和观察

按 GB/T 9978.1 中的相关规定，进行测量和观察，确定试件是否符合承载能力的要求。

10 判定准则

应按 GB/T 9978.1 中的相关规定对柱耐火试验时的承载能力进行判定。

11 试验的有效性

当试验装置、试验条件、试件准备、仪器使用、试验程序等条件均在 GB/T 9978 本部分规定的限制条件之内时，试验结果有效。

当试验炉内温度、炉内压力和试验环境温度等试件受火条件超出 GB/T 9978.1 和本部分规定的偏差上限时，也可以考虑试验结果的有效性。

12 试验结果表示

耐火试验结果的表示按 GB/T 9978.1 中的相应规定执行。

有特殊用途的某些构件，试验中荷载按照实际使用状况布置，其值可能小于建筑结构规范规定的荷载值，那么在试验结果中表示试件的承载能力时应使用“限制”一词修饰。具体情况和计算过程应在试验报告中说明。

13 试验报告

试验报告应符合 GB/T 9978.1 中的相应规定。

附 录 A
（资料性附录）
试验方法通用指南

A.1 概述

本指南制定的前提是假设垂直承载试件承受压缩荷载。这种方法同样适用于评价承受拉伸荷载的试件，例如垂直系材。在此种情况下，支撑装置和传动机构应能提供传递拉伸荷载。

A.2 设计条件

A.2.1 末端支撑条件

柱所能承受的允许荷载在很大程度上取决于末端条件，对于铰接的细长柱，即使支撑结构中摩擦产生的力很小，也将大幅度增加试件的承载能力。在耐火试验中，试件末端会产生偶然的约束变化，由此可能影响试件的耐火性能。一般来说，使用球形或柱状辊轮连接可实现多向自由连接。

A.2.2 末端轴环条件

末端轴环由包裹在柱的末端周围的混凝土浇筑体组成。对末端轴环进行养护，使其与试件达到相似的干燥平衡条件，以避免在试验中产生剥落、过多的蒸汽或冷却效果，这一点很重要。

A.3 荷载

柱应在其常温设计的条件下进行加载和支撑条件的试验，在实际火灾中，末端移动或荷载有可能发生变化，通常这些变化不可能在试验中复现。

如果在实际应用中能够确定加载和支撑条件，并且能在试验炉中复现这些条件，应使用这些条件计算试验荷载。

当实际使用的末端条件不可能复现时，可将代表性的试验条件理想化，计算试验荷载时可使用这些理想化的条件，同时还应考虑所使用的固定方式。

A.4 温度测量

试件热电偶的分布应能有助于尽可能多的获得有用的试验柱温度分布数据信息。

当使用复合结构时（如钢管内填充混凝土），测得独立部件的温度以及整个结构体的温度梯度非常有用，并可用于对数据进行进一步的评价。

可使用热电偶测量柱和其耐火覆层之间的温度，用此方法得到的数据，借助不同的极限温度，可推知其他材料制成的柱或其他类型的柱使用相同防护材料的耐火性能。

A.5 在试验中柱的变化

垂直构件的轴向变形可根据热膨胀，构件的干燥收缩，强度降低或有效横截面积的减小来体现。

结构钢柱在能够支撑荷载的条件下会随着温度的升高而产生膨胀，一旦其不能支撑荷载，柱在荷载的作用下，局部或整体会发生弯曲收缩。因此测得的柱高度会达到一个极大值，然后减小。

对于钢管混凝土柱的情况较复杂。在柱子承载时,最初的形变和普通的结构钢管相似。当钢柱加热后,它将产生变形,并将荷载传递到混凝土上,同时仍有足够的强度约束混凝土。混凝土继续支撑试验荷载,直至最终无法承受。

木质柱是热的不良导体,初始阶段的膨胀很小,支撑截面上的平均温度也几乎不发生改变。一段时间以后,会发生炭化,横截面积减小,柱子在荷载方向上发生变形。

附 录 B
（资料性附录）
试验结果的直接应用指南

如果符合以下条件，耐火试验结果可直接应用于类似的未经耐火试验的柱构件。

a） 长度没有增加。

b） 荷载和偏心率没有增加。

c） 末端条件没有改变。

d） 横截面积没有减小。

e） 材料的基本特征强度和密度没有变化。

f） 加热表面的数量没有变化。

g） 横截面上的设计结构没有变化（例：横截面上的加强筋）。

附　录　C
（资料性附录）
本部分章条编号与 ISO 834-7:2000 章条编号对照

表 C.1 给出了本部分章条编号与 ISO 834-7:2000 章条编号对照一览表。

表 C.1　本部分章条编号与 ISO 834-7:2000 章条编号对照

本部分章条编号	对应的国际标准章条编号
6.1	—
6.2	6.1
6.3	6.2
6.3.1～6.3.5	6.2.1～6.2.5
8.4	—
附录 C	—
附录 D	—
注：表中的章条以外的本部分其他章条编号与 ISO 834-7:2000 其他章条编号均相同且内容相对应。	

附 录 D
（资料性附录）
本部分与 ISO 834-7:2000 技术性差异及其原因

表 D.1 给出了本部分与 ISO 834-7:2000 的技术性差异及其原因的一览表。

表 D.1 本部分与 ISO 834-7:2000 的技术性差异及其原因

本部分的章条编号	技术性差异	原 因
1	删除了有关外推应用分析引用 ISO/TR 12470 的相关内容	以适合我国国情。目前我国还没有制定有关外推应用分析的相关标准
2	引用了 GB/T 9978.1 代替引用 ISO 834-1:1999，引用 GB/T 5907—1986 代替 ISO 13943。删除引用 ISO/TR 12470	以适合我国国情
5	试验装置示意图(图 1)中，将原图中的液压缸与加载法兰盘的位置进行了交换	符合国内实际使用的情况
6.1	增加了 6.1 条“总则”	补充了有关炉内升温、炉内压力等试验条件的相关规定。使标准的内容更加完整
8.1	删除了有关板式热电偶的特殊规定	与 GB/T 9978.1 一致，并适应我国国情
8.4	增加该条要求	便于明确测量仪器的准确度

参 考 文 献

[1] GB/T 14107—1993 消防基本术语 第二部分
[2] GB/T 16283—1996 固定灭火系统基本术语
[3] ISO 13943:2000 Fire safety—Vocabulary

ICS 13.220.50
C 82

中华人民共和国国家标准

GB/T 9978.8—2008

建筑构件耐火试验方法 第8部分：非承重垂直分隔构件的特殊要求

Fire-resistance tests—Elements of building construction—Part 8: Specific requirements for non-loadbearing vertical separating elements

(ISO 834-8:2002,MOD)

2008-06-26 发布 2009-03-01 实施

中华人民共和国国家质量监督检验检疫总局
中国国家标准化管理委员会 发布

前　言

GB/T 9978《建筑构件耐火试验方法》预计分为如下若干部分：

——第1部分：通用要求；

——第2部分：耐火试验炉的校准；

——第3部分：试验方法和试验数据应用注释；

——第4部分：承重垂直分隔构件的特殊要求；

——第5部分：承重水平分隔构件的特殊要求；

——第6部分：梁的特殊要求；

——第7部分：柱的特殊要求；

——第8部分：非承重垂直分隔构件的特殊要求；

——第9部分：非承重吊顶构件的特殊要求；

……

本部分为GB/T 9978的第8部分。

本部分修改采用ISO 834-8:2002《耐火试验　建筑构件　第8部分：非承重垂直分隔构件的特殊要求》(英文版)。

本部分根据ISO 834-8:2002重新起草。附录A为ISO 834-8:2002原有附录，附录B列出了本部分章条编号与ISO 834-8:2002章条编号的对照一览表。

考虑到我国国情，在采用ISO 834-8:2002时，本部分做了一些修改。有关技术性差异已编入正文中并在它们所涉及的条款的页边空白处用垂直单线标识。在附录C中给出了这些技术性差异及其原因的一览表，以供参考。

为便于使用，对应于ISO 834-8:2002，本部分还做了下列编辑性修改：

——"ISO 834的本部分"修改为"GB/T 9978的本部分"；

——用小数点'.'代替作为小数点的逗号","；

——删除国际标准的前言和引言。

本部分的附录A、附录B、附录C均为资料性附录。

本部分由中华人民共和国公安部提出。

本部分由全国消防标准化技术委员会建筑构件耐火性能分技术委员会(SAC/TC 113/SC 8)归口。

本部分起草单位：公安部天津消防研究所。

本部分主要起草人：黄伟、赵华利、韩伟平、董学京、亓峒和、李博、李希全、阮涛、刁晓亮、白淑英。

建筑构件耐火试验方法 第8部分:非承重垂直分隔构件的特殊要求

1 范围

GB/T 9978的本部分规定了确定一面受火并符合本部分条件的非承重垂直分隔构件耐火性能的试验程序。不适用于幕墙(悬挂于楼板底端的非承重隔墙)和镶玻璃(或带门)隔墙。

当未经试验建筑构件的结构符合本部分给出的直接应用范围规定的条件时,已按本部分规定进行耐火试验的构件耐火性能结果可应用于未经试验的同类建筑构件。

2 规范性引用文件

下列文件中的条款通过GB/T 9978的本部分的引用而成为本部分的条款。凡是注日期的引用文件,其随后所有的修改单(不包括勘误的内容)或修订版均不适用于本部分,然而,鼓励根据本部分达成协议的各方研究是否可使用这些文件的最新版本。凡是不注日期的引用文件,其最新版本适用于本部分。

GB/T 5907 消防基本术语 第一部分[1)]

GB/T 9978.1 建筑构件耐火试验方法 第1部分:通用要求(GB/T 9978.1—2008,ISO 834-1:1999,MOD)

GB/T 9978.4 建筑构件耐火试验方法 第4部分:承重垂直分隔构件的特殊要求(GB/T 9978.4—2008,ISO 834-4:2000,MOD)

3 术语和定义

GB/T 5907、GB/T 9978.1和GB/T 9978.4确立的以及下列术语和定义适用于本部分。

3.1

非承重垂直分隔构件 non-loadbearing vertical separating elements

不需承受自身质量外的其他任何质量的垂直且起防火分隔或防火隔间作用的建筑构件。比如隔墙,它将建筑物分隔为防火隔间或防火分区,阻止火焰蔓延至与其相连的建筑结构或相邻的防火分区。

3.2

非承重墙 non-loadbearing wall

除承受自身重量以外,不承受任何其他荷载的垂直分隔构件。

3.3

底座 plinth

可以升高支承面减少开口高度以适应试件尺寸的支承构件。

---

1) 该标准将在整合修订GB/T 5907—1986、GB/T 14107—1993和GB/T 16283—1996的基础上,以《消防词汇》为总标题,分为5个部分。其中,第2部分为GB/T 5907.2《消防词汇 第2部分:火灾安全词汇》,将修改采用ISO 13943:2000。

4 符号和缩略语

GB/T 9978.1 规定的符号和缩略语适用于本部分。

5 试验装置

包括试验炉、约束和支承构件与 GB/T 9978.1 中的相关规定相同。

应在框架的两个相互平行边的垂直方向上做评估，通过在试验框架的相对应部件之间施加一个 25 k 的扩张力来测定框架的刚性，并在施力位置测量其内部尺寸的增加量，其增加量不应超过 5 mm。

6 试验条件

6.1 总则

试验过程中的升温条件、炉内压力和加载条件应符合 GB/T 9978.1 中的相关规定。

6.2 约束和边界条件

约束和边界条件应符合 GB/T 9978.1 中和本部分相关规定的要求。

7 试件准备

7.1 试件设计

7.1.1 一般要求

试件应满足：

a） 试件的结构、材料、制作工艺及安装形式应与实际应用的情况完全一致。

b） 试件不应包含不同构筑方式的混合体，例如砖块或砌块墙，除非在实际应用中它就是完整的建筑样品的一部分。

影响耐火性能的设计结构，其最大范围的应以附录 A 为依据。

7.1.2 附属装置

当实际应用中，试件上安装有像电源开关、电源插座等附属装置时，这些附属装置均应是试件的组成部分。

7.2 试件尺寸

实际应用中，构件结构尺寸的高和/或宽小于 3 m 的，试件的相应尺寸必须与其实际应用尺寸相同；构件尺寸的高和/或宽大于 3 m 的，试件受火的相应尺寸应不小于 3 m 且满足试验炉口的安装条件。

7.3 试件数量

对于结构对称的构件，除本标准另有规定外，只需要一件试件；对结构非对称的构件，试件数量应符合本标准和 GB/T 9978.1 中的相关规定。

7.4 试件养护

试验时，试件（包括表面材料、内填充材料和填缝材料）的强度和含水量应与实际使用情况相近，应符合 GB/T 9978.1 中规定，应测定并记录试件的含水量和养护状况。所有的支承结构，包括试验框架的内衬也应符合此要求。

7.5 试件安装和约束

7.5.1 一般要求

试件安装时应遵循以下原则：

a） 试件和支承结构应按照实际使用情况安装。

b） 试件的安装应使其尽可能贴近试验炉口，其边界缝隙应用不燃材料封堵。

c） 试件高和宽小于 3 m 的，其向火面应全部面积受火；高和宽大于等于 3 m 的，其受火面积应等于 3 m×3 m；高和宽中其一大于等于 3 m 另一尺寸小于 3 m 的，其受火面面积应等于 3 m 与另一小于 3 m 尺寸的乘积。

7.5.2 安装支承结构

对于高度或宽度小于试验炉口相应尺寸的试件，均应在其小于试验炉口相应尺寸边处设置拥有足够稳定性的标准支承构件。

7.5.3 试件约束

a） 当试件不大于试验炉口尺寸时，应参照实际使用情况固定试件的各边。

b） 当试件的高度和宽度大于试验炉口尺寸时，应保留一个垂直边不固定——自由边，并使试件的自由边与其相邻试验框架平行边保留 25 mm～50 mm 的间隙。这个间隙用柔性不燃材料来填充（例如：矿物纤维），用这种材料填充封堵不会约束自由边可能产生的自由移动和垂直变形。其余边参照实际使用情况固定。

8 仪器使用

8.1 炉内热电偶

8.1.1 炉内温度

测量炉内温度的热电偶，应尽量均匀分布，在耐火试验时，通过相应设备可靠给出试件向火面的温度值。这些热电偶应根据 GB/T 9978.1 中的要求制作和安装。

8.1.2 炉内热电偶数量

试件向火面每 1.5 m^2 内不少于一支热电偶。所有试验不得少于 4 支热电偶。

8.2 背火面热电偶

背火面热电偶的构造及其固定方法应与 GB/T 9978.1 中的规定一致。测定背火面的最高温度热电偶应布置在试件背火面的下列位置，且离最近边缘的距离不应小于 100 mm，具体布置方法如下（布置示例图见 GB/T 9978.4 的图 3）：

a） 在试件上边的中间宽度处；

b) 在试件上部和竖框成一直线处；

c) 在非承重墙系统中，在竖框和横框的连接点；

d) 试件固定(约束)边的中间高度处；

e) 试件自由(无约束)边的中间高度处；

f) 如果可能，试件的中间宽度处邻近一个水平接缝的位置(正压区)；

g) 如果可能，试件的中间高度处邻近一个垂直接缝的位置(正压区)。

8.3 变形测量

8.3.1 测量仪器

耐火试验期间，应使用仪器测定试件产生的大于5 mm的变形量。

8.3.2 位置变形

在试件的几何中心及离试件自由边50 mm的1/2高处测量。测量的时间间隔应足够体现耐火试验期间它们的变形过程。

8.3.3 变形测量方法

变形测量的方法见GB/T 9978.1中的规定。

注：变形测量是必须的，不作为判定依据。测量试件的变形对决定试验结果的扩展应用领域非常重要。

8.4 测量仪器的准确度

测量仪器的准确度与GB/T 9978.1中的规定一致。

9 试验方法

9.1 试验炉控制

炉温、炉压的测量和控制应符合GB/T 9978.1中的相关规定。

9.2 测量和观察

按照GB/T 9978.1中的要求对试件的完整性和隔热性进行测量与观察。

10 判定准则

应按照GB/T 9978.1中的相关规定，对非承重垂直分隔构件耐火的完整性和隔热性进行判定。

11 试验的有效性

当试验装置、试验条件、试件准备、仪器使用、试验程序等条件均在GB/T 9978本部分规定的限制条件之内时，试验结果有效。

当试验炉内温度、炉内压力和试验环境温度等试件受火条件超出GB/T 9978本部分规定的偏差上限时，试验结果也可以考虑是可接受的。

12 试验结果表示

耐火试验结果的表示按 GB/T 9978.1 中的相应规定执行。

13 试验报告

试验报告应符合 GB/T 9978.1 中的规定。

附　录　A
（资料性附录）
试验结果的直接应用指南

如果符合以下条件，耐火试验的结果可直接应用于类似的未经耐火试验的非承重垂直分隔构件：

a）试件高度未增加；

b）试件厚度未减少；

c）试件的边框条件未改变；

d）所有材料特有的性质和密度未改变；

e）任何点的结构未使隔热性降低；

f）试件结构性要素（例如配筋的位置）的设计未改变；

g）开口尺寸未增加；

h）保护试件（例如玻璃窗、门、密封系统）开口的方法未改变；

i）所有开口的位置未改变。

附 录 B
（资料性附录）
本部分章条编号与 ISO 834-8:2002 章条编号对照

表 B.1 给出了本部分章条编号与 ISO 834-8:2002 章条编号对照一览表。

表 B.1 本部分章条编号与 ISO 834-8:2002 章条编号对照

本部分章条编号	对应的国际标准章条编号
3.1	—
—	3.1
—	3.3
—	3.4
3.3	3.5
—	3.6
8.4	—
—	参考文献
附录 B	—
附录 C	—
注： 表中的章条以外的本部分其他章条编号与 ISO 834-8:2002 其他章条编号均相同且内容相对应。	

附 录 C
（资料性附录）
本部分与 ISO 834-8:2002 技术性差异及其原因

表 C.1 给出了本部分与 ISO 834-8:2002 的技术性差异及其原因的一览表。

表 C.1 本部分与 ISO 834-8:2002 的技术性差异及其原因

本部分的章条编号	技术性差异	原 因
1	删除了有关外推应用分析所引用 ISO/TR 12470 的相关内容，改为“外推应用分析只能通过建筑消防专家来实施”	以适合我国国情。目前我国还没有制定有关外推应用分析的相关标准
2	引用了 GB/T 9978.1 中代替引用 ISO 834-1:1999，引用 GB/T 5907 代替 ISO 13943。 删除引用 ISO/TR 12470。 增加引用 GB/T 9978.4	以适合我国国情
3	增加了“3.1 非承重垂直分隔构件”术语和定义。 删除了 ISO 标准中 3.1、3.3、3.4、3.6 条术语和定义	增加“非承重垂直分隔构件”术语和定义便于理解标准。 ISO 标准中 3.1、3.4 条术语和定义由引用标准给出。 ISO 标准中 3.3、3.6 条术语和定义在我国不适用
8.1.1	删除了有关炉内板式热电偶的提法，只说明是热电偶	以适合我国国情使用
8.4	增加该条规定	便于明确测量仪器的准确度

参 考 文 献

[1] GB/T 14107—1993 消防基本术语 第二部分

[2] GB/T 16283—1996 固定灭火系统基本术语

[3] ISO 13943:2000 Fire safety—Vocabulary

ICS 13.220.50
C 82

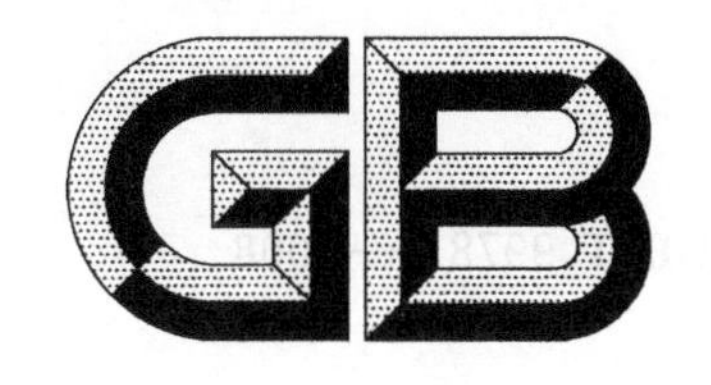

中华人民共和国国家标准

GB/T 9978.9—2008

建筑构件耐火试验方法 第9部分：非承重吊顶构件的特殊要求

Fire-resistance tests—Elements of building construction—
Part 9: Specific requirements for non-loadbearing ceiling elements

（ISO 834-9:2003，MOD）

2008-06-26 发布　　2009-03-01 实施

中华人民共和国国家质量监督检验检疫总局
中国国家标准化管理委员会　发布

前　言

GB/T 9978《建筑构件耐火试验方法》预计分为如下若干部分：

——第1部分：通用要求；

——第2部分：耐火试验炉的校准；

——第3部分：试验方法和试验数据应用注释；

——第4部分：承重垂直分隔构件的特殊要求；

——第5部分：承重水平分隔构件的特殊要求；

——第6部分：梁的特殊要求；

——第7部分：柱的特殊要求；

——第8部分：非承重垂直分隔构件的特殊要求；

——第9部分：非承重吊顶构件的特殊要求；

……

本部分为GB/T 9978的第9部分。

本部分修改采用ISO 834-9:2003《耐火试验　建筑构件　第9部分：非承重水平分隔构件的特殊要求》(英文版)。

本部分根据ISO 834-9:2003重新起草。附录A为ISO 834-9:2003原有附录，附录B列出了本部分章条编号与ISO 834-9:2003章条编号的对照一览表。

考虑到我国国情，在采用ISO 834-9:2003时，本部分做了一些修改。有关技术性差异已编入正文中并在它们所涉及的条款的页边空白处用垂直单线标识。在附录C中给出了这些技术性差异及其原因的一览表，以供参考。

为便于使用，对应于ISO 834-9:2003，本部分还做了下列编辑性修改：

——“ISO 834的本部分”修改为“GB/T 9978中的本部分”；

——用小数点“.”代替作为小数点的逗号“,”；

——删除国际标准的前言和引言。

本部分附录A、附录B和附录C均为资料性附录。

本部分由中华人民共和国公安部提出。

本部分由全国消防标准技术委员会建筑构件耐火性能分技术委员会(SAC/TC 113/SC 8)归口。

本部分起草单位：公安部天津消防研究所。

本部分主要起草人：刁晓亮、赵华利、韩伟平、黄伟、董学京、俞颖飞、李博、李希全、阮涛、白淑英。

建筑构件耐火试验方法
第9部分:非承重吊顶构件的特殊要求

注意事项:试件的安装、试验和剩余物的处理过程中都存在着一定的危险性,试验期间还可能会产生一些有毒或有害的烟尘和气体。因此,相应部门要对与试验有关的工作人员进行必要的培训,使之充分了解试验的危险性,并在试验前做好安全防范措施。试验过程中工作人员必须严格按安全操作规程进行操作,试验后应妥善处理试件的残余物,以充分保证工作人员的身体健康和人身安全。

1 范围

GB/T 9978 中本部分规定了确定下部受火的非承重吊顶构件耐火性能的试验程序,该类吊顶构件具有的耐火性能不受其上部任何建筑构件的影响。本部分适用于非承重吊顶构件,包括自支承式吊顶、悬挂式吊顶和简支式吊顶。

当未经试验建筑构件的结构符合本部分给出的直接应用范围规定的条件时,已按本部分规定进行耐火试验的构件耐火性能结果可应用于未经试验的同类建筑构件。

本部分不适用于作为水平防火分隔构件用以保护其上方承重构件的吊顶,该类吊顶构件的耐火性能可以按 GB/T 9978.5 进行试验。

2 规范性引用文件

下列文件中的条款通过 GB/T 9978 的本部分的引用而成为本部分条款。凡是注日期的引用文件,其随后所有的修改单(不包括勘误的内容)或修订版均不适用于本部分,然而,鼓励根据本部分达成协议的各方研究是否可以用这些文件的最新版本。凡不注日期的引用文件,其最新版本适用于本部分。

GB/T 5907 消防基本术语 第一部分[1)]

GB/T 9978.1 建筑构件耐火试验方法 第1部分:通用要求(GB/T 9978.1—2008,ISO 834-1:1999,MOD)

GB/T 9978.5 建筑构件耐火试验方法 第5部分:承重水平分隔构件的特殊要求(GB/T 9978.5—2008,ISO 834-5:2000,MOD)

3 术语和定义

GB/T 5907、GB/T 9978.1 和 GB/T 9978.5 确立的以及下列术语和定义适用于本部分。

3.1

吊顶 ceiling

用于进行水平防火分隔的非承重建筑构件。

---

1) 该标准将在整合修订 GB/T 5907—1986、GB/T 14107—1993 和 GB/T 16283—1996 的基础上,以《消防词汇》为总标题,分为5个部分。其中,第2部分为 GB/T 5907.2《消防词汇 第2部分:火灾安全词汇》,将修改采用 ISO 13943:2000。

3.2

吊顶龙骨　ceiling grid

用于固定吊顶隔板的结构或悬挂系统。

3.3

伸缩装置　expansion device

设置在吊顶龙骨内部，当龙骨受热膨胀时，用以防止吊顶变形过大的一种装置。

3.4

自支承式吊顶　self-supporting ceiling

直接搭接在相邻的墙体之上而无须额外悬挂部件的吊顶构件。

3.5

附属部件　services

特殊耐火试验中需要在吊顶上钻孔的附属部件(如：照明系统和通风系统)。

3.6

吊顶试件　ceiling specimen

试验选取的整个吊顶构件，包括吊架、零部件、隔热材料和附属部件(如：电灯，通风和检修通道)。

4　符号和缩略语

GB/T 9978.1 规定的符号和缩略语适用于本部分。

5　试验装置

本部分采用的试验装置与 GB/T 9978.1 中的相应规定相同，其中包括试验炉、约束部件、支承框架。

6　试验条件

试验过程中的炉内升温条件、炉内压力、环境条件、约束部件和边界条件均应符合 GB/T 9978.1 中的相应规定和本部分的要求。

7　试件准备

7.1　试件设计

7.1.1　试件要求

为了准确获得建筑构件的耐火极限，试验选用试件的结构形式应尽量与实际使用状况相一致。设计时，应尽量避免在同一试件中采用不同的结构形式。

7.1.2　取样要求

如果吊顶试件横向和纵向的结构不同，那么沿着不同的方向其性能也会存在一定的差异。试验选用的吊顶试件应能够沿着纵向体现出各个关键部位的具体状况。当状况过于复杂而不能确定时，应根据具体的结构沿着横向和纵向分别进行试验。

7.1.3　附属部件

当吊顶上设有附属部件(如照明系统或通风系统)时，它们应作为一个整体进行试验。另外，也可以将附属部件安装在另外一个吊顶试件上做附加试验，其分布状况应与实际使用状况相同。

7.2 试件尺寸

试件的受火面尺寸不应小于 4 m×3 m。如果试件的设计受火面尺寸小于 4 m×3 m 时，应按实际的受火面尺寸进行试验。吊顶跨度选试件的较大尺寸方向长度。

7.3 试件数量

试件的数量应符合本部分和 GB/T 9978.1 中的相应规定的要求。

7.4 试件养护

试验时，整个试件(包括它的填充材料和节点材料)的强度和含水量应与实际使用状况相近。试件所有部件和材料的养护环境应与 GB/T 9978.1 中相应规定一致。当试件与环境达到平衡后，测定并记录此时试件的含水量和养护状态，其支撑部件(含试验框架的内衬层)除外。

7.5 试件安装和约束要求

7.5.1 总则要求

7.5.1.1 安装总则

吊顶的安装方式应参照实际使用情况。应按委托方推荐的方法和程序进行安装。吊顶与墙的接缝，节点和节点材料应参照实际使用情况。试件应包括所有必要的部件和可能会影响到试件性能的附件。

配件和紧固件不能构成吊顶的一个完整部分，随后的安装方式可能影响到吊顶试件的耐火性能，它们可采用实际尺寸进行试验。

如果吊顶设计中既有横向节点又有纵向节点，那么试件中也应包括横向节点和纵向节点。

7.5.1.2 边界条件总则

重要提示：吊顶龙骨中如果含有内置的伸缩装置，那么边界部位或拐角部位的龙骨端部应与之紧密连接。这样可以使龙骨中的伸缩装置得到充分的试验。

吊顶的各种部件和面板都要进行无缝拼装。有设计要求的缝隙除外，此时试验试件选取缝隙应具有代表性。

如果周边或拐角处的支撑部件与龙骨之间存在较大缝隙，就可能会影响到试件的耐火性能，此时需要通过附加试验做进一步研究。

7.5.1.3 缝隙总则

吊顶和试验架之间的缝隙应采用柔性密封材料进行封堵以防止热的烟气窜出，但封堵时要保证密封材料不对吊顶边界施加约束。

7.5.1.4 悬挂式吊顶总则

悬挂式吊顶试验时应悬挂在横跨试验炉的型号为 I14 的工字钢钢梁上，跨度≥4 000 mm，其上表面应面向炉外，如图 1 所示。

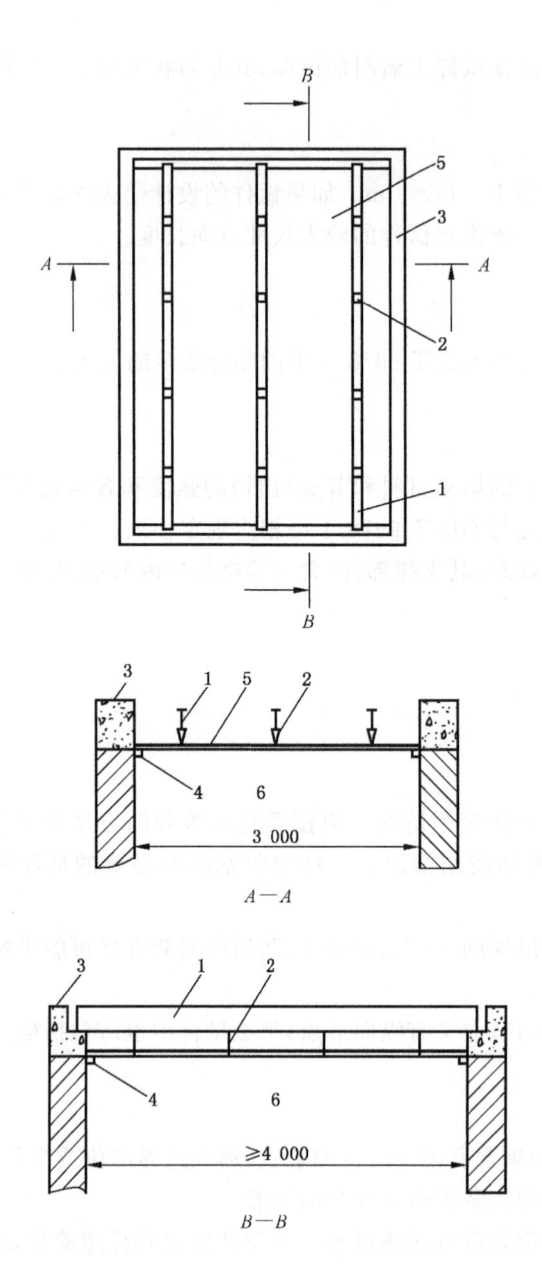

1——钢梁(跨度≥4 000 mm);

2——悬挂部件;

3——试验炉的试验架;

4——吊顶周边在试验架上的支点;

5——吊顶(吊顶板上面覆盖绝热材料);

6——试验炉。

图 1 吊顶下表面受火——悬挂式吊顶

7.5.2 约束总则

试件应固定在试验框架或试验炉上以防止其受热膨胀,试验中不允许试件的边缘在任何方向有延伸或热膨胀。龙骨部分应与框架或试验炉的墙体紧密连接以便对龙骨部分的热膨胀性能和伸缩装置的伸缩性能作出正确评价(见 7.5.1.2)。试件所有的连接部件均应能够提供规定要求的约束条件,支承部件的刚度应能够满足规定的约束要求。

7.5.3 安装要求

7.5.3.1 安装概述

当用于试验的吊顶试件在任何方向都不小于实际应用中的尺寸时，试验时应按试件实际使用状况进行安装。

7.5.3.2 安装尺寸选择

当提供的试件小于试验框架或炉体的开口时，需要安装支撑部件将开口缩小至要求尺寸(如果该部件不会影响试件的性能，它将不被当作试验条件)。如果还要用到其他的支撑部件，那么试件和支撑部件间的连接件包括零部件和材料等，设计时均应按实际的使用情况进行。其中，连接件被认作是试件的一部分，支撑部件则被认为是试验框架的一部分。

7.5.3.3 安装接点选择

当用于试验的吊顶试件在一个方向或两个方向上小于实际应用中的尺寸时，其边界条件应符合下面的要求：

a) 对于自支承式吊顶，需设置一个自由边，建议选取实际使用中的与较大跨度方向垂直的边。试验时试件的边缘在自由边以外任何方向不得有延伸活动或热膨胀，有特殊要求的除外。
b) 对于悬挂式吊顶，试验时试件的边缘在任何方向不得有延伸活动或热膨胀，有特殊要求的除外。

8 仪器使用

8.1 炉内热电偶

8.1.1 采用热电偶来测量炉内的温度，而且要沿着试件受火面纵向的跨度方向进行合理布置以增加所测数据的可靠性。这些热电偶的设计和布置应按 GB/T 9978.1 中的相应规定进行。
8.1.2 在试件的受火面每 1.5 m^2 至少设置一支热电偶，炉内热电偶总数不得少于 4 支。

8.2 背火面热电偶

8.2.1 背火面热电偶的布置应按 GB/T 9978.1 中的相应规定。
8.2.2 对于瓦垅或肋形结构，热电偶数量至少应增至 6 支，分别布设在试件最厚处和最薄处，且最厚处和最薄处热电偶数量应相等。
8.2.3 热电偶到试件任何一边的距离不得小于 100 mm。
8.2.4 在试件背火面易超温的部位(如：接缝处、支架、附属部件的钻孔处等)应设置附加热电偶。
8.2.5 当吊顶的上表面采用的纤维质或柔性绝热材料时，这些材料会承受贴附其上热电偶的质量。该质量所造成绝热材料的厚度减少量不得大于总厚度的 10%。

8.3 变形测量

8.3.1 确定试验零点。试验零点是指试验受火加热开始前试件处于稳定状态时的最初挠度值。
8.3.2 挠度值的测量部位应选取较大跨度方向的跨中位置。
8.3.3 挠度值应取多个测量值中的最大值。

8.4 炉压测量

炉内压力的测量应按 GB/T 9978.1 中的相应规定进行。

8.5 测量仪器的准确度

测量仪器的准确度与 GB/T 9978.1 的规定一致。

9 试验方法

安全提示：试验过程中，可能会通过棉垫试验或其他方法来判定试件的完整性和/或通过移动热电偶来判定试件的隔热性，这些过程均存在一定的危险性，操作时应注意安全，及时做好相应的防护工作以避免操作人员受到炉火热辐射、烟尘和热气的伤害。

试验过程中严禁操作人员倾身或者站在试件上方等位置进行试验观察。在某些情况下由于安全原因不应使用移动热电偶测量隔热性，此种情况可以在试件上布置一些附加的热电偶来代替移动热电偶。试验过程中试件性能会随着试验的进行不断弱化，因而可能会引起局部甚至整体的垮塌，所以试验前要对操作人员进行必要的安全培训和安全提示，以避免意外发生。

9.1 试验炉控制

按 GB/T 9978.1 中的相应规定来测量和控制试验炉内的温度和压力。

9.2 测量和观察

按 GB/T 9978.1 中的相应规定对试件完整性和隔热性进行判定。试验过程中，当由于实际操作原因难以用探棒来判定试件的完整性时，可以用目测来代替。试件变形情况可以按 8.3.3 来确定。

10 判定准则

按 GB/T 9978.1 中的相应规定对非承重吊顶构件耐火的完整性和隔热性进行判定，但判定完整性时没有必要一定采用探棒，也可用目测或其他方法。

11 试验的有效性

当试验装置、试验条件、试件准备、仪器使用、试验程序等条件均在 GB/T 9978 中本部分规定的限制条件之内时，试验结果有效。

当试验炉内温度、炉内压力和试验环境温度等试件受火条件超出 GB/T 9978 中本部分规定的偏差上限时，也可以考虑试验结果的有效性。

12 试验结果表示

耐火试验结果的表示按 GB/T 9978.1 中的相应规定执行。

13 试验报告

试验报告应符合 GB/T 9978.1 中的相应规定。

附　录　A
（资料性附录）
试验结果的直接应用指南

A.1　概述

试验结果仅适用于以下几种情况。

A.2　自支承式吊顶

A.2.1　尺寸

a）如果吊顶的长和宽小于 4 m×3 m，且对整个试件进行试验，那么试验结果适用于与试件同种尺寸或较小尺寸的构件。

b）如果吊顶试件的跨度小于 4 m 但宽度大于或等于 3 m（试验部分选取：长度方向为全部跨度，宽度方向为 3 m），且沿着试验炉 4 m 方向试件承受荷载较大，那么试验结果适用于跨度等于或小于试验样品的构件，对宽度方向的尺寸无要求。试验结果中应注明最大荷载值。

c）如果整体吊顶试件跨度大于等于 4 m 但宽度小于 3 m（试验部分选取：长度方向为 4 m，宽度方向为全部宽度），且沿着试验炉 4 m 方向试件承受荷载较大，那么试验结果可适用于长度达到 4 m 且宽度等于或者小于试验样品宽度的构件。试验结果中应注明最大荷载值。

d）如果实际应用中长度和宽度大于等于 4 m×3 m 的吊顶试件（试验部分选取尺寸为 4 m×3 m），且沿着试验炉 4 m 方向试件承受荷载较大，那么试验结果可适用于长度达到 4 m 的构件，对宽度方向的尺寸无要求。试验结果中应注明最大荷载值。

A.2.2　附属部件

安装的附属部件必须都是试验样品自身具有的，且每个单元的分布面积不得大于试件本身。

A.2.3　自支承式吊顶上方的强制通风系统

对于任何高度的强制通风系统试验结果均有效。

A.3　悬挂式吊顶

A.3.1　尺寸

如果悬挂部件之间的距离未增大，那么由 4 m×3 m 或更大尺寸试件得到的试验结果可适用于任何尺寸类型的吊顶，但是为限制试件膨胀而做的准备工作也要随着其尺寸的增大而增加。

A.3.2　吊顶龙骨

吊顶龙骨可以使各装配部件连接成为一个整体，可以增强构件相邻部件之间的连续性和荷载传递能力，从而提高其整体性能。悬挂系统的下面可能是暴露的或半暴露的（例如：镶入式天花板）也可能是完全隐藏的（例如：在悬挂系统下面贴附一层单片石膏板）。

A.3.3　附属部件

A.3.3.1　悬挂部件

对带有悬挂部件的吊顶试件进行试验，其试验结果可适用于具有同样悬挂部件但分布间距不大于试验样品的其他吊顶构件。

A.3.3.2 伸缩装置

如果试件采用了某种伸缩装置，其结果通常不适用于与之不同的其他装置，除非该种装置也进行并通过了同样的试验过程。

A.3.3.3 强制通风系统

试验结果对于任意高度的强制通风系统均适用。

由 4 m×3 m 或更大试件试验而得到的结果可适用于任何尺寸的吊顶构件，但是该吊顶构件悬挂部件的分布距离不得增大，如悬挂点之间的距离。另外，龙骨间距和悬挂荷载也都不得增加。

附　录　B
（资料性附录）
本部分章条编号与ISO 834-9:2003章条编号对照

表B.1给出了本部分章条编号与ISO 834-9:2003章条编号对照一览表。

表B.1　本部分章条编号与ISO 834-9:2003章条编号对照

本部分章条编号	对应的国际标准章条编号
3.4	3.5
3.5	3.6
3.6	3.9
4	—
5	4
6	5
7	6
8	7
9	8
10	9
11	10
12	11
13	12
附录B	—
附录C	—
注：表中的章条以外的本部分其他章条编号与ISO 834-9:2003其他章条编号均相同且内容相对应。	

附 录 C
（资料性附录）
本部分与 ISO 834-9:2003 技术性差异及其原因

表 C.1 给出了本部分与 ISO 834-9:2003 的技术性差异及其原因的一览表。

表 C.1 本部分与 ISO 834-9:2003 的技术性差异及其原因

本部分的章条编号	技术性差异	原 因
1	删除了有关外推应用分析引用 ISO /TR 12470 的相关内容	以适合我国国情。目前我国还没有制定有关外推应用分析的相关标准
2	引用了 GB/T 9978.1 代替引用 ISO 834-1:1999，引用 GB/T 5907 代替 ISO 13943。 增加引用 GB/T 9978.5	以适合我国国情和标准的使用
3	删除 ISO 标准的 3.4、3.7、3.8 条术语和定义	已经在 GB/T 9978.1 或 GB/T 9978.5 定义了，在本部分引用
4	增加该条内容	便于理解、使用该标准
7.5.1.4	把 ISO 834-9 第 6.5.1.4 条中"IPN 140"修改本部分的"I14"，并修改相应的图示内容。 把 ISO 834-9 第 6.5.1.4 条中"跨度为 4 200 mm ±200 mm"修改为"跨度≥4 000 mm"	以适合我国国情，并使图示内容更加清晰、明确。 以适应不同长度试件的需要
8.1.1	代替 ISO 834-9 第 7.1.1 条中"板式热电偶"为"热电偶"	以适合我国国情。 提供采用其他类型热电偶的可能，以满足我国尚未生产和使用板式热电偶的现状。 我国尚无相关的计量检定标准
8.5	增加该条规定	便于明确测量仪器的准确度
A.3.3.3	代替 ISO 834-9 附录 A 中第 A.3.3.3 条"但是该吊顶构件悬挂部件的分布距离不得减小"为"但是该吊顶构件悬挂部件的分布距离不得增大"	使条款更加合理，更加符合实际情况，并与前后文要求相一致

参 考 文 献

[1] GB/T 14107—1993 消防基本术语 第二部分
[2] GB/T 16283—1996 固定灭火系统基本术语
[3] ISO 13943:2000 Fire safety—Vocabulary

ICS 13.220.01
C 82

中华人民共和国国家标准

GB/T 12513—2006
代替 GB/T 12513—1990

镶玻璃构件耐火试验方法

Fire-resistance tests—Elements of building construction—Glazed elements

(ISO 3009:2003,MOD)

2006-03-14 发布　　2006-10-01 实施

中华人民共和国国家质量监督检验检疫总局
中国国家标准化管理委员会　发布

前　言

本标准修改采用ISO 3009:2003《耐火试验　建筑构件　镶玻璃构件》(英文版)。

本标准根据ISO 3009:2003重新起草。为了方便比较,在资料性附录B中列出了本标准章条编号与ISO 3009:2003章条编号的对照一览表。

考虑到我国国情,本标准在采用ISO 3009:2003时进行了修改。有关技术性差异已编入正文中并在它们所涉及的条款的页边空白处用垂直单线标识。在附录C中给出了这些技术性差异及其原因的一览表以供参考。

为便于使用,对于ISO 3009:2003本标准还做了下列编辑性修改:

——“本国际标准”一词改为“本标准”;

——用小数点‘.’代替作为小数点的逗号“,”;

——引用“ISO 834-1”“ISO 6308”分别改为引用“GB/T 9978”“GB/T 9775”;

——删除ISO 3009:2003的前言和引言。

本标准代替GB/T 12513—1990《镶玻璃构件耐火试验方法》。

本标准与GB/T 12513—1990相比主要变化如下:

——范围扩大,增加了水平和倾斜镶玻璃构件的试验方法(1990版的第1章;本版的第1章);

——增加了术语和定义(见第3章);

——修改了对试验装置的要求(1990版的第3章;本版的第4章);

——修改了对试验条件的要求(1990版的第4章;本版的第5章);

——增加了试验框架(见6.4);

——增加了试件安装具体要求(1990版的5.4;本版的6.5);

——修改了试件背火面温度测量方法(1990版的6.2.2;本版的7.2.2);

——增加了对热流计的要求(1990版的3.4;本版的7.4.1);

——修改了热通量的测量方法(1990版的7.3;本版的7.4.2);

——增加了试件背火面变形的测量(见7.6);

——修改了耐火性能判定准则(1990版的第7章;本版的第8章);

——增加了试验的有效性(见第9章);

——增加了试验结果表示(见第10章);

——增加了试件结构的描述(见11.2);

——增加了资料性附录“试验结果的应用指导”(见附录A);

——增加了资料性附录“本标准章条编号与ISO 3009:2003章条编号对照”(见附录B);

——增加了资料性附录“本标准与ISO 3009:2003技术性差异及其原因”(见附录C)。

本标准附录A、附录B和附录C是资料性附录。

本标准由中华人民共和国公安部提出。

本标准由全国消防标准化技术委员会第八分技术委员会(SAC/TC 113/SC 8)归口。

本标准由公安部天津消防研究所负责起草。

本标准参编单位:广东金刚玻璃科技股份有限公司、深圳鹏基龙电安防股份有限公司、深圳南玻安全玻璃有限公司。

本标准主要起草人:冯玉成、刘晓慧、胡群明、曹顺学、李博、李希全、田庆忠、张明罡、王金星、熊伟。

本标准1990年11月首次发布,2006年3月第1次修订。

镶玻璃构件耐火试验方法

注意

执行本项试验的所有工作人员都应注意，耐火试验有可能对人身造成伤害。耐火试验过程中，可能会产生有毒或有害的烟尘和烟气。在试件的安装过程、试验过程和试验后试件的清理过程中，均有可能出现机械性伤害和操作性危险。

试验前要对所有潜在的危险及对健康的危害进行分析，并作出安全预告。对相关人员进行必要的培训。实验室工作人员应严格按照安全操作规程进行操作。

1 范围

本标准规定了隔热性镶玻璃构件和非隔热性镶玻璃构件当其一面受火时的耐火试验方法和耐火性能判定准则。

本标准适用于各种镶玻璃构件的耐火试验，如玻璃幕墙、玻璃隔墙等垂直、倾斜或水平安装的镶玻璃构件。

2 规范性引用文件

下列文件中的条款通过本标准的引用而成为本标准的条款。凡是注日期的引用文件，其随后所有的修改单(不包括勘误的内容)或修订版均不适用于本标准，然而，鼓励根据本标准达成协议的各方研究是否可使用这些文件的最新版本。凡是不注日期的引用文件，其最新版本适用于本标准。

GB/T 9775 纸面石膏板(GB/T 9775—1999，eqv ISO 6308:1980)

GB/T 9978 建筑构件耐火试验方法[GB/T 9978—1999，neq ISO/FDIS 834-1:1997(E)]

3 术语和定义

下列术语和定义适用于本标准。

3.1

长宽比 aspect ratio

玻璃的受火长边与受火短边的比值。

3.2

安装间隙 expansion allowance

玻璃在玻璃框之间允许的膨胀尺寸，见图1的δ。

注1：安装间隙应分别测量两个方向，如对垂直构件应分别测量高度方向和宽度方向的安装间隙。

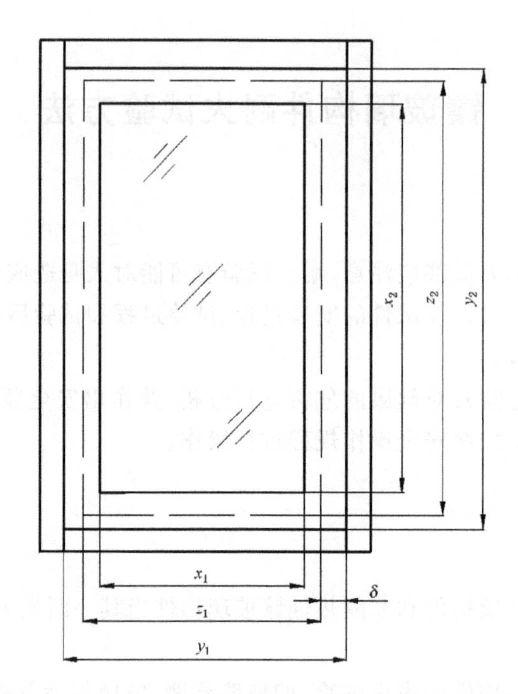

x_1——玻璃受火宽度；

x_2——玻璃受火高度；

z_1——实际玻璃宽度；

z_2——实际玻璃高度；

y_1——玻璃框内口宽度；

y_2——玻璃框内口高度；

δ ——安装间隙。

图 1　镶玻璃构件立面示意图

3.3

镶嵌玻璃深度　glass edge cover

玻璃镶嵌在玻璃框中的深度，见图 2 的 ω。

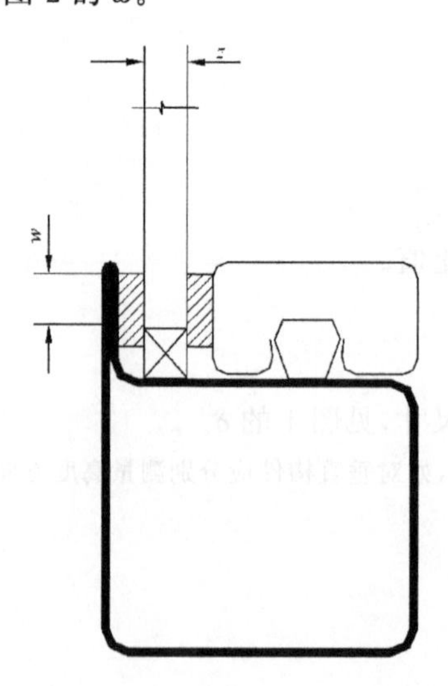

x ——玻璃厚度；

w ——镶嵌玻璃深度。

图 2　镶玻璃构件局部剖面示意图

3.4

镶玻璃构件　glazed element

由一块或几块透明或半透明玻璃镶嵌在玻璃框中而组成的分隔构件。

3.5

倾斜度　inclination

相对于水平面的安装角度(从 0°到 90°)。

3.6

水平镶玻璃构件　horizontal glazed element

倾斜度大于等于 0°小于等于 25°的镶玻璃构件。

3.7

倾斜镶玻璃构件　inclined glazed element

倾斜度大于 25°小于等于 80°的镶玻璃构件。

3.8

垂直镶玻璃构件　vertical glazed element

倾斜度大于 80°小于等于 90°的镶玻璃构件。

3.9

隔热性镶玻璃构件　insulated glazed element

在一定时间内能同时满足耐火完整性和耐火隔热性要求的镶玻璃构件。

3.10

非隔热性镶玻璃构件　uninsulated glazed element

在一定时间内能满足耐火完整性要求,若需要还能满足热通量要求,但不能满足耐火隔热性要求的镶玻璃构件。

3.11

辅助结构　associated construction

在实际使用中安装镶玻璃构件的已知阻燃等级和热传导等级的结构。

3.12

支承结构　supporting construction

镶玻璃构件进行试验时,安装试件可能需要的支架结构。

4　试验装置

4.1　耐火试验炉应满足 GB/T 9978 的要求。

4.2　垂直镶玻璃构件在竖炉上进行耐火试验。

4.3　水平镶玻璃构件在水平炉上进行耐火试验。

4.4　倾斜镶玻璃构件应根据实际可能的受火条件,选用竖炉或水平炉进行耐火试验。为便于倾斜镶玻璃构件的安装,对试验炉进行的改造应不影响炉体的热性能。倾斜镶玻璃构件的安装见图 3。

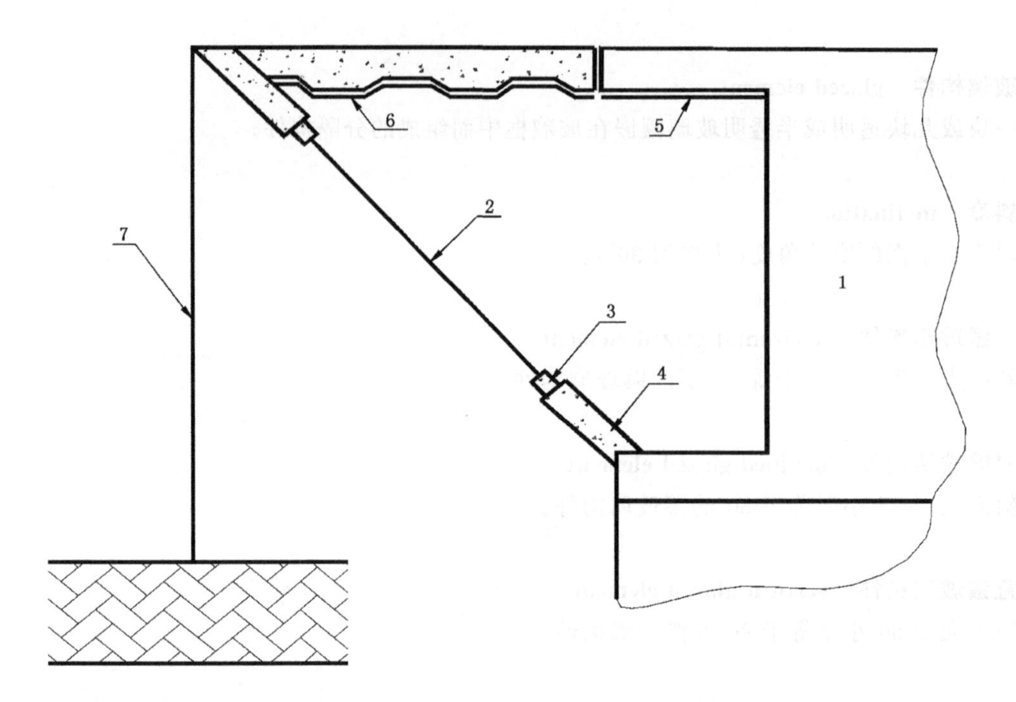

1——试验炉；
2——玻璃；
3——玻璃框；
4——支撑结构；
5——试验炉内衬；
6——试验炉延伸部分；
7——试验炉延伸部分的支承。

注：试验炉延伸部分的热性能参数应与试验炉的相同。

图3　倾斜镶玻璃构件安装示意图

5　试验条件

5.1　升温条件

试验炉内升温条件应符合 GB/T 9978 的规定。

5.2　压力条件

5.2.1　垂直镶玻璃构件和水平镶玻璃构件的试验炉内压力条件应符合 GB/T 9978 的规定。

5.2.2　倾斜镶玻璃构件：在其受火面最高点以下 100 mm 处的试验炉内压力应为 20 Pa±3 Pa。

6　试件准备

6.1　试件一般要求

6.1.1　进行耐火试验的试件所用材料、制作工艺、框架结构、衬垫、密封材料和安装方式等均应完全反映其在实际使用中的情况。

6.1.2　试件的倾斜度应根据实际安装情况确定。

6.2 试件数量

6.2.1 在竖炉进行试验的垂直和倾斜镶玻璃构件，其试件数量应符合 GB/T 9978 的规定。

6.2.2 在水平炉进行试验的水平和倾斜镶玻璃构件，其试件数量应参照 GB/T 9978 对墙构件数量的规定。如果预先能够确定倾斜镶玻璃构件的受火面，只需已知受火面向火。

6.3 试件尺寸

试件尺寸应与实际使用的尺寸相同。如果实际使用尺寸大于试验炉所能容纳的尺寸，则该试件受火尺寸不应小于下列规定：

a） 在竖炉进行试验的试件：高度 3 m、宽度 3 m。

b） 在水平炉进行试验的试件：长度 4 m、宽度 3 m。

6.4 试验框架

6.4.1 试验框架的要求

安装试件的框架应具有足够的刚度。按 6.4.2 的方法在试验框架上施加 25 kN 的力，其内部尺寸增量不应超过 5 mm。

6.4.2 试验框架刚度的试验方法

在试验框架内洞口的两竖边和两横边中部分别相向施加 25 kN 的压力，测量受力处试验框架内部尺寸的增量。

6.5 试件安装

6.5.1 一般要求

6.5.1.1 当试件尺寸与试验框架洞口尺寸一致时，可将试件直接安装在试验框架上。

6.5.1.2 当试件尺寸小于试验框架洞口尺寸时，试件与试验框架的空隙应采用相应的辅助结构或支承结构填实。

6.5.2 辅助结构

如果镶玻璃构件实际使用时安装在特殊的通常是专用的结构上，则试件应安装在辅助结构上，并采取适当的固定方式。

6.5.3 支承结构

6.5.3.1 垂直镶玻璃构件的支承结构

试件尺寸比试验框架洞口小时，应采用下列方法将试件安装在试验框架上。

a） 试件高度小于试验框架的洞口高度时，可用支承结构减小试验框架洞口高度达到试件要求的高度。支承结构可从下述刚性标准支承结构中选择适当的结构。

b） 试件宽度小于试验框架洞口宽度时，可用支承结构减小试验框架洞口宽度达到试件要求的宽度。支承结构可从下述刚性标准支承结构或柔性标准支承结构中选择适当的结构。

6.5.3.1.1 刚性标准支承结构

刚性标准支承结构有以下两种结构：

a） 高密度刚性标准支承结构

材料密度为(1 200±400)kg/m³，厚度为(200±50)mm 的结构为高密度刚性支承结构，如砖、素砼块和砌块等。

b） 低密度刚性标准支承结构

材料密度为(650±200)kg/m³，厚度≥70 mm 的结构为低密度刚性支承结构，如加气砼砌块等。

6.5.3.1.2 **柔性标准支承结构**

a） 耐火石膏板结构为柔性标准支承结构。耐火石膏板应符合 GB/T 9775 的要求。

b） 组成

顶部和底部采用钢质 U 型龙骨，尺寸为：(67～77)mm×(0.5～1.5)mm；

中间采用钢质 C 型龙骨，尺寸为：(65～75)mm×(0.5～1.5)mm；

龙骨每边固定耐火石膏板的层数和厚度见表 1；

耐火石膏板与龙骨采用自攻螺钉固定，自攻螺钉的长度见表 1。

表 1 耐火石膏板的层数和厚度

<table>
<tr><th>耐火时间
min</th><th>耐火石膏板层数</th><th>每层耐火石膏板厚度
mm</th><th>自攻螺钉长度</th></tr>
<tr><td rowspan="2">t≤30</td><td>1</td><td>15</td><td>第一层 15 mm 厚的石膏板，需 20 mm～30 mm</td></tr>
<tr><td>或 2</td><td>9.5</td><td>第一层 9.5 mm 厚的石膏板，需 15 mm～25 mm
第二层 9.5 mm 厚的石膏板，需 25 mm～36 mm</td></tr>
<tr><td>30<t≤60</td><td>2</td><td>12</td><td>第一层 12 mm 厚的石膏板，需 18 mm～30 mm
第二层 12 mm 厚的石膏板，需 31 mm～41 mm</td></tr>
<tr><td>60<t≤90</td><td>3</td><td>12</td><td>第一层 12 mm 厚的石膏板，需 18 mm～30 mm
第二层 12 mm 厚的石膏板，需 31 mm～41 mm
第三层 12 mm 厚的石膏板，需 45 mm～55 mm</td></tr>
<tr><td>90<t≤120</td><td>3[a]</td><td>12</td><td>第一层 12 mm 厚的石膏板，需 18 mm～30 mm
第二层 12 mm 厚的石膏板，需 31 mm～41 mm
第三层 12 mm 厚的石膏板，需 45 mm～55 mm</td></tr>
<tr><td colspan="4">[a] 为增强型耐火石膏板。</td></tr>
</table>

c） 结构

顶部和底部龙骨与试验框架的固定间距为 600 mm；根据试件洞口的大小和位置确定中间龙骨的固定中心距，一般为 400 mm～625 mm；石膏板与龙骨的固定中心距为 300 mm；

多层石膏板接缝应错开。对同一层的石膏板应避免十字接缝；对多层石膏板，相邻层的接缝距离至少为 300 mm。

注：如果柔性标准支撑结构的石膏板不是全高(即 3 m)，则需要在上述位置加水平连接。水平连接需要支撑以防过早失效。比较适当的方法是在水平连接位置的外层板固定一个宽 100 mm，厚 0.5 mm 的钢带。钢带用自攻螺钉固定在外层板上，固定中心距为 300 mm。

6.5.3.2 **水平和倾斜镶玻璃构件**

一般情况下，水平和倾斜镶玻璃构件安装在辅助结构上。

7 试验程序

7.1 试验炉内温度测量

试验炉内温度测量和允许控温偏差应符合 GB/T 9978 的规定。

7.2 试件背火面温度测量

7.2.1 试件背火面热电偶

试件背火面热电偶应符合 GB/T 9978 的规定。

7.2.2 试件背火面温度的测量

7.2.2.1 平均温度的测量

对于镶嵌一块玻璃的试件，热电偶的数量不应少于 5 个，分别设在试件中心和试件各四分之一部分的中心；对于镶嵌两块及两块以上玻璃的试件，每块玻璃至少有两个测温点，两侧温点沿玻璃的任一条对角线布置在玻璃的四分之一部分的中心部位，参照图 4 所示。

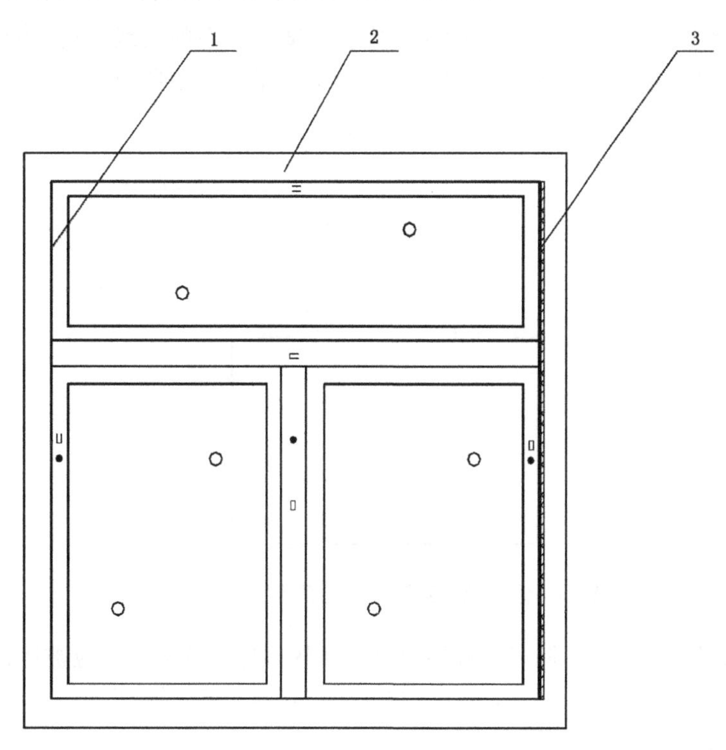

○测平均温度热电偶的位置；

□测最高单点温度热电偶的位置；

●变形的测量位置；

1——固定边；

2——试验框架；

3——自由边。

图 4 玻璃隔墙热电偶布置示意图

7.2.2.2 **最高单点温度的测量**

试件的上框和竖框的中点、横框与竖框的连接处应布置测温点，测温点距框边缘至少 15 mm，参照图 4 所示。最高单点温度的测量包括 7.2.2.1 测得的单点温度。

7.3 试验炉内压力测量

试验炉内压力测量应符合 GB/T 9978 的规定。

7.4 试件背火面热通量测量

7.4.1 热流计

测量试件背火面热通量的热流计应符合以下规定：
量程：0 kW/m^2～50 kW/m^2
最大允许误差：±5%
视场角：180°±5°

7.4.2 热通量的测量

7.4.2.1 热流计的测量面应平行于试件的表面，并沿着试件中心的法线方向，距试件背火面 1 m 处，每 1 min 测量记录一次。对于倾斜镶玻璃试件，热流计的测量位置参照图 5 所示。

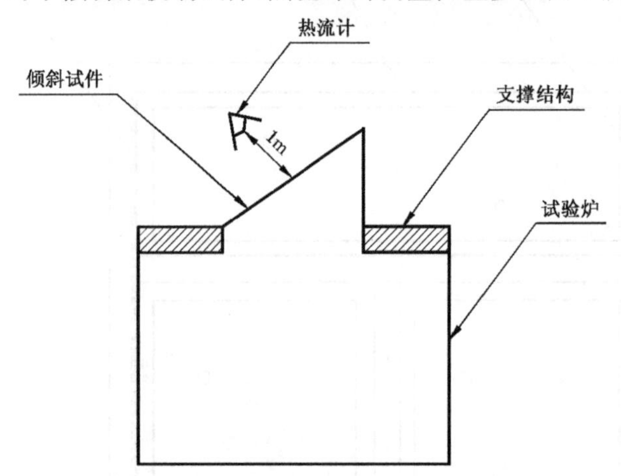

图 5 倾斜镶玻璃试件热流计的测量位置

7.4.2.2 在热流计的测量范围内，除了试件不应有其他辐射体。热流计不应被遮挡。

注：试件背火面温度低于 300 ℃可不测量热通量。因为该表面产生的热通量较低。

7.5 试件完整性测量

按照 GB/T 9978 规定的方法测定试件完整性。

7.6 试件背火面变形的测量

试件变形测量位置为试件两竖边的中部和试件的几何中心，参照图 4 所示。每 5 min 测量记录一次。

注：试件背火面的变形值不作为判定条件，仅作为试验结果扩展应用的参考数据。

7.7 试验现象观察

观察并记录试件在耐火试验过程中的变形、开裂、软化、剥落和发烟等现象。

8 耐火性能判定准则

8.1 判定依据

试件的耐火性能应以试验过程中所做的测量和观测为依据。

8.2 隔热性镶玻璃构件判定准则

8.2.1 失去耐火完整性

按 GB/T 9978 的规定进行测量，当棉垫被点燃或背火面蹿火持续达 10 s 以上时，则认为试件失去耐火完整性；当试件背火面出现贯通至试验炉内的缝隙，直径 6 mm±0.1 mm 的探棒可以穿过缝隙进入试验炉内且探棒可以沿缝隙长度方向移动不小于 150 mm，或直径 25 mm±0.2 mm 的探棒可以穿过缝隙进入试验炉内，则认为试件失去耐火完整性。

8.2.2 失去耐火隔热性

按 7.2.2.1 测得的试件背火面平均温度超过试件表面初始平均温度 140℃，或按 7.2.2.2 测得的试件背火面任一点最高温度超过该点初始温度 180℃时，则认为试件失去耐火隔热性。

8.3 非隔热性镶玻璃构件判定准则

8.3.1 失去耐火完整性

8.2.1 中除棉垫试验外，其他内容均适用于本条。

8.3.2 热通量

本标准未规定临界热通量值。试验过程中记录热通量超过 5 kW/m^2、10 kW/m^2、15 kW/m^2、20 kW/m^2 和 25 kW/m^2 的时间。

9 试验的有效性

9.1 按本标准和 GB/T 9978 规定的试验装置、试验条件、试件要求和试验程序进行的耐火试验，试验结果是有效的。

9.2 试验时试验炉内温度和炉压超过本标准和 GB/T 9978 规定的上限时，试验结果也是有效的。

10 试验结果表示

耐火试验结果应以耐火完整性、耐火隔热性的时间表示，以分钟(min)计，见表 2。

表 2 试验结果表示

倾斜度	耐火性能判定		试验结果
××	耐火完整性	缝隙超限	××min
		棉垫被点燃	××min
		连续火焰	××min
	耐火隔热性		××min

11 试验报告

11.1 试验报告的主要内容

试验报告应包括以下内容：

a） 样品名称；

b） 试验委托单位和生产单位名称；

c） 试验日期；

d） 试件结构、照片以及所用材料的技术数据；

e） 试件背火面平均温度、单点最高温度、热通量和变形的数据及说明；

f） 试验现象；

g） 试验结果；

h） 试验主持人及试验单位负责人签字，试验单位盖章。

11.2 试件结构的描述

描述试件结构时，应考虑以下内容：

a） 玻璃类型及结构——隔热玻璃或非隔热玻璃；是否贴膜；灌浆玻璃或复合玻璃等；

b） 玻璃厚度 z，见图 2；

c） 实际玻璃尺寸：高度 z_2，宽度 z_1，见图 1；

d） 玻璃受火尺寸：高度 x_2，宽度 x_1，见图 1；

e） 镶嵌玻璃深度 ω，见图 2；

f） 安装间隙 δ，见图 1；

g） 玻璃框内口尺寸：高度 y_2，宽度 y_1，见图 1；

h） 试件外形尺寸；

i） 衬垫、密封材料等的类型；

j） 压条的类型和尺寸。

附 录 A
（资料性附录）
试验结果的应用指导

A.1 试件的设计

为了使耐火试验的结果能够应用于其他相似结构，对试件的设计应该具有代表性。

a） 试件结构应完全代表实际应用结构，包括表面装饰和填充物等。

b） 试件设计应包含能够影响耐火性能的结构特点，如横框与竖框的不同连接方式等。

c） 试件有一竖边不受约束(有自由边)。

A.2 支承结构

耐火试验采用 6.5.3.1 的标准支承结构，其试验结果可应用于其他任何支承结构。否则，实际应用时只能采用试验时的特殊结构。

A.3 试验结果的应用

A.3.1 试验结果的应用范围

试验结果可以直接应用于结构相同，有以下一处或几处不同的情况：

a） 玻璃长度或宽度线性减小；

b） 长宽比改变，但玻璃的最大尺寸和面积未增加；

c） 竖框和/或横框的间距缩小；

d） 固定中心距缩小；

e） 增加框架尺寸；

f） 如果试件试验时最小公称宽度为 3 m，有一竖边未受约束(有自由边)，其相同结构的宽度允许增加，但高度不允许增加。

A.3.2 试件倾斜度的应用范围

不同倾斜度的试验结果应用范围见表 A.1。

表 A.1 试验结果的应用

试件倾斜度 $\alpha_{试验}$	实际应用的倾斜度 $\alpha_{应用}$
$80° < \alpha_{试验} \leqslant 90°$	$80° < \alpha_{应用} \leqslant 90°$
$15° \leqslant \alpha_{试验} \leqslant 80°$	$\alpha_{应用} = \alpha_{试验} \pm 15°$
$0° \leqslant \alpha_{试验} < 15°$	$0° < \alpha_{应用} \leqslant 15°$

附 录 B
（资料性附录）
本标准章条编号与 ISO 3009:2003 章条编号对照

表 B.1 给出了本标准章条编号与 ISO 3009:2003 章条编号对照一览表。

表 B.1 本标准章条编号与 ISO 3009:2003 章条编号对照

本标准章条编号	对应的国际标准章条编号
1	1 的第 1 句和第 2 句
2	2 的第 1 段
—	3.4～3.5
3.4	3.6
3.5	3.7
3.6	3.9
3.7	3.8
3.8	3.10
3.9	3.18
3.10	3.11
—	3.12～3.16
3.11	3.17
4.1、4.2、4.3	4 的第 1 段
4.4	4 的第 4 段
5.1、5.2.1	5 的第 1 段
5.2.2	5 的第 2 段
6.1.1	6.1.1
6.1.2	6.1.2 的第 1 句
6.2	6.2
6.2.1	6.2.1
6.2.2	6.2.2
6.3	6.3
6.4	6.4
6.4.1	4 的第 3 段
6.4.2	4 的第 2 段
6.5	—
6.5.1	6.4.1
6.5.1.1	6.4.1 的第 1 段
6.5.1.2	6.4.1 的第 2 段

表 B.1（续）

本标准章条编号	对应的国际标准章条编号
6.5.2	6.4.2
6.5.3	6.4.3
6.5.3.1	6.4.3.1.1
6.5.3.1.1a)	6.4.3.1.2
6.5.3.1.1b)	6.4.3.1.3
—	6.4.3.1.4
6.5.3.1.2	6.4.3.1.5
6.5.3.2	6.4.3.2
7	8
7.1	7.1
—	7.1.1
—	7.1.2
7.2	7.2
7.2.1	7.2.1
7.2.2	7.2.2 的第 1 句
7.2.2.1	7.2.3、B.3.2.1
7.2.2.2	7.2.3、B.3.3
7.3	7.3
7.4	7.4
7.4.1	7.4.2、4 的第 5 段和第 6 段
—	7.4.1
7.4.2	7.4.3
7.4.2.1	7.4.4、7.4.3.1.1 的第 1 段和第 2 段、7.4.3.1.2a)、7.4.3.1.2b)的第 5 段第 2 句
7.4.2.2	7.4.1 的第 3 段、7.4.3.1.1 的第 3 段
7.4.2.3 注 1	7.4.1 的第 2 段
—	7.4.3.1.2 除 a
7.5	7.2 的第 1 段
7.6	7.5 的主要内容总结
7.6 注 2	7.5 的第 1 句
7.7	8.2 的第 2 段
8	9
8.1	9 的第 1 段第 1 句
8.2	9a)

表 B.1（续）

本标准章条编号	对应的国际标准章条编号
8.2.1	9a)的第1段
8.2.2	9a)的第2段
8.3	9b)
8.3.1	9b)的第1段
8.3.2	9的第1段第2句、12的第2段第1句
9	10
9.1	10的第1段
9.2	10的第2段
10	11
11	12
11.1	12的第1段第1句
11.2	12的第3段大部分内容
—	附录A.1～A.2.4
A.1	B.2的第1段、第3段内容总结
A.2	B.5.4、B.5.4.1、B.5.4.2
A.3	B.5
A.3.1	B.5.1
A.3.2.1	A.3的表1
A.3.2.2	A.3的第4段
—	B.1、B.3.1、B.3.4、B.4、B.5.2、B.5.3
附录B	—
附录C	—
注：表中的章条以外的本标准其他章条编号与ISO 3009:2003其他章条编号均相同且内容相对应。	

附　录　C
（资料性附录）
本标准与 ISO 3009:2003 技术性差异及其原因

表 C.1 给出了本标准与 ISO 3009:2003 技术性差异及其原因一览表。

表 C.1　本标准与 ISO 3009:2003 技术性差异及其原因

本标准章条编号	技术性差异	原　因
1	删除 ISO 3009:2003 的第 1 章中第 1 段最后一句关于非平面构件的内容。将第 2 段关于试验结果应用的内容安排在附录中	非平面构件的试验要求基本与平面构件相似。 试验结果的应用是资料性内容
2	引用了采用国际标准的我国标准，而非国际标准。 删除引用 ISO 13943 耐火试验　词汇表。 删除引用 ISO 834-8	以适合我国国情和方便使用。 本标准涉及的消防术语和词汇已广为人知，故删除引用 ISO 13943 耐火试验 词汇表。 因为无对应的国家标准。ISO 834-8 的主要内容基本与 GB/T 9978 一致
3	删除 ISO 3009:2003 中的术语和定义 3.4～3.5、3.12～3.14、3.16。 修改了 ISO 3009:2003 中的术语和定义 3.11 和 3.17	术语和定义 3.4～3.5、3.12～3.14、3.16 已广为人知，在本标准中不再重复。 术语 3.11 和 3.17 分别是隔热玻璃和非隔热玻璃，本标准主要内容为镶玻璃构件。因此修改此两条术语为隔热性镶玻璃构件和非隔热性镶玻璃构件
6.1.2	删除 ISO 3009:2003 中的 6.1.2 中有关试件方向的内容	在梁板炉上进行试验的试件只能下面受火。故不必规定受火方向
6.2.2	删除 ISO 3009:2003 中的 6.2.2 中上面受火的情况不适用于本国际标准	在梁板炉上进行试验的试件只能下面受火。上面受火的情况肯定不包括在本标准范围内
—	删除 ISO 3009:2003 中的 7.1.2 有关炉内热电偶的布置	ISO 834-1(GB/T 9978)已包含此部分内容，不必再重复规定
—	删除 ISO 3009:2003 中的 7.4.1“一般要求”	ISO 3009:2003 中的第 7.4.1 和 7.4.3.1.1 的内容基本相同
—	删除 ISO 3009:2003 中的 7.4.3.1.2“特殊位置”，即对非均质镶玻璃构件测量位置的确定方法	删除的原因，一方面是由于热通量值不作为判定条件；另一方面我国镶玻璃构件大多数为均质结构。因此不涉及热流计特殊位置的确定
7.2.2	最高单点温度的测量包括测量平均温度的单点温度	平均温度是测量玻璃的温度，其单点温度超过 180 ℃，同样具有危险性，故测量平均温度的单点温度也应参与最高单点温度的判定
11.1	将 ISO 3009:2003 的第 12 章“要求报告符合 ISO 834-1 的规定”具体化	方便使用

表 C.1（续）

本标准章条编号	技术性差异	原　　因
8.2	本标准的第 8 章与国际标准的第 9 章内容主题相同。只是本标准对耐火完整性和耐火隔热性的判定条件列出了具体要求，而不是引用相关标准	耐火完整性和耐火隔热性的判定条件是本标准的主要内容，故应该规定具体要求，方便使用
—	删除了 ISO 3009:2003 中的附录 A 有关锥形构件的耐火试验要求和方法	国际标准附录 A 对锥形镶玻璃构件的炉压炉温等测量与控制均是参照 ISO 834-1 的规定，其他形状的镶玻璃构件同样也可参照 ISO 834-1 的规定进行。因此不必仅对锥形镶玻璃构件进行规定
附录 A	将 ISO 3009:2003 中的附录 B“B.2”和附录 A“A.3”综合成本标准附录 A	试验结果的应用在国际标准中部分为规范性内容，部分为资料性内容。本标准将其归类为资料性附录
—	ISO 3009:2003 中的附录 B 除“试验结果的应用”内容，其他均删除	国际标准附录 B 除“试验结果的应用”其他内容均与正文相关部分内容重复，故删除

ICS 13.220.50
C 84

中华人民共和国国家标准

GB 16807—2009
代替 GB 16807—1997

防火膨胀密封件

Fire intumescent seals

2009-03-11 发布　　　　2009-11-01 实施

中华人民共和国国家质量监督检验检疫总局
中国国家标准化管理委员会　发布

前　言

本标准的第6章和第8章为强制性的，其余为推荐性的。

本标准代替GB 16807—1997《防火膨胀密封件》。

本标准与GB 16807—1997相比主要变化如下：

——修改了结构型式分类方法，由原标准的A型、B型、C型，修改为本标准的A型、B型(1997版的4.1；本版的5.1)；

——修改了“膨胀性能”要求和试验方法(1997版的6.3、7.3；本版的6.3、7.3)；

——增加了“产烟毒性”“发烟密度”“耐空气老化性能”“耐冻融循环性”要求和试验方法(见6.4、6.5、6.6、6.10、7.4、7.5、7.6、7.10)；

——修改了“耐水性”“耐酸性”“耐碱性”的性能要求和试验方法(1997版的6.5.1、6.5.2、6.5.3；本版的6.7、6.8、6.9、7.7、7.8、7.9)；

——将“防烟性能”修改为“防火密封性能”，并完善了相应的性能要求和试验方法(1997版的6.6、7.8；本版的6.11、7.11)；

——删除了原标准中“起始膨胀温度”“主体膨胀温度”“线性膨胀倍数”“耐高温和燃烧性能”“物理机械性能”等要求和试验方法内容。

请注意本标准的一些内容有可能涉及专利。本标准的发布机构不应承担识别这些专利的责任。

本标准由中华人民共和国公安部提出。

本标准由全国消防标准化技术委员会第八分技术委员会(SAC/TC 113/SC 8)归口。

本标准主要起草单位：公安部天津消防研究所、石狮市天宏金属制品有限公司、深圳市龙电科技实业有限公司、浙江唐门金属结构有限公司。

本标准主要起草人：戴殿峰、董学京、薛思强、黄伟、李博、王培育、李希全、王伯涛、冯珂星、王金星、骆国勇。

本标准所代替标准的历次版本发布情况为：

——GB 16807—1997。

防火膨胀密封件

1 范围

本标准规定了防火膨胀密封件的术语和定义、基本结构、分类、代号和型号、规格、要求、试验方法、检验规则、标志、包装、运输和贮存等。

本标准适用于防火门、防火窗、防火卷帘、防火阀、防火玻璃隔墙等建筑构配件使用的具有防火密封功能的防火膨胀密封件。车、船、飞机中的防火膨胀密封件也可参照使用。

2 规范性引用文件

下列文件中的条款通过本标准的引用而成为本标准的条款。凡是注日期的引用文件，其随后所有的修改单(不包括勘误的内容)或修订版均不适用于本标准，然而，鼓励根据本标准达成协议的各方研究是否可使用这些文件的最新版本。凡是不注日期的引用文件，其最新版本适用于本标准。

GB 6388 运输包装收发货标志

GB/T 7633 门和卷帘的耐火试验方法(GB/T 7633—2008,ISO 3008:2007,Fire-resistance tests—Door and shutter assemblies,MOD)

GB/T 8627 建筑材料燃烧或分解的烟密度试验方法

GB 12955—2008 防火门

GB 14907—2002 钢结构防火涂料

GB 20285—2006 材料产烟毒性危险分级

3 术语和定义

下列术语和定义适用于本标准。

3.1

防火膨胀密封件 fire intumescent seals

火灾时遇火或高温作用能够膨胀，且能辅助建筑构配件使之具有隔火、隔烟、隔热等防火密封性能的产品。

3.2

复合膨胀体 intumescent assembly

防火膨胀密封件在应用状态下所必需的膨胀体和附属层等附属部分构成的整体。

3.3

膨胀体 intumescent components

复合膨胀体中遇火或受高温作用能够膨胀的部分材料。

4 基本结构

防火膨胀密封件的复合膨胀体典型结构型式见图1。

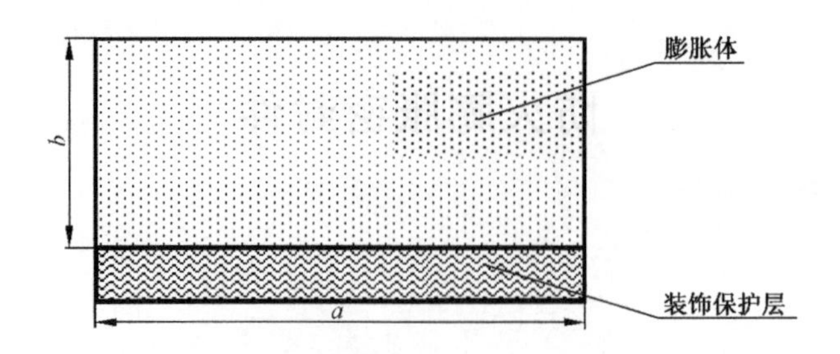

图 1　复合膨胀体典型结构型式

5　分类、代号和型号、规格

5.1　分类、代号

5.1.1　防火膨胀密封件分类及代号见表 1。

表 1　分类及代号

类别	代号	规格 mm
单面保护层	A	膨胀体宽×厚
异型防火膨胀密封件	B	按特征尺寸

5.1.2　防火膨胀密封件的名称代号为 FPJ。

5.2　型号、规格

5.2.1　防火膨胀密封件的型号表示方式见图 2。

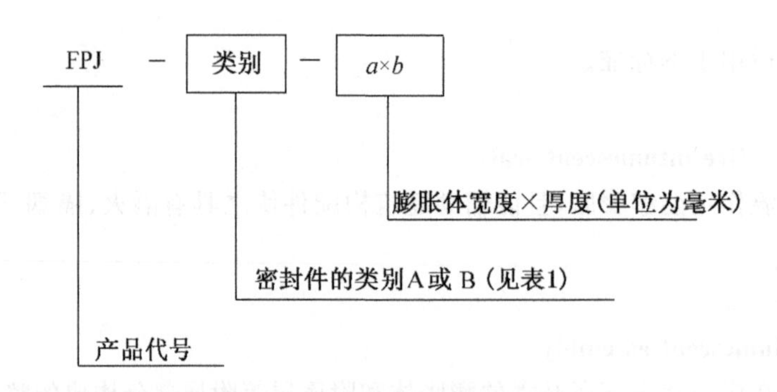

图 2　防火膨胀密封件的型号表示方式

示例：FPJ-A-20×2 表示单面保护层防火膨胀密封件，膨胀体宽度为 20 mm，膨胀体厚度为 2 mm。

5.2.2　防火膨胀密封件的规格宜符合表 2 的规定。

表 2　防火膨胀密封件的基本规格

类型	规格 mm	
	膨胀体宽度	膨胀体厚度
A 型	10,15,20,25	1,1.5,2,3,4
B 型	规格根据需要自行确定	

6　要求

6.1　外观

防火膨胀密封件的外露面应平整、光滑，不应有裂纹、压坑、厚度不匀、膨胀体明显脱落或粉化等缺陷。

6.2　尺寸允许偏差

防火膨胀密封件的尺寸允许偏差应符合表 3 的规定。

表 3　防火膨胀密封件的尺寸允许偏差

类型	尺寸允许偏差	
	膨胀体宽度 mm	膨胀体厚度
A 型	±1.0	±10%
B 型	±10%	

6.3　膨胀性能

防火膨胀密封件的膨胀体应按 7.3 规定的方法试验，测得膨胀体的膨胀倍率 $\overline{n}$ 与企业公布值 n_0 的偏差应不大于 15%。

6.4　产烟毒性

防火膨胀密封件的复合膨胀体应按 7.4 规定的方法试验，其烟气毒性的安全级别不应低于 GB 20285—2006 规定的 ZA2 级。

6.5　发烟密度

防火膨胀密封件的复合膨胀体按 7.5 规定的方法试验，其烟密度等级 SDR 不大于 35。

6.6　耐空气老化性能

6.6.1　防火膨胀密封件的复合膨胀体应按 7.6 规定的方法进行耐空气老化性能试验，试验后用玻璃棒按压防火膨胀密封件膨胀体表面，应无明显粉化、脱落现象。

6.6.2　空气老化试验后膨胀体的膨胀倍率应不小于初始膨胀倍率 $\overline{n}$。

6.7 耐水性

6.7.1 防火膨胀密封件的复合膨胀体应按 7.7 规定的方法进行耐水性试验，试验后防火膨胀密封件应无明显溶蚀、溶胀、粉化、脱落等现象。

6.7.2 耐水性试验后复合膨胀体的质量变化率应不大于 5%。

6.7.3 耐水性试验后防火膨胀密封件膨胀体的膨胀倍率应不小于初始膨胀倍率 $\overline{n}$。

6.8 耐酸性

6.8.1 防火膨胀密封件的复合膨胀体应按 7.8 规定的方法进行耐酸性试验，试验后防火膨胀密封件应无明显溶蚀、溶胀、粉化、脱落等现象。

6.8.2 耐酸性试验后防火膨胀密封件的质量变化率应不大于 5%。

6.8.3 耐酸性试验后防火膨胀密封件膨胀体的膨胀倍率应不小于初始膨胀倍率 $\overline{n}$。

6.9 耐碱性

6.9.1 按 7.9 规定的方法进行耐碱性试验，试验后防火膨胀密封件应无明显溶蚀、溶胀、粉化、脱落等现象。

6.9.2 耐碱性试验后复合膨胀体的质量变化率应不大于 5%。

6.9.3 耐碱性试验后防火膨胀密封件膨胀体的膨胀倍率应不小于初始膨胀倍率 $\overline{n}$。

6.10 耐冻融循环性

6.10.1 按 7.10 规定的方法进行耐冻融循环性试验，试验后观察复合膨胀体并用玻璃棒按压膨胀体表面，应无明显粉化、脱落现象。

6.10.2 冻融循环试验后防火膨胀密封件膨胀体的膨胀倍率应不小于初始膨胀倍率 $\overline{n}$。

6.11 防火密封性能

防火门用防火膨胀密封件应按其使用说明书规定的安装方法将防火膨胀密封件安装到防火门上，按 7.11 规定的方法试验，防火膨胀密封件使用部位的耐火完整性应符合 GB 7633 的规定。

对于用于其他建筑构件或特定用途的防火膨胀密封件，应按体现其实际应用状态的方式安装试验，试验结果应符合相应建筑构件的产品标准要求。

7 试验方法

7.1 外观

随机抽取防火膨胀密封件样品若干，采用目测方法验证，结果应符合 6.1 的要求。

7.2 尺寸偏差

随机抽取防火膨胀密封件样品若干，采用游标卡尺测量防火膨胀密封件膨胀体的厚度及宽度，若需测量较大尺寸应使用钢板尺或钢卷尺。每一尺寸分别测量五个数据，取平均值作为测量结果，然后与企业提供的公布值比较，其偏差应符合 6.2 的要求。

7.3 膨胀性能试验

7.3.1 试样制备

随机抽取防火膨胀密封件样品若干，用壁纸刀或其他工具分割成长度为(100±5)mm 的试样，共

12件。将制得的试样，放入(60±5)℃的电热鼓风干燥箱中24 h，取出后置于干燥器中冷却至室温。

7.3.2 试验步骤

7.3.2.1 从干燥器中取出一段试样，除掉装饰基材及其他附件。称取膨胀体(应保证厚度方向的结构完整)约2.5 g，称准至0.01 g。置于容积为150 mL的坩埚内，将坩埚放入温度为(750±10)℃的电阻炉中，15 min后取出，冷却后打散，使之通过1.5 mm(10目)标准筛(筛余量为0)。然后用最小分度值为1 mL的量筒测量试样膨胀后的体积。测量时应将量筒内物质摇匀。按式(1)计算膨胀体的膨胀倍率：

$$n=V/G \qquad \cdots\cdots(1)$$

式中：

n ——膨胀倍率，单位为毫升每克(mL/g)；

V ——试样膨胀后的体积，单位为毫升(mL)；

G ——试样质量，单位为克(g)。

7.3.2.2 再重复7.3.2.1规定的试验两次，分别计算膨胀体的膨胀倍率，取三次试验的平均值 $\bar{n}$ 作为试验结果。

7.3.2.3 按式(2)计算膨胀体的膨胀倍率偏差，应符合6.3的要求。

$$\Phi=(\bar{n}-n_0)/n_0\times100 \qquad \cdots\cdots(2)$$

式中：

$\bar{n}$ ——膨胀倍率试验结果值，单位为毫升每克(mL/g)；

n_0 ——企业公布的膨胀倍率值，单位为毫升每克(mL/g)；

Φ ——膨胀倍率偏差，%。

7.4 产烟毒性试验

7.4.1 随机抽取防火膨胀密封件试样一段，长度不小于0.4 m。试验样品应充分体现防火膨胀密封件的实际应用状态，即应包括装饰层及其他相关附件。

7.4.2 防火膨胀密封件的复合膨胀体应按GB 20285—2006规定的试验方法进行产烟毒性危险分级试验，试验结果应符合6.4的要求。

7.5 发烟密度试验

7.5.1 随机抽取防火膨胀密封件试样一段，试验样品应充分体现防火膨胀密封件的实际应用状态，即应包括装饰层及其他相关附件。

7.5.2 防火膨胀密封件的复合膨胀体按GB/T 8627规定的方法进行发烟密度试验；试块为边长25.4 mm的正方形(允许拼装)，试块的厚度应采用实际应用的厚度，试验时应使防火膨胀密封件与门框相连的一侧面向火焰。试验结果应符合6.5的要求。

7.6 耐空气老化性能试验

7.6.1 随机抽取防火膨胀密封件并分割成长度为(100±5)mm的试样三段，置于温度为(70±2)℃的电热鼓风干燥箱内，在鼓风状态下保持168 h，取出置于干燥器内自然冷却至室温。采用玻璃棒按压膨胀体表面，观察试验现象，三个试样都应符合6.6.1的要求。

7.6.2 取经过7.6.1试验合格的试样，除掉试样的装饰基材及其他附件置于干燥器中24 h以上，按7.3.2.1规定的方法测定膨胀体的膨胀倍率，取三次试验数据的平均值作为试验结果，应符合6.6.2的要求。

7.7 耐水性试验

7.7.1 随机抽取经过 7.3.1 处理的试样三件，取其复合膨胀体分别称重并记录每一试样的质量 m_0（精确至 0.01 g）；将试样完全浸入自来水中，在（20±5）℃的条件下保持 360 h 取出。观察试样表面情况，应至少有两件试样符合 6.7.1 的要求。

7.7.2 将通过 7.7.1 试验合格的试样在（60±5）℃的电热鼓风干燥箱中烘干 24 h，置于干燥器中冷却至室温，称取每一试样的质量 m_1。按式（3）计算每一试样的质量变化率 η：

$$\eta=(m_1-m_0)/m_0\times 100 \quad \cdots\cdots(3)$$

式中：

m_0——耐水性试验前试样质量，单位为克（g）；

m_1——耐水性试验后试样质量，单位为克（g）；

η——试样质量变化率，%。

取试验的平均值作为试验结果，应符合 6.7.2 的要求。

7.7.3 抽取经过 7.7.2 试验的试样一件，除掉试样的装饰基材及其他附件，任取三个部位的膨胀体，按 7.3.2.1 规定的方法测定膨胀体膨胀倍率，取三次试验的平均值作为试验结果，应符合 6.7.3 的要求。

7.8 耐酸性试验

按 7.7 规定的方法试验，但应采用 5%的盐酸溶液代替自来水进行耐酸性试验，浸泡后先用清水轻轻冲洗再观察或烘干。试验结果应符合 6.8 的相应要求。

7.9 耐碱性试验

按 7.7 规定的方法，采用 1%的氢氧化钠溶液代替自来水进行耐碱性试验，浸泡后先用清水轻轻冲洗再观察或烘干。试验结果应符合 6.9 的相应要求。

7.10 耐冻融循环性试验

7.10.1 随机抽取防火膨胀密封件并分割成长度为（100±5）mm 的试样三段，按 GB 14907—2002 中 6.4.12 规定的方法进行 15 个冻融循环试验，观察防火膨胀密封件表面并用玻璃棒按压膨胀体表面，应至少有两件试样符合 6.10.1 的要求。

7.10.2 取经过 7.10.1 试验合格的试件，在（60±5）℃的电热鼓风干燥箱中烘干 24 h，置于干燥器中冷却至室温。除掉试样的装饰层及其他附件，按 7.3.2.1 规定的方法测定膨胀体膨胀倍率，取三次试验的平均值作为试验结果，应符合 6.10.2 的要求。

7.11 防火密封性能试验

7.11.1 试验用防火门应选用相应防火等级的双扇防火门，其外形尺寸不小于（宽 1 200×高 2 100）mm，门扇厚度不大于 52 mm。试验前按防火膨胀密封件的使用说明书规定将防火膨胀密封件装设到防火门上并调修防火门使门扇与上门框的配合间隙为（2.5±0.5）mm、门扇与门扇间的配合间隙为（2.5±0.5）mm、门扇与门框其他部位的配合间隙不大于 3.0 mm；检查有关防火膨胀密封件使用部位的尺寸与形位公差及必要的五金配件，应符合相应的产品标准要求。在其他与防火膨胀密封件使用位置无关的部位应采取适当措施，避免出现影响防火膨胀密封件防火密封性能的缺陷。

7.11.2 将防火门安装于耐火试验炉上，安装后的防火门应保证启闭灵活性和门扇开启力符合 GB 12955—2008 的规定；按 GB/T 7633 规定的方法进行耐火试验，防火膨胀密封件使用部位的耐火完整性指标应符合 GB/T 7633 的规定。

8 检验规则

8.1 出厂检验

8.1.1 检验项目为6.1、6.2、6.3、6.6、6.7、6.8、6.9。
8.1.2 检验项目中有一项不合格时，则判定该检验批质量不合格。

8.2 型式检验

8.2.1 检验项目

型式检验项目为第6章规定的全部内容。

8.2.2 检验时机

有下列情况之一时，应进行型式检验：
a) 新产品试制定型鉴定；
b) 正式生产后若产品结构、材料、工艺有较大的变化并可能影响产品质量时；
c) 正常生产满3年后；
d) 停产1年以上恢复生产时；
e) 出厂检验结果与上次型式检验结果有较大差异时；
f) 国家质量监督机构提出进行型式检验要求时。

8.2.3 判定规则

在出厂检验合格的防火膨胀密封件产品中随机抽取规定数量的试样，若检验项目全部合格，则判定该批产品为合格品；若有一项不合格(除6.11不允许出现不合格外)，则应对同一批试样的不合格项进行两次复验。若两次复验均合格，则综合判定该批产品为合格品；其他情况均判定该批产品为不合格品。

9 标志、包装、运输和贮存

9.1 标志

每箱产品应在明显位置上贴有产品合格证并注明以下内容：
a) 产品名称；
b) 产品型号、规格；
c) 商标(若有)；
d) 产品所符合的标准；
e) 生产厂名称；
f) 生产厂地址；
g) 生产厂联系方式。

9.2 包装

产品宜用纸箱包装，运输包装收发货标志应符合GB 6388的规定。随产品应提供如下内容的装箱单：
a) 产品合格证；

b） 装箱日期；

c） 检验员工号；

d） 质量检验部门签章。

应在包装箱外表面显著位置设置不易脱落的标志，并注明“小心轻放”。

9.3 运输

运输中避免碰撞，装卸时应轻抬轻放，防止运输中意外损坏。

9.4 贮存

产品应存放在通风、干燥的库房内，避免与腐蚀等物质共同贮存。

ICS 13.220.50
C 82

中华人民共和国国家标准

GB 16809—2008
代替 GB 16809—1997

防 火 窗

Fire resistant windows

2008-04-22 发布　　2009-01-01 实施

中华人民共和国国家质量监督检验检疫总局
中国国家标准化管理委员会 发布

前　言

本标准的7.1.6、7.2.1、7.2.3、7.2.4、9.2为强制性条款，其余为推荐性条款。

本标准代替GB 16809—1997《钢质防火窗》。

本标准与GB 16809—1997相比，主要变化如下：

——扩大了标准的适用范围；

——将术语与定义单列一章，给出了本标准涉及的一些关键术语及其定义，便于更好地理解标准内容(1997版的3.1，本版的3)；

——修改了防火窗耐火性能分类方法，1997版按甲、乙和丙分类，本版按“隔热性(A类)”和“非隔热性(C类)”分类，且增加耐火等级分级方法(1997版的4.2，本版的4.2.2)；

——明确防火窗的型号编制方法(见5.2)；

——将要求分为防火窗通用要求和活动式防火窗附加要求两部分，便于标准的实施(见7.1、7.2)；

——增加了防火窗上使用的防火玻璃的质量要求和试验方法(见7.1.2，8.3)；

——增加了防火窗抗风压性能和气密性能要求和试验方法(见7.1.4、7.1.5，8.9、8.10)；

——对活动式防火窗活动窗扇的扭曲度提出要求，并增加相应的试验方法(见7.2.3，8.8)；

——增加了活动式防火窗的热敏感元件静态动作温度、窗扇关闭可靠性、窗扇自动关闭时间要求和试验方法(见7.2.1、7.2.3、7.2.4，8.4、8.11、8.12)；

——将防火窗的耐火性能试验方法由GB 7633修订为GB/T 12513(1997版的7.6，本版的8.13)；

——修改了防火窗的型式检验抽样方法和判定准则(1997版的6.3，本版的9.2)；

——增加了资料性附录A、规范性附录B和参考文献。

本标准的附录A为资料性附录，附录B为规范性附录。

本标准由中华人民共和国公安部提出。

本标准由全国消防标准化技术委员会建筑构件耐火性能分技术委员会(SAC/TC 113/SC 8)归口。

本标准负责起草单位：公安部天津消防研究所。

本标准参加起草单位：广东金刚玻璃科技股份有限公司、天津名门防火建材实业有限公司。

本标准主要起草人：韩伟平、赵华利、周国平、李博、姜晖、曹顺学、王颖、张明罡。

本标准所替代标准的历次版本发布情况为：

——GB 16809—1997。

请注意本标准的一些内容有可能涉及专利。本标准的发布机构不应承担识别这些专利的责任。

防　火　窗

1　范围

本标准规定了防火窗的产品命名、分类与代号、规格与型号、要求、试验方法、检验规则、标志、包装、运输和贮存等。

本标准适用于建筑中具有采光功能的钢质防火窗、木质防火窗和钢木复合防火窗，建筑用其他防火窗可参照执行。

2　规范性引用文件

下列文件中的条款通过本标准的引用而成为本标准的条款。凡是注日期的引用文件，其随后所有的修改单(不包括勘误的内容)或修订版均不适用于本标准，然而，鼓励根据本标准达成协议的各方研究是否可使用这些文件的最新版本。凡是不注日期的引用文件，其最新版本适用于本标准。

GB/T 5823—1986　建筑门窗术语

GB/T 5824—1986　建筑门窗洞口尺寸系列

GB/T 7106—2002　建筑外窗抗风压性能分级及检测方法

GB/T 7107—2002　建筑外窗气密性能分级及检测方法

GB/T 12513　镶玻璃构件耐火试验方法(GB/T 12513—2006，ISO 3009:2003，Fire resistance tests—Elements of building construction—Glaz edelements，MOD)

GB 15763.1—2001　建筑用安全玻璃　防火玻璃

3　术语和定义

GB/T 5823—1986 和 GB/T 12513 确立的以及下列术语和定义适用于本标准。

3.1

固定式防火窗　fixed style fire window

无可开启窗扇的防火窗。

3.2

活动式防火窗　automatic-closing fire window

有可开启窗扇，且装配有窗扇启闭控制装置(见 3.5)的防火窗。

3.3

隔热防火窗(A 类)　insulated fire window

在规定时间内，能同时满足耐火隔热性和耐火完整性要求的防火窗。

3.4

非隔热防火窗(C 类)　un-insulated fire window

在规定时间内，能满足耐火完整性要求的防火窗。

3.5

窗扇启闭控制装置　sash closing equipment

活动式防火窗中，控制活动窗扇开启、关闭的装置，该装置具有手动控制启闭窗扇功能，且至少具有易熔合金件或玻璃球等热敏感元件自动控制关闭窗扇的功能。

注：窗扇的启闭控制方式可以附加有电动控制方式，如：电信号控制电磁铁关闭或开启、电信号控制电机关闭或开启、电信号气动机构关闭或开启等。

3.6

窗扇自动关闭时间　automatic-closingtime

从活动式防火窗进行耐火性能试验开始计时，至窗扇自动可靠关闭的时间。

4　产品命名、分类与代号

4.1　产品命名

防火窗产品采用其窗框和窗扇框架的主要材料命名，具体名称见表1。

表1　防火窗产品名称

产品名称	含　义	代号
钢质防火窗	窗框和窗扇框架采用钢材制造的防火窗	GFC
木质防火窗	窗框和窗扇框架采用木材制造的防火窗	MFC
钢木复合防火窗	窗框采用钢材、窗扇框架采用木材制造或窗框采用木材、窗扇框架采用钢材制造的防火窗	GMFC
其他材质防火窗的命名和代号表示方法，按照具体材质名称，参照执行。		

4.2　分类与代号

4.2.1　防火窗按其使用功能的分类与代号见表2。

表2　防火窗的使用功能分类与代号

使用功能分类	代号
固定式防火窗	D
活动式防火窗	H

4.2.2　防火窗按其耐火性能的分类与耐火等级代号见表3。

表3　防火窗的耐火性能分类与耐火等级代号

耐火性能分类	耐火等级代号	耐火性能
隔热防火窗（A类）	A0.50(丙级)	耐火隔热性≥0.50 h，且耐火完整性≥0.50 h
	A1.00(乙级)	耐火隔热性≥1.00 h，且耐火完整性≥1.00 h
	A1.50(甲级)	耐火隔热性≥1.50 h，且耐火完整性≥1.50 h
	A2.00	耐火隔热性≥2.00 h，且耐火完整性≥2.00 h
	A3.00	耐火隔热性≥3.00 h，且耐火完整性≥3.00 h
非隔热防火窗（C类）	C0.50	耐火完整性≥0.50 h
	C1.00	耐火完整性≥1.00 h
	C1.50	耐火完整性≥1.50 h
	C2.00	耐火完整性≥2.00 h
	C3.00	耐火完整性≥3.00 h

5 规格与型号

5.1 规格

防火窗的规格型号表示方法和一般洞口尺寸系列应符合 GB/T 5824—1986 的规定，特殊洞口尺寸由生产单位和顾客按需要协商确定。

5.2 型号编制方法

防火窗的型号编制方法见图 1。

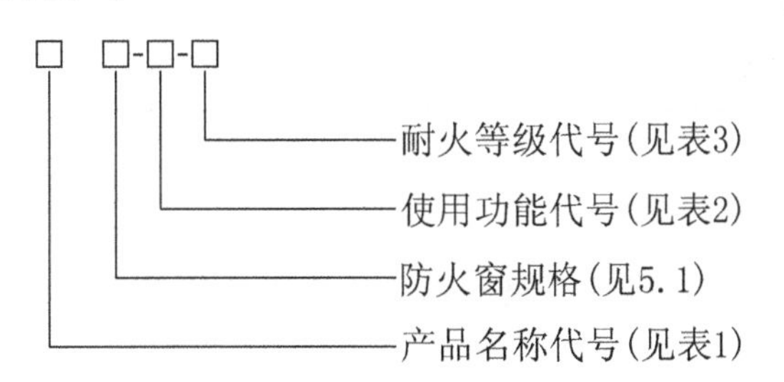

图 1 防火窗的型号编制方法

示例 1：防火窗的型号为 MFC0909-D-A1.00(乙级)，表示木质防火窗，规格型号为 0909(即洞口标志宽度 900 mm，标志高度 900 mm)，使用功能为固定式，耐火等级为 A1.00(乙级)(即耐火隔热性≥1.00 h，且耐火完整性≥1.00 h)。

示例 2：防火窗的型号为 GFC 1521-H-C2.00，表示钢质防火窗，规格型号为 1521(即洞口标志宽度 1 500 mm，标志高度 2 100 mm)，使用功能为活动式，耐火等级为 C2.00(即耐火完整性时间不小于 2.00 h)。

6 材料及配件

6.1 防火窗用材料性能应符合有关标准的规定，参见附录 A。

6.2 密封材料应根据具体防火窗产品的使用功能、框架材料与结构、耐火等级等特性来选用。

6.3 五金件、附件、紧固件应满足功能要求，其安装应正确、齐全、牢固，具有足够的强度，启闭灵活，承受反复运动的五金件、附件应便于更换。

7 要求

7.1 防火窗通用要求

7.1.1 外观质量

防火窗各连接处的连接及零部件安装应牢固、可靠，不得有松动现象；表面应平整、光滑，不应有毛刺、裂纹、压坑及明显的凹凸、孔洞等缺陷；表面涂刷的漆层应厚度均匀，不应有明显的堆漆、漏漆等缺陷。

7.1.2 防火玻璃

7.1.2.1 防火窗上使用的复合防火玻璃的外观质量应符合 GB 15763.1—2001 表 4 的规定，单片防火玻璃的外观质量应符合 GB 15763.1—2001 表 5 的规定。

7.1.2.2 防火窗上使用的复合防火玻璃的厚度允许偏差应符合 GB 15763.1—2001 表 2 的规定，单片防火玻璃的厚度允许偏差应符合 GB 15763.1—2001 表 3 的规定。

7.1.3 尺寸偏差

防火窗的尺寸允许偏差按表4的规定。

表4 防火窗尺寸允许偏差

单位为毫米

项　目	偏差值
窗框高度	±3.0
窗框宽度	±3.0
窗框厚度	±2.0
窗框槽口的两对角线长度差	≤4.0

7.1.4 抗风压性能

采用定级检测压力差为抗风压性能分级指标。防火窗的抗风压性能不应低于GB/T 7106—2002表1规定的4级。

7.1.5 气密性能

采用单位面积空气渗透量作为气密性能分级指标。防火窗的气密性能不应低于GB/T 7107—2002表1规定的3级。

7.1.6 耐火性能

防火窗的耐火性能应符合表3的规定。

7.2 活动式防火窗的附加要求

7.2.1 热敏感元件的静态动作温度

活动式防火窗中窗扇启闭控制装置采用的热敏感元件，在(64±0.5)℃的温度下5.0 min内不应动作，在(74±0.5)℃的温度下1.0 min内应能动作。

7.2.2 活动窗扇尺寸允许偏差

活动窗扇的尺寸允许偏差按表5的规定。

表5 活动窗扇尺寸允许偏差

单位为毫米

项　目	偏差值
活动窗扇高度	±2.0
活动窗扇宽度	±2.0
活动窗扇框架厚度	±2.0
活动窗扇对角线长度差	≤3.0
活动窗扇扭曲度	≤3.0
活动窗扇与窗框的搭接宽度	+2 −0

7.2.3 窗扇关闭可靠性

手动控制窗扇启闭控制装置，在进行100次的开启/关闭运行试验中，活动窗扇应能灵活开启，并完全关闭，无启闭卡阻现象，各零部件无脱落和损坏现象。

7.2.4 窗扇自动关闭时间

活动式防火窗的窗扇自动关闭时间不应大于60 s。

8 试验方法

8.1 一般原则

用于检验的防火窗试件，其结构、材料及配件应与实际使用的同一型号、规格的产品相符。

8.2 外观质量

防火窗的外观质量采用目测及手试相结合的方法进行检验。

8.3 防火玻璃

8.3.1 按GB 15763.1—2001中6.2的规定检验每一块防火玻璃的外观质量。
8.3.2 选防火窗上任意一块防火玻璃作为试样，按GB 15763.1—2001中6.1的规定检验该块防火玻璃厚度值，与图纸标注或图纸技术要求规定的防火玻璃厚度值相减，差值为其厚度偏差。

8.4 热敏感元件的静态动作温度

热敏感元件的静态动作温度试验见附录B。

8.5 防火窗的尺寸偏差

8.5.1 试验设备

钢卷尺：分度值为1 mm；游标卡尺：分度值为0.02 mm。

8.5.2 试验步骤

8.5.2.1 防火窗窗框高度采用钢卷尺测量，测量位置为距防火窗两边框各不少于100 mm处（如图2的A-A位置和A′-A′位置），测量的高度值分别与图纸标注的防火窗高度值相减，取绝对值最大的差值为防火窗窗框高度偏差值。
8.5.2.2 防火窗宽度采用钢卷尺测量，测量位置为距防火窗上框、下框各不少于100 mm处（如图2的B-B位置和B′-B′位置），测量的宽度值分别与图纸标注的防火窗宽度值相减，取绝对值最大的差值为防火窗窗框宽度偏差值。
8.5.2.3 防火窗窗框厚度采用游标卡尺测量，测量位置为防火窗两边框、上框、下框的中部（如图2中的圆圈位置），测量的厚度值分别与图纸标注的窗框厚度值相减，取绝对值最大的差值为窗框厚度偏差值。
8.5.2.4 防火窗的两对角线长度采用钢卷尺测量，测量位置为窗框内角，测量值之差的绝对值，即为防火窗对角线长度差。

单位为毫米

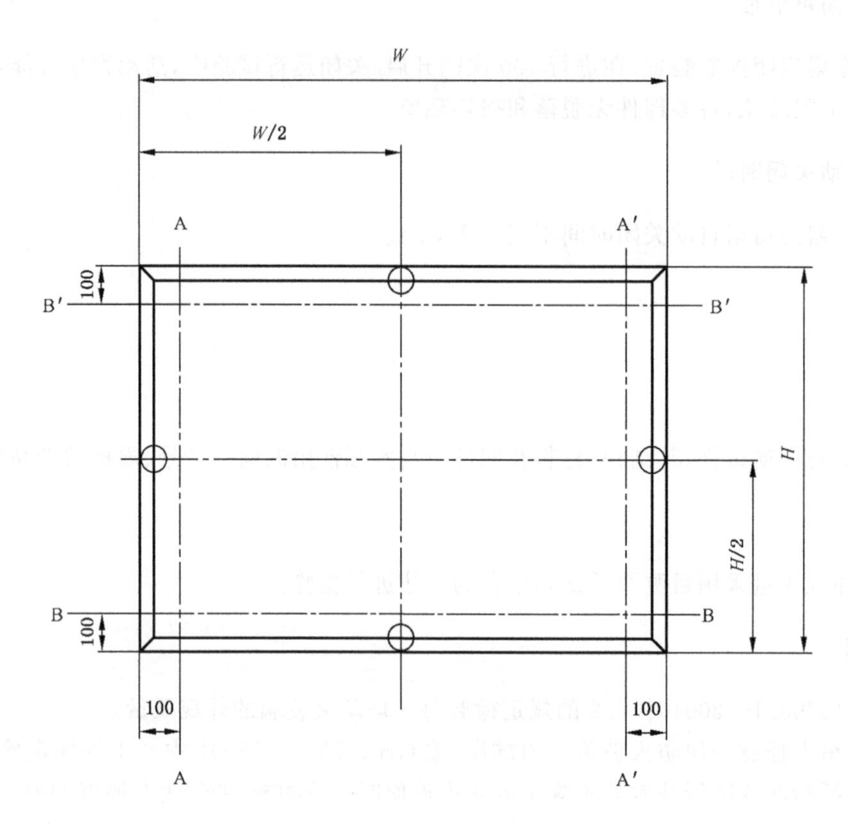

H——防火窗高度；

W——防火窗宽度；

○——窗框厚度测量位置。

图 2　防火窗外形尺寸测量位置示意图

8.6　活动窗扇的尺寸偏差

8.6.1　试验设备

钢卷尺：分度值为 1 mm；游标卡尺：分度值为 0.02 mm。

8.6.2　试验步骤

8.6.2.1　活动窗扇高度采用钢卷尺测量，测量位置为距窗扇两边挺各不少于 50 mm 处(如图 3 的 A_1-A_1 位置和 A'_1-A'_1 位置)，测量的高度值分别与图纸标注的窗扇高度值相减，取绝对值最大的差值为活动窗扇高度偏差值。

8.6.2.2　活动窗扇宽度采用钢卷尺测量，测量位置为距窗扇上挺、下挺各不少于 50 mm 处(如图 3 的 B_1-B_1 位置和 B'_1-B'_1 位置)，测量的宽度值分别与图纸标注的窗扇宽度值相减，取绝对值最大的差值为活动窗扇宽度偏差值。

8.6.2.3　活动窗扇框架厚度采用游标卡尺测量，测量位置为窗扇两边挺、上挺、下挺的中部(如图 3 中的圆圈位置)，测量的厚度值分别与图纸标注的窗扇框架厚度值相减，取绝对值最大的差值为活动窗扇框架厚度偏差值。

8.6.2.4　活动窗扇的两对角线长度采用钢卷尺测量，测量位置为窗扇外角，两测量值之差的绝对值，即为窗扇对角线长度差。

单位为毫米

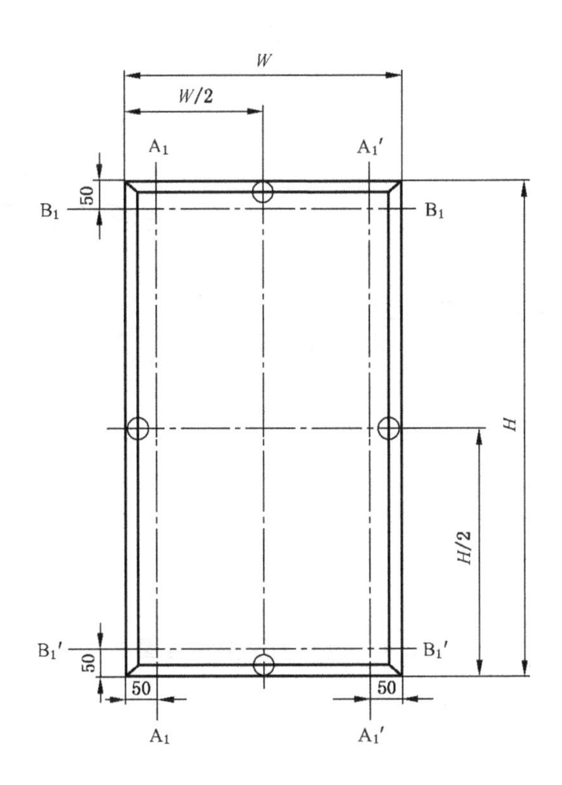

H——窗扇高度；

W——窗扇宽度；

○——窗扇框架厚度测量位置。

图 3 活动窗扇尺寸测量位置示意图

8.7 活动窗扇与窗框的搭接宽度偏差

8.7.1 将防火窗安装在试验框架上，活动窗扇处于关闭状态。

8.7.2 用划刀在活动窗扇上做搭接宽度测量标记线，标记线位置为活动窗扇与窗框各搭接边缘的中部。

8.7.3 采用深度游标卡尺测量活动窗扇上各标记线与对应窗扇边沿间的距离，测量的搭接宽度值分别与图纸标注的值相减，取绝对值最大的差值为活动窗扇与窗框的搭接宽度偏差值。

8.8 窗扇扭曲度

8.8.1 试验设备

试验平台：试验平台的长、宽尺寸应满足测量需求，其平面度不应低于三级；三个顶尖：高度差不大于 0.5 mm；高度尺：分度值为 0.02 mm。

8.8.2 试验步骤

8.8.2.1 任意选定窗扇的三个角为顶尖支撑角，标记为 P_1、P_2、P_3 角，并在其正反面分别标记出顶尖的顶放位置点，每个点与两角边等距，且不小于 5 mm；窗扇剩余一角为测量角，标记为 P_4 角，见图 4。

8.8.2.2 在试验平台上，将三个顶尖分别顶在窗扇 P_1、P_2 和 P_3 角正面的三个顶放位置点上，并平稳放置，用高度尺测量试验平台与窗扇 P_4 角正面间的距离 h_1。

8.8.2.3 将窗扇反转，将三个顶尖分别顶在窗扇 P_1、P_2 和 P_3 角反面的三个顶放位置点上，并平稳放置，用高度尺测量试验平台与窗扇 P_4 角反面间的距离 h_2。

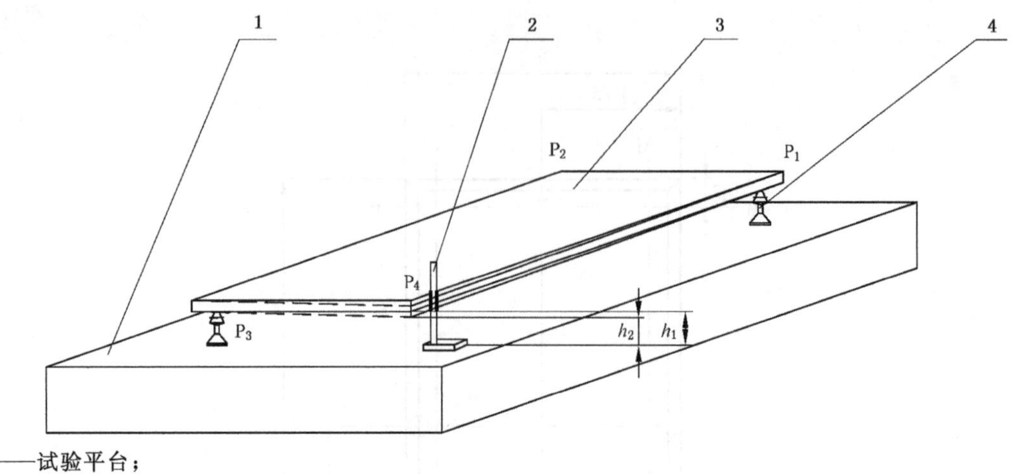

1——试验平台；

2——高度尺；

3——防火窗活动窗扇；

4——顶尖。

图 4 扭曲度测量示意图

8.8.3 试验结果

窗扇的扭曲度(D)按下式计算，结果保留小数点后一位有效数字：

$$D = |h_2 - h_1| / 2$$

8.9 抗风压性能

防火窗的抗风压性能按 GB/T 7106—2002 的规定进行检测。

8.10 气密性能

防火窗的气密性能按 GB/T 7107—2002 的规定进行检测。

8.11 窗扇关闭可靠性

8.11.1 将防火窗试件安装在试验框架上。

8.11.2 开启窗扇，采用手动控制窗扇关闭装置关闭窗扇，完成 1 次开启/关闭运行试验。

8.11.3 重复 8.11.2 规定的试验，使窗扇共进行 100 次开启/关闭运行试验。

8.11.4 每次试验时，仔细观察窗扇的关闭运行状况。

8.12 窗扇自动关闭时间

活动式防火窗的窗扇自动关闭时间按 8.13.2 的规定测试。

8.13 耐火性能

8.13.1 防火窗的耐火性能按 GB/T 12513 的规定进行试验。

8.13.2 活动式防火窗的耐火性能试验，除满足 8.13.1 的规定外，还应满足下述规定：

a） 开始试验前，活动窗扇处于开启状态；

b） 开始进行耐火试验的同时，采用秒表计时，观察并记录窗扇自动关闭时间；

c） 若窗扇在耐火试验开始 60 s(含 60 s)内可靠地自动关闭，则继续进行耐火试验，否则耐火试验可以停止。

8.13.3 防火窗的耐火性能判定准则为：

a) 隔热性防火窗的耐火性能按 GB/T 12513 关于隔热性镶玻璃构件判定准则的规定进行判定。

b) 非隔热性防火窗的耐火性能按 GB/T 12513 关于非隔热性镶玻璃构件判定准则的规定进行判定。

9 检验规则

9.1 出厂检验

9.1.1 防火窗的出厂检验项目至少应包括 7.1.1、7.1.2、7.1.3、7.2.1、7.2.2、7.2.3，出厂检验的抽样方法参见 GB/T 2828.1，抽样方案由生产企业自主确定。

9.1.2 防火窗的出厂检验项目中任一项不合格时，允许通过调整、修复后重新检验，直至合格为止。

9.1.3 防火窗必须经生产厂的质量检验部门按出厂检验项目逐项检验合格，并签发合格证后方可出厂。

9.2 型式检验

9.2.1 防火窗的型式检验项目为本标准第 7 章规定的全部要求内容，防火窗的通用检验项目见表 6，活动式防火窗的附加检验项目见表 7。

表 6 防火窗通用检验项目

序号	检 验 项 目	要求条款	试验方法条款	不合格分类
1	外观质量	7.1.1	8.2	C
2	防火玻璃外观质量	7.1.2.1	8.3	C
3	防火玻璃厚度公差	7.1.2.2	8.3	B
4	窗框高度公差	7.1.3	8.5	C
5	窗框宽度公差	7.1.3	8.5	C
6	窗框厚度公差	7.1.3	8.5	C
7	窗框对角线长度差	7.1.3	8.5	C
8	抗风压性能	7.1.4	8.9	B
9	气密性能	7.1.5	8.10	B
10	耐火性能	7.1.6	8.13	A

表 7 活动式防火窗附加检验项目

序号	检 验 项 目	要求条款	试验方法条款	不合格分类
1	热敏感元件的静态动作温度	7.2.1	8.4	A
2	活动窗扇高度公差	7.2.2	8.6	C
3	活动窗扇宽度公差	7.2.2	8.6	C
4	活动窗扇框架厚度公差	7.2.2	8.6	C

表 7（续）

序号	检 验 项 目	要求条款	试验方法条款	不合格分类
5	活动窗扇对角线长度差	7.2.2	8.6	C
6	活动窗扇与窗框的搭接宽度偏差	7.2.2	8.7	C
7	活动窗扇扭曲度	7.2.2	8.8	C
8	窗扇关闭可靠性	7.2.3	8.11	A
9	窗扇自动关闭时间	7.2.4	8.12	A

9.2.2　一种型号防火窗进行型式检验时，其抽样基数不应小于 6 樘，且应是出厂检验合格的产品，抽取样品的数量和检验程序见图 5。

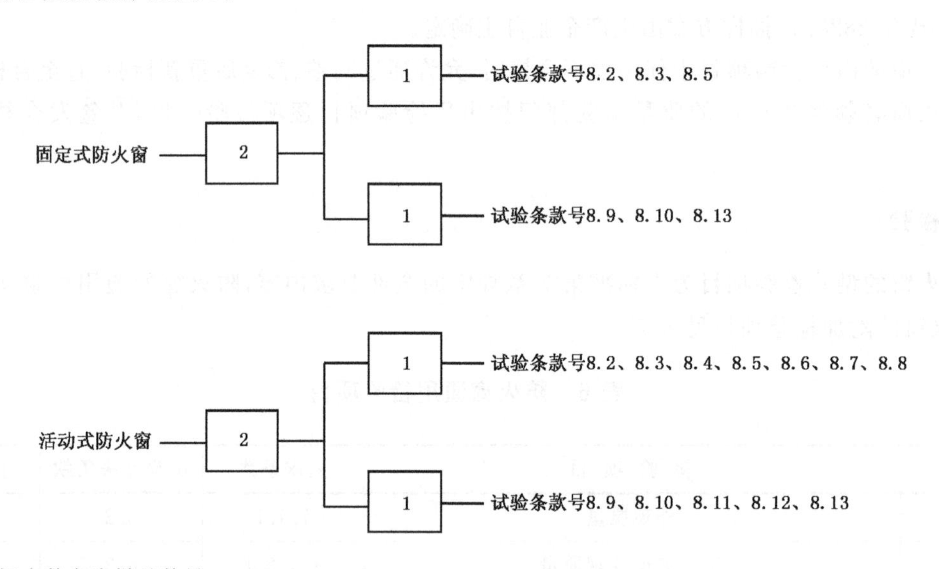

注：方框中数字为样品数量。

图 5　防火窗试验程序和样品数量

9.2.3　有下列情况之一时应进行型式检验：

a）新产品投产或老产品转厂生产时；

b）正式生产后，产品的结构、材料、生产工艺、关键工序的加工方法等有较大改变，可能影响产品的性能时；

c）正常生产，每三年不少于一次；

d）产品停产一年以上，恢复生产时；

e）出厂检验结果与上次型式检验结果有较大差异时；

f）发生重大质量事故时；

g）质量监督机构依法提出型式检验要求时。

9.2.4　防火窗型式检验的判定准则为：

a）固定式防火窗按表 6 所列项目的型式检验结果，不含 A 类不合格项，B 类和 C 类不合格项之和不大于二项，且 B 类不合格项不大于一项，判型式检验合格；否则判型式检验不合格。

b）活动式防火窗按表 6 和表 7 所列项目的检验结果，不含 A 类不合格项，B 类和 C 类不合格项之和不大于四项，且 B 类不合格项不大于一项，判型式检验合格；否则判型式检验不合格。

10 标志、包装、运输和贮存

10.1 标志

10.1.1 在产品明显部位应标明下列标志：

a) 制造厂名称与商标(如果有)；

b) 产品名称、型号和规格；

c) 产品贴有标牌，标牌内容参见 GB/T 13306 的规定；

d) 产品生产日期或生产批号、出厂日期。

10.1.2 产品包装箱的箱面标志要求参见 GB/T 6388 的规定。

10.1.3 产品包装箱上有明显的“怕湿”“小心轻放”“向上”字样和标志，其图形要求参见 GB/T 191 的规定。

10.2 包装

10.2.1 产品用无腐蚀作用的材料包装。

10.2.2 包装箱有足够的强度，确保运输中不受损坏。

10.2.3 包装箱内的各类部件，避免发生相互碰撞、窜动。

10.2.4 产品装箱后，箱内附有装箱单、产品合格证和安装使用说明书，说明书的编制方法参见 GB 9969.1 的规定，且宜将此类资料装在防水袋内。

10.3 运输

10.3.1 产品在运输过程中避免包装箱发生相互碰撞。

10.3.2 产品搬运过程中要轻拿、轻放，严禁摔、扔、碰击。

10.3.3 产品运输工具有防雨措施，并保持清洁无污染。

10.4 贮存

10.4.1 产品放置在通风、干燥的地方；避免与酸、碱、盐等腐蚀性介质接触，并有必要的防潮、防雨、防晒、防腐等措施。

10.4.2 产品严禁与地面直接接触，底部垫高大于 100 mm。

10.4.3 产品堆放时用垫块垫平，水平码放的高度不超过 2.0 m，立放时的角度不小于 70°。

附 录 A
（资料性附录）
常用材料及配件标准

A.1 材料及表面处理

GB/T 708—2006 冷轧钢板和钢带的尺寸、外形、重量及允许偏差
GB/T 716—1991 碳素结构钢冷轧钢带
GB/T 2518—2004 连续热镀锌薄钢板和钢带
GB/T 3280—2007 不锈钢冷轧钢板和钢带
GB/T 3880.1—2006 一般工业用铝及铝合金板、带材 第1部分：一般要求
GB/T 3880.2—2006 一般工业用铝及铝合金板、带材 第2部分：力学性能
GB/T 3880.3—2006 一般工业用铝及铝合金板、带材 第3部分：尺寸偏差
GB/T 4237—2007 不锈钢热轧钢板和钢带
GB/T 4238—2007 耐热钢钢板和钢带
GB/T 5213—2001 深冲压用冷轧薄钢板及钢带
GB 5237.1—2004 铝合金建筑型材 第1部分：基材
GB 5237.2—2004 铝合金建筑型材 第2部分：阳极氧化、着色型材
GB 5237.3—2004 铝合金建筑型材 第3部分：电泳涂漆型材
GB 5237.4—2004 铝合金建筑型材 第4部分：粉末喷涂型材
GB 5237.5—2004 铝合金建筑型材 第5部分：氟碳漆喷涂型材
GB/T 8814—2004 门、窗用未增塑聚氯乙烯(PVC-U)型材
GB/T 9799—1997 金属覆盖层 钢铁件上的锌电镀层
GB/T 11253—2007 碳素结构钢冷轧薄钢板及钢带
GB/T 15675—1995 连续电镀锌冷轧钢板及钢带
GB/T 17102—1997 不锈复合钢冷轧薄钢板和钢带
JG/T 122—2000 建筑木门、木窗

A.2 配件

GB/T 7276—1987 合页通用技术条件
GB 8624—2006 建筑材料及制品燃烧性能分级
GB/T 13828—1992 多股圆柱螺旋弹簧
GB 16807—1997 防火膨胀密封件
GB 18428—2001 自动灭火系统用玻璃球
GB/T 18983—2003 油淬火 回火弹簧钢丝
YB/T 5318—2006 合金弹簧钢丝

附 录 B
(规范性附录)
热敏感元件的静态动作温度试验方法及判定准则

B.1 抽样

热敏感元件的抽样基数不少于100件,任意抽取15件作为试验样品。

B.2 试验设备

恒温水浴设备:试验区域内浴液的温度偏差不得超过0.5℃,其温度测量仪表的最小温度读数值不大于0.1℃;秒表:分度值为0.1 s。

B.3 试验方法

B.3.1 从15件热敏感元件试验样品中任意抽取5件,作为热敏感元件的静态动作温度试样。

B.3.2 将恒温水浴的浴液升温至(64±0.5)℃,并保持恒温;把热敏感元件试样置于恒温水浴浴液内并开始计时,观察热敏感元件试样在5.0 min内的动作情况。

B.3.3 取出经B.3.2试验的所有热敏感元件试样,自然冷却至室温;同时,将恒温水浴的浴液升温至(74±0.5)℃,并保持恒温,将已冷却至室温的在B.3.2试验中未动作的所有热敏感元件试样置于浴液内并开始计时,观察热敏感元件试样在1.0 min内的动作情况。

B.4 判定准则

B.4.1 若5件热敏感元件试样在B.3.2规定的试验中有4件以上(包括4件)不动作,且在B.3.3规定的试验中每个试样均动作,则判定受检的热敏感元件的静态动作温度合格。

B.4.2 若5件热敏感元件试样在B.3.2规定的试验中有4件以上(包括4件)不动作,但在B.3.3规定的试验中有任意试样不动作,则取B.3.1中剩余的10件热敏感元件试验样品作为静态动作温度试样,重新按B.3.2、B.3.3的规定进行复验,并按下述规定进行判定:

a) 若10件热敏感元件试样在B.3.2规定的试验中有9件以上(包括9件)不动作,且在B.3.3规定的试验中每个试样均动作,则判定受检的热敏感元件的静态动作温度复验合格;

b) 若10件热敏感元件试样在B.3.2规定的试验中有9件以上(包括9件)不动作,但在B.3.3规定的试验中有任意试样不动作,则判定受检的热敏感元件的静态动作温度复验不合格;

c) 若10件热敏感元件试样在B.3.2规定的试验中只有8件以下(包括8件)不动作,则可不必继续进行B.3.3规定的试验,直接判定受检的热敏感元件的静态动作温度复验不合格。

B.4.3 若5件热敏感元件试样在B.3.2规定的试验中只有3件以下(包括3件)不动作,则可不必继续进行B.3.3规定的试验,直接取B.3.1中剩余的10件热敏感元件试验样品作为静态动作温度试样,重新按B.3.2、B.3.3的规定进行复验,并按下述规定进行判定:

a) 若10件热敏感元件试样在B.3.2规定的试验中有9件以上(包括9件)不动作,且在B.3.3规定的试验中每个试样均动作,则判定受检的热敏感元件的静态动作温度复验合格;

b) 若10件热敏感元件试样在B.3.2规定的试验中有9件以上(包括9件)不动作,但在B.3.3规定的试验中有任意试样不动作,则判定受检的热敏感元件的静态动作温度复验不合格;

c) 若10件热敏感元件试样在B.3.2规定的试验中只有8件以下(包括8件)不动作,则可不必继续进行B.3.3规定的试验,直接判定受检的热敏感元件的静态动作温度复验不合格。

参 考 文 献

[1] GB/T 191 包装储运图示标志
[2] GB/T 2828.1 计数抽样检验程序 第1部分:按接收质量限(AQL)检索的逐批检验抽样计划
[3] GB/T 6388 运输包装收发货标志
[4] GB 9969.1 工业产品使用说明书 总则
[5] GB/T 13306 标牌

ICS 13.220.50
C 82

中华人民共和国国家标准

GB/T 16810—2006
代替 GB 16810—1997

保险柜耐火性能要求和试验方法

Tests and requirements for fire resistance of record protection containers

(UL 72:2001, Tests for fire resistance of record protection equipment, MOD)

2006-03-14 发布 2006-10-01 实施

中华人民共和国国家质量监督检验检疫总局
中国国家标准化管理委员会 发布

前 言

本标准修改采用UL72:2001《档案保护装置耐火试验》(英文版)。

本标准根据UL72:2001重新起草。为了方便比较,在资料性附录A中列出了本标准章条编号与UL72:2001章条编号对照一览表。

考虑到我国国情,本标准在采用UL72:2001时进行了修改。有关技术性差异已编入正文中并在它们所涉及的条款的页边空白处用垂直单线标识。在附录B中给出了这些技术性差异及其原因的一览表以供参考。

为方便使用,对于UL72:2001本标准还做了下列编辑性修改:

——“本UL标准”一词改为“本标准”;

——删除UL72:2001的前言;

——删除UL72:2001的英制单位;

——将UL72:2001的部分文字叙述转换成图示或表格形式。

本标准代替GB 16810—1997《保险柜耐火性能试验方法》。

本标准与GB 16810—1997相比主要变化如下:

——范围扩大,1997版只适用于一般用途的保险柜,本版适用于3种不同类型的保险柜(1997版第1章;本版第1章);

——增加了术语和定义(见第3章);

——增加了分类与代号(见第4章);

——修改了耐火性能要求(1997版的第8章;本版的第5章);

——修改了试件内部测温点的布置(1997版的7.2.2;本版的8.1);

——增加了耐火耐跌落试验(见第9章);

——增加了防爆试验(见第10章);

——修改了防爆兼耐火耐跌落试验(1997版的7.4;本版的第11章);

——增加了标牌要求(见第13章);

——增加了资料性附录“本标准章条编号与UL72:2001章条编号对照”(见附录A);

——增加了资料性附录“本标准与UL72:2001技术性差异及其原因”(见附录B)。

本标准附录A和附录B是资料性附录。

本标准由中华人民共和国公安部提出。

本标准由全国消防标准化技术委员会第八分技术委员会(SAC/TC 113/SC 8)归口。

本标准由公安部天津消防研究所负责起草。

本标准参编单位:广东省东莞市公安消防支队。

本标准主要起草人:刘晓慧、李博、张桂芳、孙甲斌、罗云庆、李希全。

本标准1997年5月第一次发布,2006年3月第一次修订。

保险柜耐火性能要求和试验方法

1 范围

本标准规定了保险柜的分类与代号、耐火性能要求、试件要求、试验装置和测试仪器、标准耐火试验、耐火耐跌落试验、防爆试验、防爆兼耐火耐跌落试验、试验报告和标牌等内容。

本标准适用于保护纸张、磁带和计算机存储设备等保险柜的耐火试验。

2 规范性引用文件

下列文件中的条款通过本标准的引用而成为本标准的条款。凡是注日期的引用文件，其随后所有的修改单(不包括勘误的内容)或修订版均不适用于本标准，然而，鼓励根据本标准达成协议的各方研究是否可使用这些文件的最新版本。凡是不注日期的引用文件，其最新版本适用于本标准。

GB/T 9978　建筑构件耐火试验方法[GB/T 9978—1999,neq ISO/FDIS834-1:1997(E)]

3 术语和定义

下列术语和定义适用于本标准。

3.1

标准耐火试验　fire endurance test

耐火试验炉按标准时间-温度曲线升温，保险柜内部温度不超过规定值的能力。

3.2

耐火耐跌落试验　fire and impact test

保险柜先进行第一阶段标准加热试验，再从一定高度处冲击落下，然后再进行第二阶段的标准加热试验，检测保险柜保护内部物品免受损坏的能力。

3.3

防爆试验　explosion test

保险柜突然置于高温中，检测其防止因水汽或其他气体集聚而爆炸的能力。

3.4

冷却阶段　cooling period

耐火试验炉停止加热后，在不开启耐火试验炉门的条件下，试件内部温度降到 49 ℃的时间段或在耐火试验过程中，试件内部温度未达到 49 ℃，在耐火试验炉停止加热后，试件内部温度降低 2 ℃的时间段为冷却阶段。

4 分类与代号

4.1 按保护档案的类型分类

按保护档案的类型分类见表 1。

表 1 按保护档案的类型分类

保险柜类型	保护档案类型	代　　号
P 类保险柜	纸张等档案	P
D 类保险柜	磁带、电子数据和照片等档案	D
DIS 类保险柜	计算机存储设备等档案	DIS

4.2 按耐火试验类型分类

4.2.1 按耐火试验类型分类(见表 2)

表 2 按耐火试验类型分类

耐火试验类型	代　　号
标准耐火试验	B
耐火耐跌落试验	N
防爆试验	F
防爆兼耐火耐跌落试验	FN

4.2.2 标准耐火试验按耐火时间分类

标准耐火试验的耐火时间等级为 4 h、3 h、2 h、1 h、0.5 h,代号分别为 4B、3B、2B、1B、0.5B。

4.3 按结构型式分类

保险柜按门扇数量可分为单扇门和双扇门。保险柜可以是整体结构,也可以是组合体。对组合体其内部的独立结构或抽屉等允许保护不同类型的档案,如一台抽屉式保险柜,可以是保护 P 类、D 类和 DIS 类档案抽屉的组合,但对保险柜组合体的母体及保护不同类型档案的抽屉应具有相同的耐火时间等级。

4.4 耐火性能代号示例

保险柜耐火性能代号为:

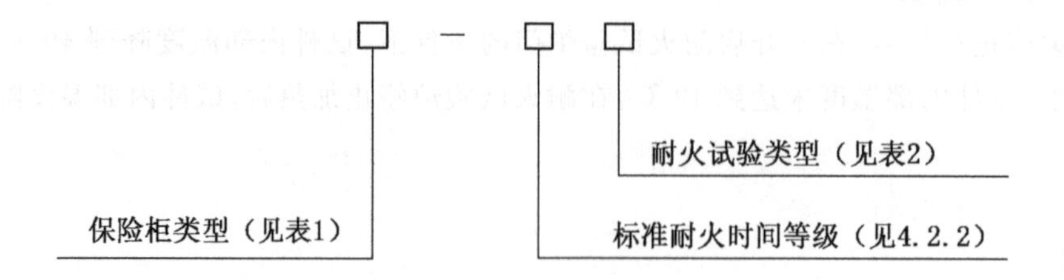

示例 1:P-3B:表示 P 类保险柜,标准耐火试验的耐火时间为 3 h。

示例 2:D-1BN:表示 D 类保险柜,标准耐火试验的耐火时间为 1 h,并进行了耐火耐跌落试验。

示例 3:DIS-0.5BFN:表示 DIS 类保险柜,标准耐火试验的耐火时间为 0.5 h,并进行了防爆兼耐火耐跌落试验。

5 耐火性能要求

5.1 耐火性能要求(见表3)

表3 耐火性能要求

保险柜类型	耐火试验类型[a]	性能要求
P类保险柜	标准耐火试验(包括冷却阶段)	试件内部任一点温度不应超过177 ℃,锁具完整,无影响隔热性和密封性的开裂,新闻纸具有可用性
	耐火耐跌落试验	试件保持锁闭状态,新闻纸具有可用性
	防爆试验	锁具完整,试件未爆炸,新闻纸具有可用性
	防爆兼耐火耐跌落试验	锁具完整,试件未爆炸,能保持锁闭状态,新闻纸具有可用性
D类保险柜	标准耐火试验(包括冷却阶段)	试件内部任一点温度不应超过66 ℃,锁具完整,无影响隔热性和密封性的开裂,新闻纸具有可用性
	耐火耐跌落试验	试件保持锁闭状态,新闻纸具有可用性
	防爆试验	锁具完整,试件未爆炸,新闻纸具有可用性
	防爆兼耐火耐跌落试验	锁具完整,试件未爆炸,能保持锁闭状态,新闻纸具有可用性
DIS类保险柜	标准耐火试验(包括冷却阶段)	试件内部任一点温度不应超过52 ℃,锁具完整,无影响隔热性和密封性的开裂,新闻纸具有可用性
	耐火耐跌落试验	试件保持锁闭状态,新闻纸具有可用性
	防爆试验	锁具完整,试件未爆炸,新闻纸具有可用性
	防爆兼耐火耐跌落试验	锁具完整,试件未爆炸,能保持锁闭状态,新闻纸具有可用性
注:试件指保险柜。		
[a] 耐火试验类型中,必须进行标准耐火试验,其他试验可根据要求选择。		

5.2 新闻纸的可用性

5.2.1 装入保险柜内部试验用的新闻纸是指普通新闻纸、带封面或不带封面的杂志纸。不带封面的杂志纸表面pH值应小于7.0。

5.2.2 耐火试验后,保险柜内的新闻纸满足以下条件被认为具有可用性:

a) 新闻纸未破碎、未开裂、未粘贴在一起而无法分开、无明显的变色、变质;

b) 不借助辅助工具新闻纸字迹应清楚、易读。

6 试件要求

6.1 取样

同一型号的产品选择有代表性的试件进行试验。对于结构、材料、壁厚、铰链及门扇数量等均相同,只是尺寸不同的产品,选择其中最大尺寸的为试件。

6.2 试件数量

只进行标准耐火试验,试件数量为1台。进行标准耐火试验和耐火耐跌落试验、标准耐火试验和防爆试验、标准耐火试验和防爆兼耐火耐跌落试验,试件数量均为2台,2台试件应完全相同。

7 试验装置和测试仪器

7.1 耐火试验炉

耐火试验炉应满足本标准规定的标准耐火试验、耐火耐跌落试验和防爆试验的不同升温条件的要求。

7.2 测量耐火试验炉内温度的热电偶

7.2.1 测量耐火试验炉内温度的热电偶的结构、允许误差应符合GB/T 9978的规定。

7.2.2 耐火试验炉内温度热电偶的数量不应少于4个,均匀布置在试件周围。热电偶的热端与试件受火面的距离应为50 mm。

7.2.3 试验过程中耐火试验炉内单点温度、平均温度应每分记录一次。

7.3 测量试件内部温度的热电偶

7.3.1 测量试件内部温度的热电偶丝径为0.5 mm,最大允许偏差不低于Ⅲ级。

7.3.2 试验过程中试件内部温度应每分记录一次。

7.4 试件提升装置

在耐火耐跌落试验中,提升装置应能将试件提升到9.1 m高处。

8 标准耐火试验

8.1 试件内部测温点的布置

试件内部测温点的布置不应影响试件的密封性,布置测温点的定位最大允许误差为±2 mm。

8.1.1 P类试件内部测温点的布置

8.1.1.1 对单扇门的试件,其内部每个独立结构布置4个测温点,均距内顶部150 mm,距内侧壁25 mm。前面2个测温点距门扇内表面25 mm,后面2个测温点距内后壁150 mm,见图1。

单位为毫米

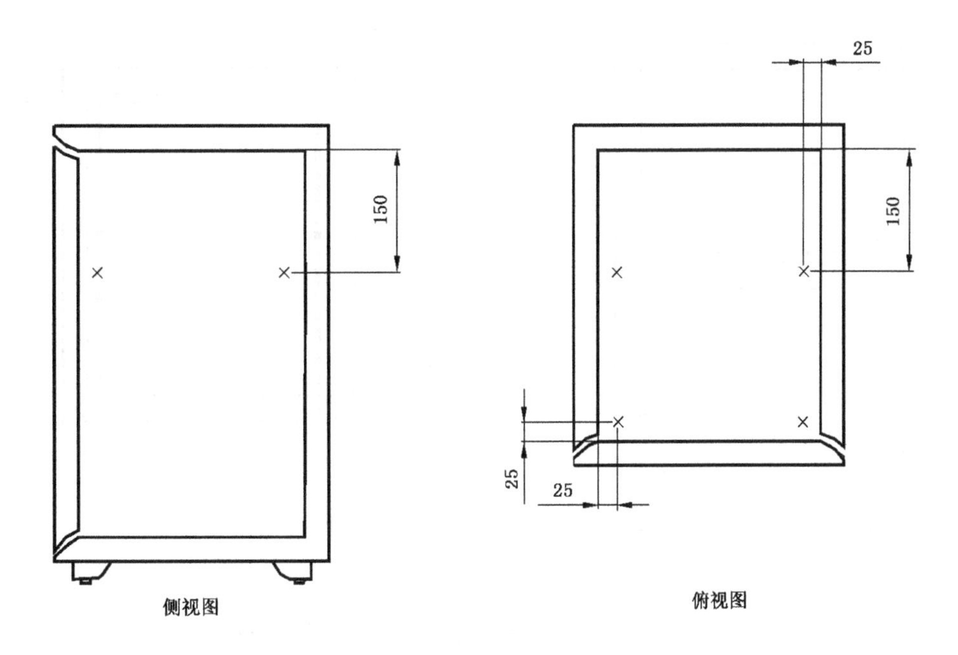

图 1　P 类单扇门试件内部测温点布置示意图

8.1.1.2　对双扇门的试件，除按 8.1.1.1 布置 4 个测温点外，还应正对门扇中缝布置第 5 个测温点，该测温点距内顶部 150 mm，距门扇内表面 25 mm。

8.1.1.3　对抽屉式的试件，每个隔热抽屉的测温点布置如下：

a）顶抽屉即第 1 层抽屉内布置 3 个测温点，均距抽屉内顶部 150 mm。前角 2 个测温点距内侧壁和抽屉前面板内表面均为 25 mm，中后部的 1 个测温点距抽屉的内后壁 150 mm，见图 2；

单位为毫米

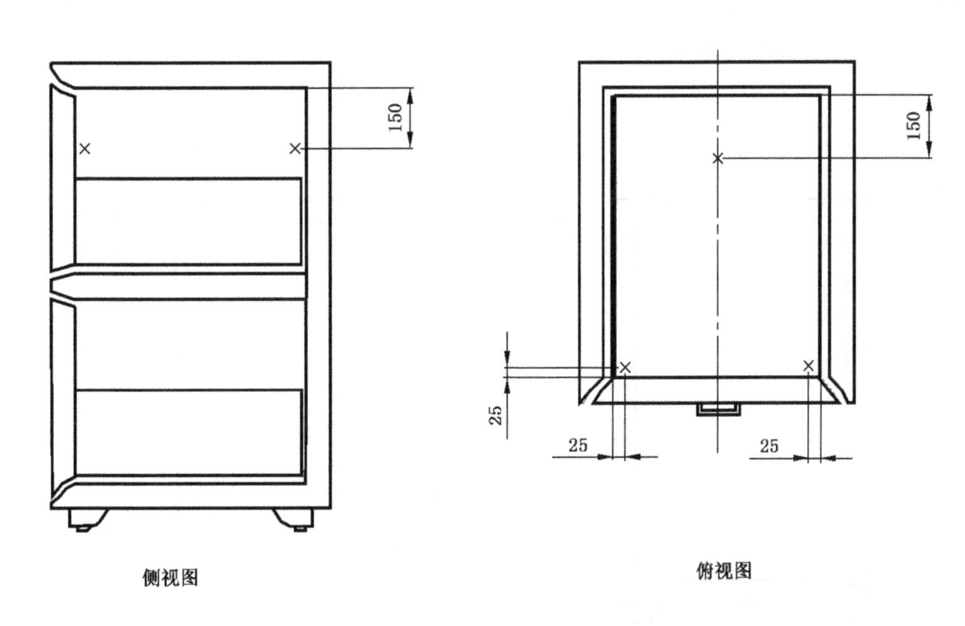

图 2　P 类试件第 1 层抽屉测温点布置示意图

b）顶抽屉下面的第 2 层抽屉在左前角布置 1 个测温点，距抽屉内顶部 150 mm，距内侧壁和抽屉前面板内表面均为 25 mm，见图 3；

单位为毫米

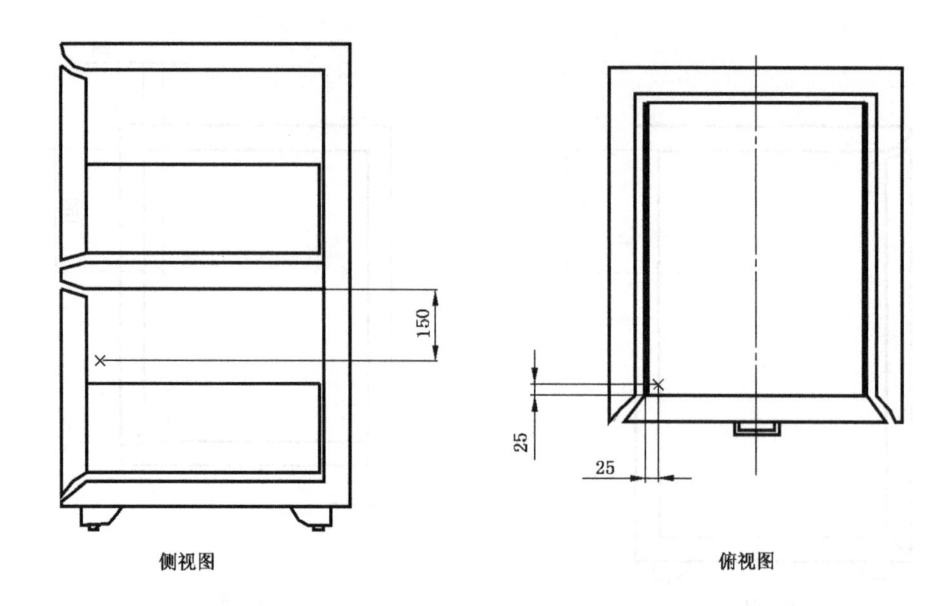

图 3 P 类试件第 2 层抽屉测温点布置示意图

c） 第 3 层抽屉在右前角布置 1 个测温点，距抽屉内顶部 150 mm，距内侧壁和抽屉前面板内表面均为 25 mm；

d） 以下各层抽屉均在前角布置 1 个测温点，其位置与上一层的测温点交错布置。

8.1.1.4 试件内部净高不足 300 mm 时，可在内部净高二分之一处参照 8.1.1.1～8.1.1.3 布置测温点。

8.1.2 D 类和 DIS 类试件内部测温点的布置

8.1.2.1 对单扇门的试件，其内部每个独立结构布置 4 个测温点，测温点分布在内上部，距内顶部、内侧壁、内后壁和门扇内表面均为 25 mm，见图 4。

单位为毫米

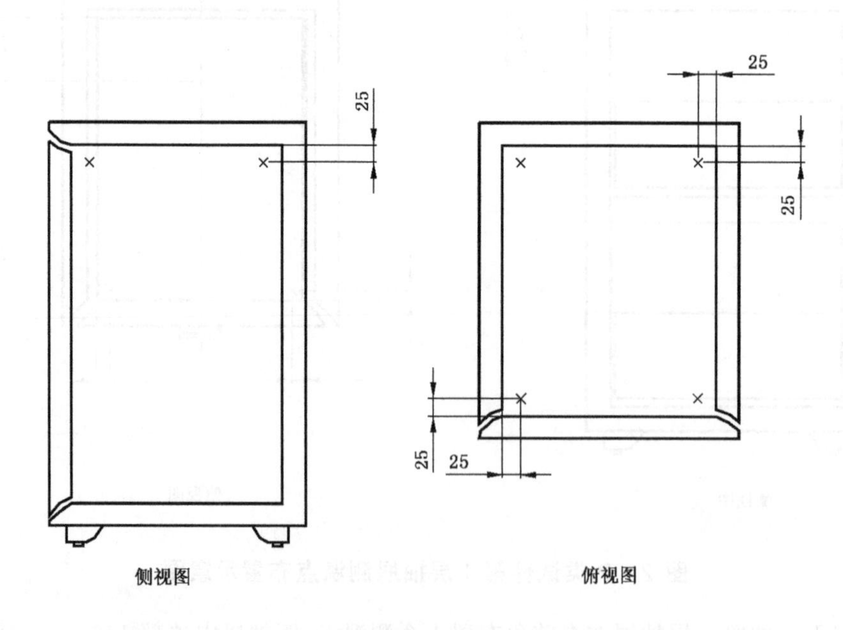

图 4 D 类和 DIS 类单扇门试件内部测温点布置示意图

8.1.2.2　对双扇门的试件，除按 8.1.2.1 布置 4 个测温点外，还应正对门扇中缝布置第 5 个测温点，该测温点距内顶部和门扇内表面均为 25 mm。

8.1.2.3　对抽屉式的试件，每个隔热抽屉的测温点布置如下：

a）顶抽屉即第 1 层抽屉内布置 3 个测温点，均距抽屉内顶部 25 mm。前角 2 个测温点距内侧壁和抽屉前面板内表面均为 25 mm，中后部 1 个测温点距抽屉的内后壁 25 mm，见图 5；

单位为毫米

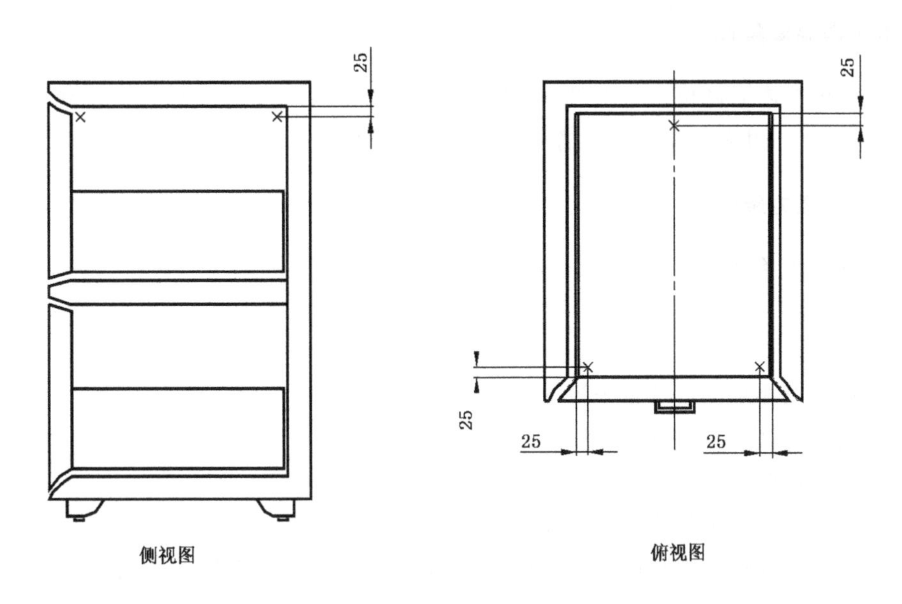

图 5　D 类和 DIS 类试件第 1 层抽屉测温点布置示意图

b）顶部下面的第 2 层抽屉在左前角布置 1 个测温点，距抽屉内顶部、内侧壁和抽屉前面板内表面均为 25 mm，见图 6；

单位为毫米

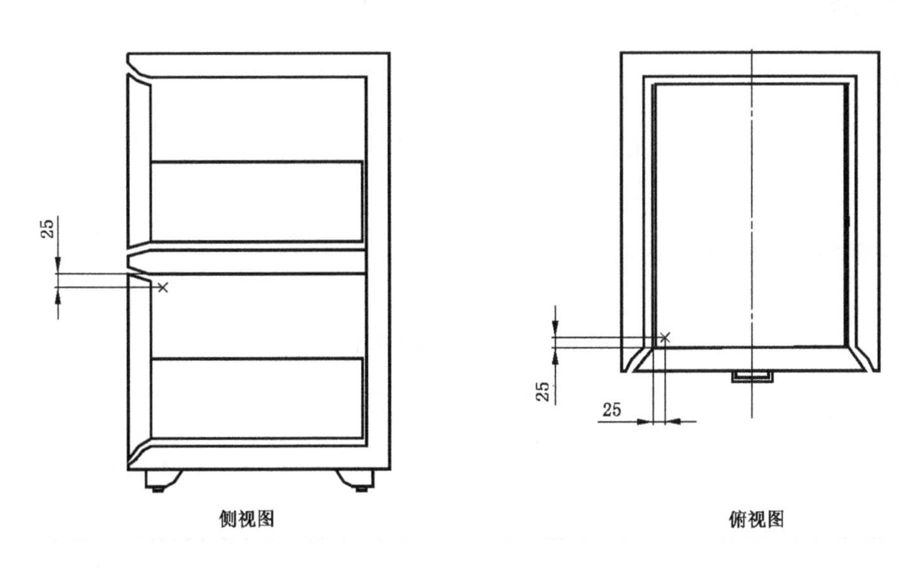

图 6　D 类和 DIS 类试件第 2 层抽屉测温点布置示意图

c）第 3 层抽屉在右前角布置 1 个测温点，距抽屉内顶部、内侧壁和抽屉前面板内表面均为 25 mm；

d）以下各层抽屉均在前角布置 1 个测温点，其位置与上一层的测温点交错布置。

8.1.3　如果因试件结构限制，不能按要求布置测温点，可参照 8.1.1～8.1.2 布置。

8.2 试件内装新闻纸

在试件的每个独立结构或抽屉靠内壁和底部填充新闻纸团,如有必要可用胶带固定纸团,将揉皱的蓬松新闻纸团均匀地填充在独立结构或抽屉内。纸团填充的体积至少为其容积的 25%,最大不超过 50%。

8.3 耐火试验炉内温度条件

标准耐火试验的炉内温度按 GB/T 9978 规定的标准时间-温度曲线进行升温。允许控温偏差应符合 GB/T 9978 的规定。耐火试验炉内火焰不应直接冲击试件表面。

8.4 耐火试验炉内压力条件

耐火试验炉内压力条件应符合 GB/T 9978 的规定。

8.5 试验程序

a） 将符合第 6 章要求的试件置于耐火试验炉内,锁闭试件;
b） 按标准时间-温度曲线进行升温;
c） 记录试件内部温度;
d） 超过表 3 温度的极限值或达到预计的耐火时间,停止加热;
e） 不开启耐火试验炉门冷却试件,试件内部温度应继续记录,直到试件内部温度达到冷却阶段要求的温度为止;
f） 当试件冷却到可以操作时,检查锁具的完整性及有无影响隔热性和密封性的开裂。打开试件门、抽屉,检查试件内部新闻纸,其可用性应符合 5.2.2 的要求。

9 耐火耐跌落试验

9.1 试件要求

试件应符合第 6 章的要求。其结构、材质等均应与进行标准耐火试验的试件相同。试件内部不布置测温热电偶。按 8.2 的要求填充新闻纸团。

9.2 耐火耐跌落试验的标准加热时间(见表 4)

表 4 耐火耐跌落试验的标准加热时间

试件耐火时间等级	耐火耐跌落试验的标准加热时间	
	第一阶段标准加热时间 min	第二阶段标准加热时间 min
4B	60	60
3B	60	60
2B	45	45
1B	30	30
0.5B	20	20

9.3 试验程序

a) 将符合9.1要求的试件置于耐火试验炉中，锁闭试件；
b) 按GB/T 9978规定的标准时间-温度曲线进行升温；
c) 达到表4规定的第一阶段标准加热时间后，停止加热；
d) 尽快取出试件，将试件提升到其底部距地面9.1 m高处，然后使其落到以砼为基础，上面平铺一层砖砌块的地面上；
e) 试件自然冷却到可以操作时，将其重新放回耐火试验炉；
f) 按GB/T 9978规定的标准时间-温度曲线开始重新升温；
g) 达到表4规定的第二阶段标准加热时间后，停止加热；
h) 当试件自然冷却到可以操作时，检查试件是否保持锁闭状态。打开试件门、抽屉，检查试件内部新闻纸，其可用性应符合5.2.2的要求。

10 防爆试验

10.1 试件要求

防爆试验对试件的要求与9.1相同。

10.2 试件的防爆试验恒温时间(见表5)

表5 防爆试验恒温时间

试件耐火时间等级	耐火试验炉的温度 ℃	恒温时间 min
4B、3B、2B或1B	1 090	30
0.5B	1 090	20

10.3 试验程序

a) 加热使耐火试验炉内温度10 min内达到(1 090±5)℃，保持此温度的恒温时间见表5。试验过程中，观察试件是否爆炸，若试件发生爆炸则终止试验。若试件未发生爆炸，使试件自然冷却；
b) 当试件冷却到可以操作时，检查锁具的完整性。打开试件门、抽屉，检查试件内部新闻纸，其可用性应符合5.2.2的要求。

11 防爆兼耐火耐跌落试验

11.1 试件要求

试件要求与9.1相同。用1台试件进行防爆兼耐火耐跌落试验。

11.2 试验程序

11.2.1 防爆试验

按10.3的规定进行防爆试验，若试件未发生爆炸，则继续进行以下试验。

11.2.2 耐火耐跌落试验

a) 停止加热，使耐火试验炉内温度降到(843±5)℃时，按 GB/T 9978 规定的标准时间-温度曲线，从(843±5)℃开始进行耐火试验，达到表 6 规定的追加耐火试验时间后，停止加热，取出试件；

表 6 追加耐火试验时间

试件耐火时间等级	追加耐火试验时间 min
4B、3B	30
2B	15
1B、0.5B	0

b) 按 9.3d)～h)的要求进行耐跌落试验。

12 试验报告

试验报告应包括以下内容：

a) 试件委托单位名称；
b) 试件制造单位名称和试件名称；
c) 试件型号、规格；
d) 试验日期；
e) 试件的构造、所用材料的技术数据及其他有关说明；
f) 试件内部温度的数据及说明；
g) 耐火试验炉内温度的数据及说明；
h) 观察记录；
i) 试验过程的照片记录；
j) 新闻纸的可用性说明；
k) 达到的耐火时间等级；
l) 试验主检及试验单位负责人签字，试验单位盖章。

13 标牌

每台保险柜都应在其明显位置固有永久性标牌，标牌上应包括以下内容：

a) 产品名称、商标或识别码；
b) 制造厂名称或制造厂标记；
c) 出厂日期及产品编号或生产批号；
d) 按本标准试验测定的耐火时间等级和耐火试验类型代号；
e) 对于由不同耐火类型的独立结构或抽屉组装的组合体，其每个独立结构或每个抽屉的明显位置应固定有标牌标明其耐火类型。在组合体保险柜的母体上应给出这些标牌的目录；
f) 执行标准。

附　录　A
（资料性附录）
本标准章条编号与 UL72:2001 章条编号对照

表 A.1 给出了本标准章条编号与 UL72:2001 章条编号对照一览表。

表 A.1　本标准章条编号与 UL72:2001 章条编号对照

本标准章条编号	对应的 UL 标准章条编号
1	1.1
—	1.3、1.5、1.8
—	2.1
2	2.2
3.1～3.3	1.4
3.4	5.1.2
4.1	1.6
4.2.1	1.4
4.2.2	3.4
4.3	1.2、3.2
4.4	—
5.1	3.1、3.3、5.1.1、5.1.2、6.1.1、7.1.1
5.2.1	4.1
5.2.2	4.2
6.1	5.1.3
6.2	—
—	5.3.3
7.1	—
7.2.1	5.3.5
7.2.2	5.3.5 第 1 句、5.3.6
7.2.3	5.3.7
7.3.1	5.1.4
7.3.2	—
—	5.3.1 第 1 句和注[a]
7.5	1.4 最后一句
8.1	—
8.1.1.1	5.2.1a)1)第 1 句、第 2 句
8.1.1.2	5.2.1a)1)第 3 句
8.1.1.3	5.2.1a)2)

表 A.1（续）

本标准章条编号	对应的 UL 标准章条编号
8.1.1.4	5.2.2
—	5.2.1b)
8.1.2.1	5.2.1c)1)第1句、第2句
8.1.2.2	5.2.1c)1)第3句
8.1.2.3	5.2.1c)2)
8.1.3	5.2.2
—	5.3.1第2句、第3句
8.3	5.3.2
8.4	5.3.4、5.3.8、附录A
8.5	5.3.9
8.6	5.3.4第1句、5.3.10、5.3.11、5.3.12
9.1	6.2.1、6.3.1
9.2	6.3.2
9.3	6.3.3、6.3.4、6.3.5
10.1	7.2.1、7.3.1第1句
10.2	7.3.1c)
10.3	7.3.1a)、b)、c)、7.3.2
11.1	8.1
11.2.1	8.2
11.2.2a)	8.3
11.2.2b)	8.4
—	9
12	—
13	10
附录A	
附录B	
注：表中的章条以外的本标准其他章条编号与UL72:2001其他章条编号均相同且内容相对应。	

附 录 B
（资料性附录）
本标准与 UL72:2001 技术性差异及其原因

表 B.1 给出了本标准与 UL72:2001 技术性差异及其原因一览表。

表 B.1 本标准与 UL72:2001 技术性差异及其原因

本标准章条编号	技术性差异	原因
—	删除 UL72:2001 的 1.3、1.5 和 1.8 条	UL72:2001 的 1.3 是对试验目的解释，不应在标准范围中； UL72:2001 的 1.5 是对耐火试验炉温与实际火灾条件不同的解释，也不应在标准范围之中； UL72:2001 的 1.8 是关于“产品不符合本标准安全性的处理；与本标准相矛盾的处理以及标准修订原则”这些内容不应包含在标准范围之中
—	删除 UL72:2001 的 2.1 测量单位	UL72:2001 有带括号和不带括号的值。本标准只使用法定计量单位，无带括号值
2	增加引用国家标准	标准中关于耐火试验炉内热电偶、标准时间-温度升温曲线等要求均可引用 GB/T 9978
4.1	修改 UL72:2001 的 3.1 和 1.6 中 350、150 和 125 级分别为“P、D 和 DIS 类”	适合我国实际使用
4.2.1	增加了不同耐火试验类型的代号	方便使用
4.4	增加了耐火性能代号示例	方便使用
6.2	增加了对试件数量的要求	试验项目较多，规定试件数量方便操作执行
—	删除对试件试验前湿度的调节要求	湿度的调节比较困难，特别对较大尺寸的试件
7.1	增加对耐火试验炉的要求	要保证耐火试验的顺利进行，耐火试验炉应能满足不同耐火试验类型的温度和压力条件的要求
7.2.1	增加引用 GB/T 9978	引用 GB/T 9978 的规定，表述简洁、含义明确、文本结构紧凑
7.3.2	增加对记录试件内部温度时间间隔的要求	试件内部温度作为重要的测量数值，应对其记录的时间间隔进行规定
—	删除对测量湿度仪器的要求	耐火试验时不方便测量湿度
8.1	增加对布置测温点的总要求	使测温点的布置更规范化
8.1.1.4	增加对试件内部净高不足 300 mm 测温点的布置原则	使标准内容结构严谨，方便操作
—	删除 UL72:2001 的 5.2.1b)	UL72:2001 对是否进行耐跌落试验的 350 级试件其内部测温点的布置不同。理论和实际应用表明二者不应该有差别。因此本标准只保留了合理的部分

表 B.1（续）

本标准章条编号	技术性差异	原因
—	删除对试件内部测湿点的布置要求	耐火试验时不方便测量湿度
8.4	修改 UL72:2001 的 5.3.9“尽可能控制炉内压力接近大气压”为“耐火试验炉内压力条件应符合 GB/T 9978 的规定”	ISO 标准和我国标准对构件类产品耐火性能试验均按 GB/T 9978 的压力条件进行控制
9.3d)	修改 UL72:2001 的 6.3.3“从耐火炉停火到试件冲击落下的时间 2 min”。为“尽快取出试件”	实验表明 2 min 不能完成此操作
9.3h)	修改 UL72:2001 的 6.3.4 第 2 句“冷却至 47 ℃”为“冷却到可操作时”比 UL72:2001 的 6.3.5 增加对试件是否保持锁闭状态的检查	耐火耐跌落未布置测温点，冷却到 47 ℃无法操作跌落试验有可能导致试件的门扇或抽屉开裂，而不能保持锁闭状态
10.3a)	比 UL72:2001 的 7.3.1c)增加了达到 1 090 ℃ 的时间要求	给出定量要求，使试验具有可重复性和可比性
—	删除 UL72:2001 的第 9 章有关密封材料的要求	本标准为试验方法标准，不是产品标准。只对整个试件耐火性能要求即可
12	增加对试验报告内容的要求	ISO 标准和我国大部分耐火试验方法标准都有此项内容

ICS 13.220.50
C 82

中华人民共和国国家标准

GB/T 17428—2009
代替 GB 17428—1998

通风管道耐火试验方法

Fire resistance test methods of ventilation ducts

(ISO 6944-1:2008, Fire containment—Elements of building construction—Part 1: Ventilation ducts, NEQ)

2009-10-30 发布　　2010-04-01 实施

中华人民共和国国家质量监督检验检疫总局
中国国家标准化管理委员会　发布

前　言

本标准与 ISO 6944-1:2008《防火分隔—建筑结构构件—通风管道》(英文版)的一致性程度为非等效。

本标准代替 GB 17428—1998《通风管道的耐火试验方法》。

本标准与 GB 17428—1998 比较主要变化如下:

——增加了“警示”的内容,提示本标准使用者应注意的事宜(本版“范围”前);

——修改了范围一章内容,进一步明确了标准的适用对象(1998 年版和本版的第 1 章);

——修改了规范性引用文件(1998 年版和本版的第 2 章);

——增加了术语和定义(见第 3 章);

——修改了对试验装置的要求(1998 版第 5 章,本版第 4 章);

——修改了试验条件(1998 版第 4 章,本版第 5 章);

——修改了对试件的要求(1998 版第 6 章,本版第 6 章);

——增加了试件的安装要求(见第 7 章);

——增加了试件养护要求(见第 8 章);

——增加了仪器使用要求(见第 9 章);

——修改了试验程序(1998 版第 7 章,本版第 10 章);

——将观察、测量、记录修改后合并到试验程序中(1998 版第 8 章,本版第 10 章);

——将判定条件修改为判定准则,并对其内容进行了修改(1998 版第 9 章,本版第 11 章);

——增加了试验结果表述(见第 12 章);

——修改了试验报告的内容(1998 版第 10 章,本版第 13 章);

——增加了试验结果的直接应用范围(见第 14 章)。

本标准由中华人民共和国公安部提出。

本标准由全国消防标准化技术委员会第八分技术委员会(SAC/TC 113/SC 8)归口。

本标准负责起草单位:公安部天津消防研究所。

本标准参加起草单位:广州市保全普美建筑材料有限公司、宜春市金特建材实业有限公司。

本标准主要起草人:解凤兰、赵华利、董学京、李希全、何建枫、吴勇。

本标准所代替标准的历次版本发布情况为:GB 17428—1998。

通风管道耐火试验方法

警示：

组织和参加本项试验的所有人员应注意，耐火试验可能有危险。在耐火试验过程中有可能产生有毒和/或有害的烟尘和烟气。在试件安装、试验过程和试验后残余物的清理过程中，也可能出现机械危害和操作危险。

在耐火试验后，拆除管道前，管道应完全冷却，达到可燃残余物无复燃的可能。

应对所有潜在的危险及对健康的危害进行评估，并做出安全预告。应颁布操作规程，对相关人员进行必要的培训，确保实验室工作人员按操作规程操作。

1 范围

本标准规定了水平通风管道在标准火条件下的耐火性能试验方法，用来检验通风管道承受外部火（管道 A）和内部火（管道 B）作用时的耐火性能。垂直管道的耐火试验可参照本标准执行。

本标准不适用于：

a） 耐火性能取决于吊顶耐火性能的管道；

b） 带检修门的管道，除非将检修门纳入管道中一起试验；

c） 两面或三面的管道；

d） 排烟管道；

e） 与墙或楼板连接的吊挂固定件。

2 规范性引用文件

下列文件中的条款通过本标准的引用而成为本标准的条款。凡是注日期的引用文件，其随后所有的修改单（不包括勘误的内容）或修订版均不适用于本标准，然而，鼓励根据本标准达成协议的各方研究是否可使用这些文件的最新版本。凡是不注日期的引用文件，其最新版本适用于本标准。

GB/T 5907　消防基本术语　第一部分[1)]

GB/T 9978.1　建筑构件耐火试验方法　第1部分：通用要求（GB/T 9978.1—2008，ISO 834-1：1999，MOD）

3 术语和定义

GB/T 5907、GB/T 9978.1 确立的以及下列术语和定义适用于本标准。

3.1

吊挂固定件　suspending element

用来将管道吊挂在梁板上或固定到墙体上的部件。

1） 该标准将在整合修订 GB/T 5907—1986、GB/T 14107—1993 和 GB/T 16283—1996 的基础上，以《消防词汇》为总标题，分为 5 个部分；其中，GB/T 5907.2《消防词汇　第 2 部分：火灾安全词汇》，将修改采用 ISO 13943：2000。

3.2

支承结构　supporting element

试验中管道穿越的墙体或隔墙。

4　试验装置

4.1　总则

除了 GB/T 9978.1 规定的试验装置外，本试验还需要以下装置。

4.2　试验炉

满足 GB/T 9978.1 规定的标准升温和压力条件，并适合水平方向安装管道，见图 1。

4.3　风机 A

在试验开始和整个试验过程中能使管道 A 内保持(300±15)Pa 的压差，可以直接或通过适当长度的管道与试件相连接。压力测量仪表的准确度为±3 Pa。

4.4　风机 B

试验开始前，在环境温度下，使管道 B 内保持(3±0.45)m/s 的空气流速。可以直接或通过适当长度的管道与试件相连接。风机应设置一个旁通风口，可以在 4.5 中描述的截止阀关闭前打开。流速测量仪表的准确度为±5%。

4.5　截止阀

截止阀应安装在风机 B 和试件之间。在风机 B 处于“停止”状态下，通过隔断管道 B 内的空气流动来评价管道 B 的耐火完整性。

5　试验条件

试验炉内加热条件和压力条件应满足 GB/T 9978.1 的规定。

试验过程中，管道承受的试验条件应满足 10.2 的规定。

单位为毫米

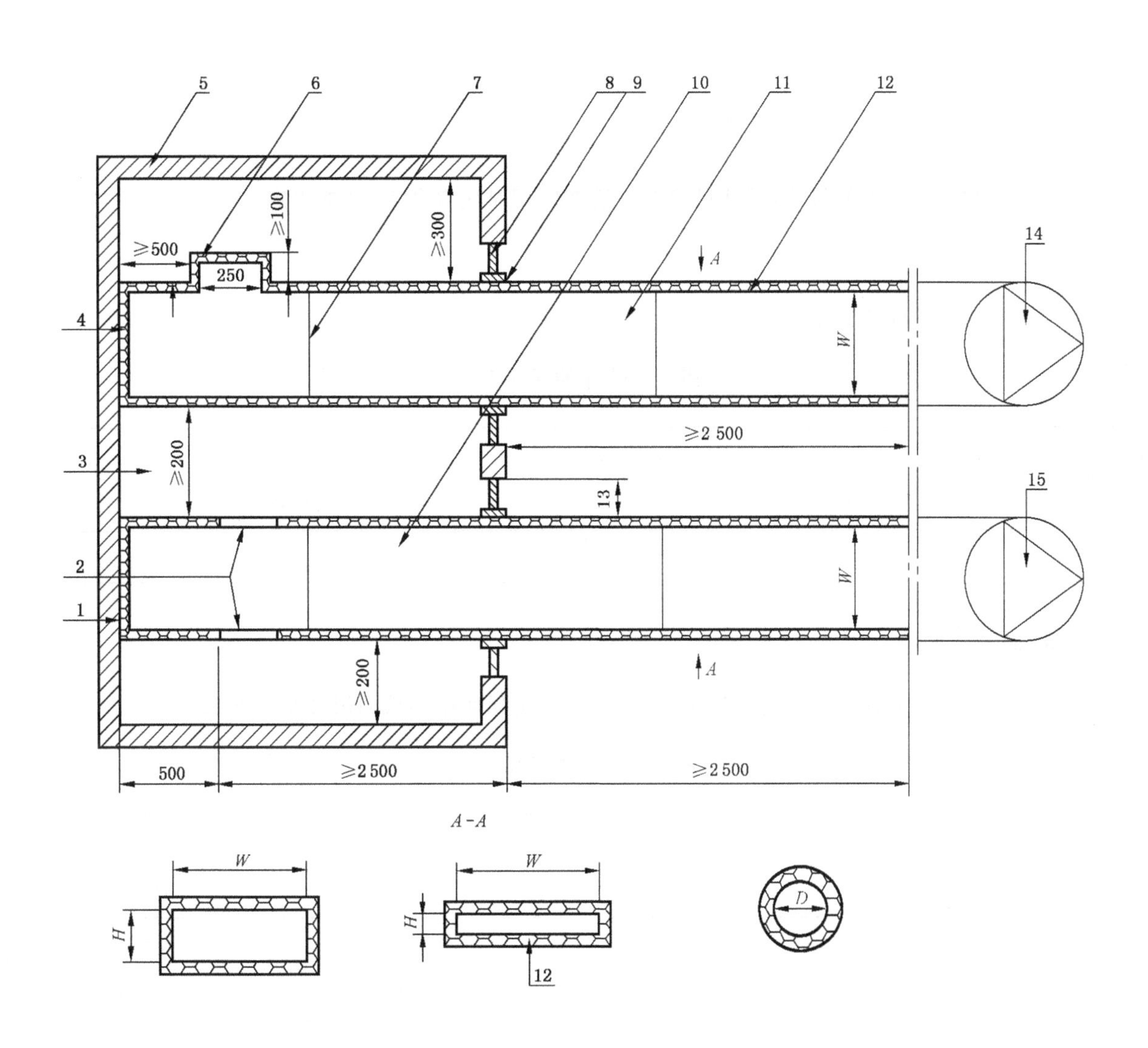

1 ——炉内约束的位置；

2 ——总面积为管道截面50%的开口；

3 ——炉膛；

4 ——管道密封端；

5 ——炉墙；

6 ——T 型支管密封端；

7 ——管道接缝；

8 ——支承结构；

9 ——和实际相同的防火封堵；

10——管道 B；

11——管道 A；

12——通风管道；

13——最小为200 mm的支承结构；

14——风机 A；

15——风机 B；

W——管道宽度；

H——管道高度；

D——管道直径。

注：此图表示的是两个管道同时试验的情况，允许在试验炉上每次对一根管道进行试验。

图1　管道的试验安装示意图

6 试件

6.1 尺寸

6.1.1 总则

除了表1和表2给出的尺寸，其他尺寸的管道在应用时应符合14.2的规定。

6.1.2 长度

试件在炉内和炉外的最小长度见表1。

表1 试件的最小长度

单位为米

最小长度	
炉内	炉外
3.0	2.5

6.1.3 截面

应使用表2给出的标准尺寸的管道进行试验，除非实际使用的截面尺寸小于此尺寸。

表2 试件的截面尺寸

单位为毫米

管道	矩形		圆形
	宽度	高度	直径
A	1 000±10	500±10	800±10
B	1 000±10	250±10	630±10

6.2 数量

管道A和管道B各需一个试件进行试验。

6.3 设计

6.3.1 总则

应对整个有代表性的管道总成进行试验。炉内和炉外管道的边界条件和固定或支承方法也应反映实际使用情况。

管道应按图1进行安装。

6.3.2 最小间距

当试验炉有足够的空间，使管道的安装尺寸满足图1的要求时，不限制在同一个试验炉上同时进行试验的试件数量。

管道顶部与炉顶之间的最小距离为500 mm，管道底部与炉底之间的最小间距为500 mm。管道侧部与炉墙之间的最小间距为200 mm，管道之间的最小距离为200 mm。

6.3.3 管道A的结构

管道A应包括一个T型支管，其截面为250 mm×250 mm，长度不小于100 mm。应按图1进行安装。包括支管在内的整个试件应按与实际工程一致的方法进行吊挂或固定。

6.3.4 管道B上的开口

在管道B上留有两个开口，分别位于炉内管道段的两个侧面上。开口距炉墙的距离为(500±25)mm。见图1。

管道开口截面的宽高比应与管道截面的宽高比相同，并且整个开口的面积应为管道截面面积的(50±10)%。即每个开口的面积应为管道截面面积的(25±5)%。

6.3.5 管道的接缝

试件在炉内和炉外至少应包含一个典型接缝，见图1。

不论在炉内还是在炉外，当管道由多层材料复合而成时，每层材料至少要有一个接缝。

在炉外，管道外层材料的接缝距支承结构的距离不应大于700 mm，距热电偶 T_2 的距离不应小于100 mm。在炉内，管道外层材料的接缝应近似位于跨中。

接缝和吊挂固定件之间的距离不应小于实际使用的距离。如果最小距离无法确定，则应将接缝安装在吊挂固定件的中间。吊挂固定件之间的中心距应由生产商指定，并能代表实际使用情况。

7 试件的安装

7.1 总则

试件应尽可能按实际使用情况安装。

支承结构可以是实际使用的墙，并且比将要进行试验的管道具有更长的耐火时间。

当管道穿过炉墙时，开口应足够大，保证管道表面到开口的距离至少为200 mm。

7.2 标准支承结构

当实际使用的支承结构类型不能确定时，应使用表3和表4给出的标准支承结构。

7.3 非标准支承结构

当试件实际使用的支承结构不是上述标准支承结构时，试件应安装在与实际情况相同的支承结构中进行试验。

表3 标准刚性墙体结构

结构类型	厚度 mm	密度 kg/m³	试验持续时间 t h
普通混凝土墙/砖墙	≥100 ≥140 ≥165	1 600～2 400	$t=2$ $2<t\leqslant3$ $3<t\leqslant4$
加气混凝土墙[a]	≥100 ≥140	450～850	$t=2$ $2<t\leqslant4$

[a] 这种支承结构可以用空心砌块通过灰浆或其他胶粘剂砌筑而成。

表4 标准柔性墙体结构(石膏板墙)

耐火时间/ min	墙体结构			
	每侧石膏板层数	厚度 mm	隔热层厚度 mm	隔热层密度 kg/m³
30	1	12±2	40±4	40±4
60	2	12±2	40±4	40±4
90	2	12±2	60±6	50±5
120	2	12±2	60±6	100±10
180	3	12±2	60±6	100±10
240	3	15±2	80±8	100±10

7.4 管道的约束

7.4.1 在炉内

在远离管道穿越处,管道应采用与炉墙相连接的方式固定。如果炉墙有移动的可能时,对管道的固定应独立于炉体结构。

7.4.2 封闭

管道在炉内的端部以及支管的端部应采用独立于炉体的方式进行封闭,且使用的材料和结构与管道的其他部分类似。

7.4.3 防火封堵

管道穿过支承结构时,其表面与支承结构之间的空隙应用防火封堵材料填充密实,使用的防火封堵材料应与实际使用情况一致。如果在穿越处管道周围需填充的宽度不能确定,填充宽度应为 50 mm。

8 养护

8.1 总则

试验结构的养护应满足 GB/T 9978.1 的规定。

8.2 吸湿性封堵材料

当使用吸湿性材料来封堵支承结构和管道之间小于 10 mm 的缝隙时,应在试验前对其养护 7 d。
当使用吸湿性材料来封堵支承结构和管道之间大于 10 mm 的缝隙时,应在试验前对其养护 28 d。

9 仪器使用

9.1 热电偶

9.1.1 炉内热电偶

炉内热电偶应满足 GB/T 9978.1 的规定,并应按图 2 布置。

单位为毫米

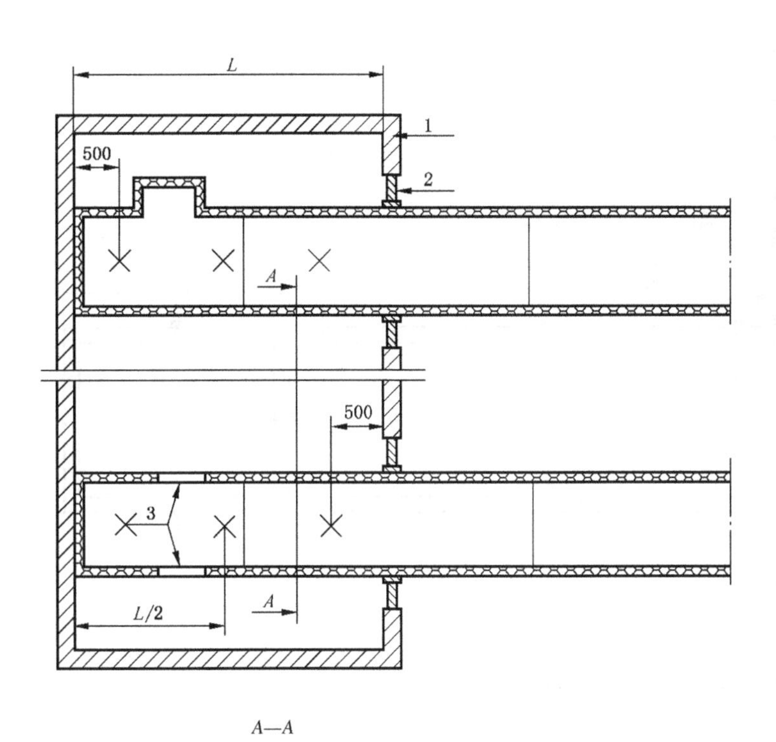

A—A

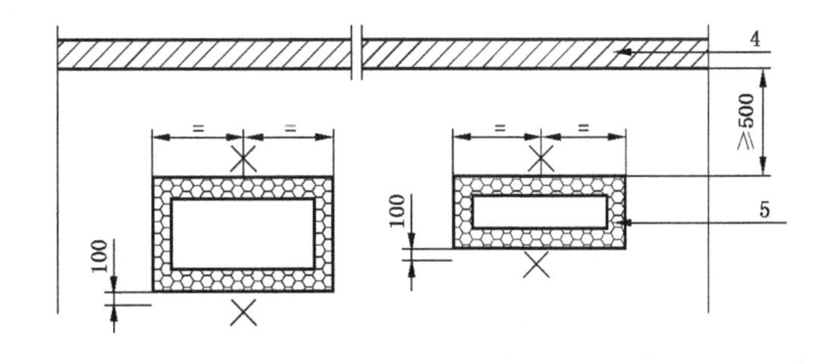

1 ——炉墙；

2 ——支承结构；

3 ——总面积为管道截面50%的开口(见6.3.4)；

4 ——炉顶；

5 ——通风管道；

×——炉内热电偶的位置；

L ——炉内跨度。

注：此图表示的是两个管道同时试验的情况。允许在试验炉上每次对一根管道进行试验。

图2 炉内热电偶的位置

9.1.2 背火面热电偶

9.1.2.1 总则

测量试件表面温度的热电偶应满足GB/T 9978.1的规定。在管道穿越墙体处热电偶的位置根据穿越细节的不同，由图3～图5所示。T_2用来测量平均温度和最高温度，在每种情况下，矩形管道的每个面上至少应设置一个；圆形管道每四分之一的弧面上应设置一个。

单位为毫米

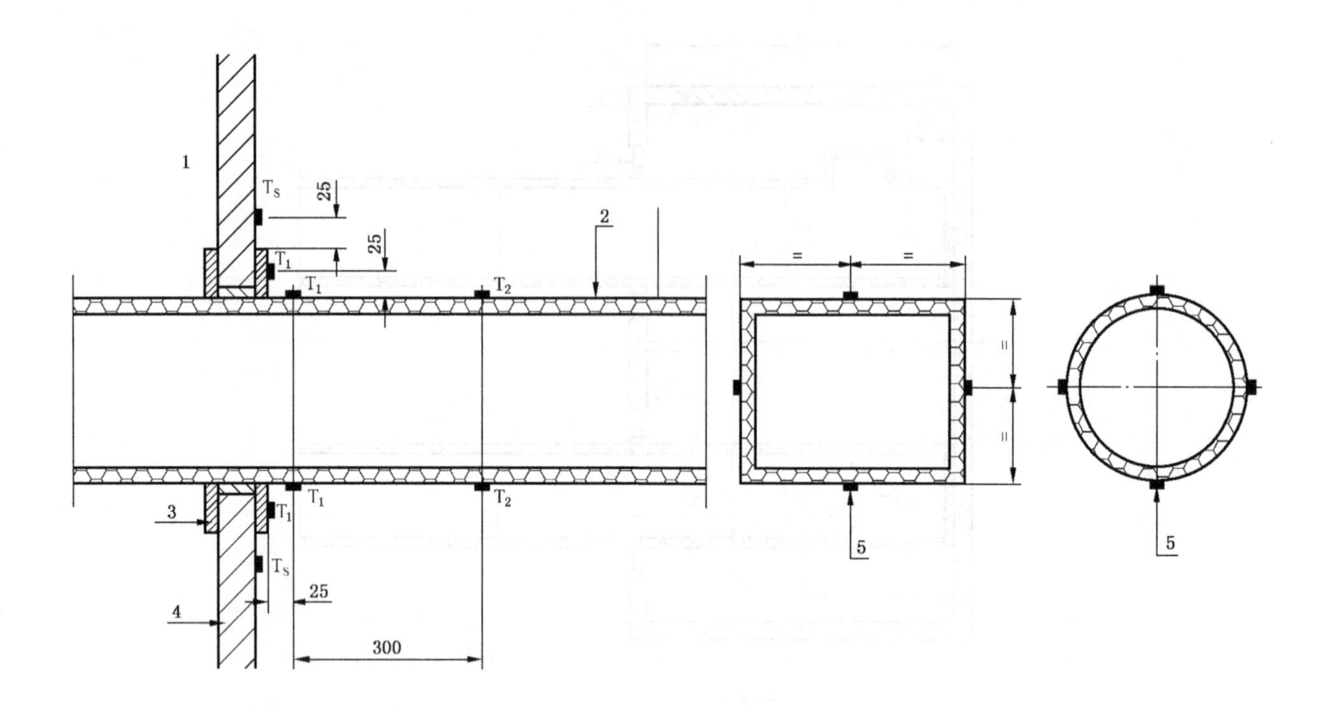

1 ——炉膛；

2 ——通风管道；

3 ——连接件；

4 ——支承结构；

5 ——表面热电偶；

T_S——测量最高温度的热电偶(在支承结构上)；

T_1——测量最高温度的热电偶(在管道和连接件上)；

T_2——测量平均温度和最高温度的热电偶(在管道上)。

注：在管道的每个面上 T_S、T_1 和 T_2 至少各有一个。

图3 管道穿过支承结构处表面热电偶的位置(示例1)

单位为毫米

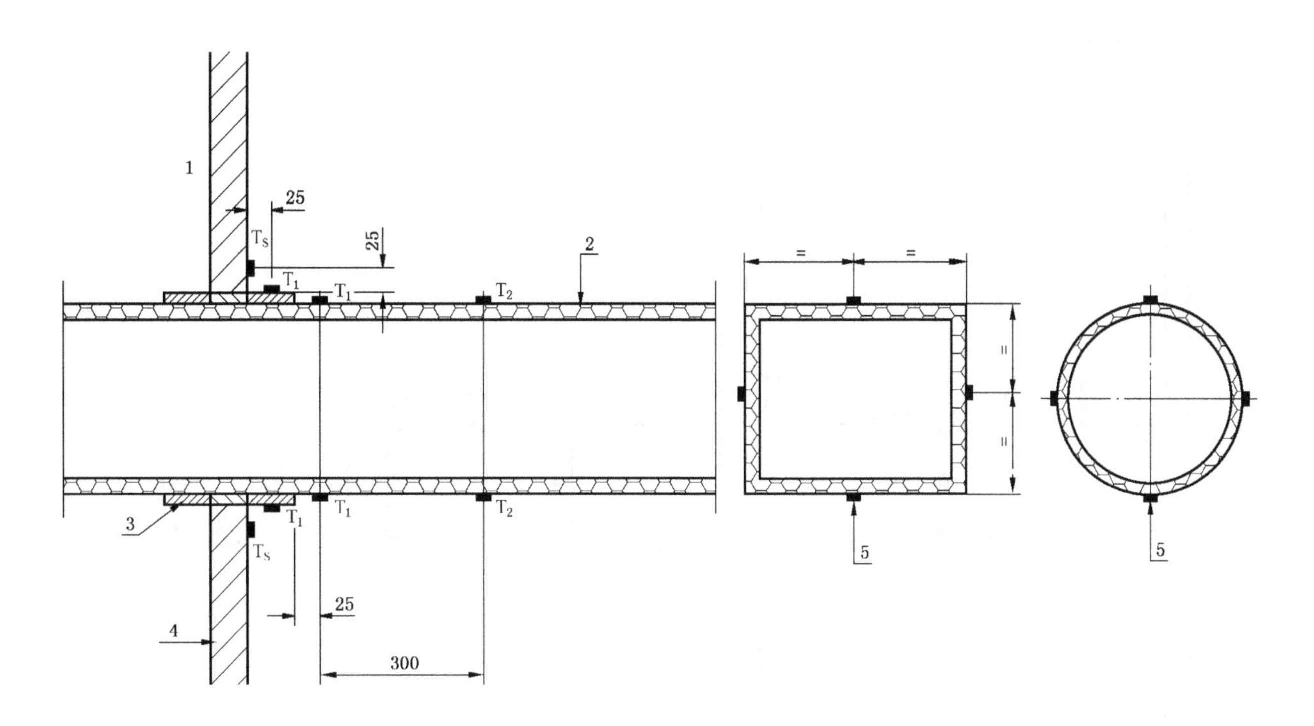

1 ——炉膛；

2 ——通风管道；

3 ——连接件；

4 ——支承结构；

5 ——表面热电偶；

T_S——测量最高温度的热电偶(在支承结构上)；

T_1——测量最高温度的热电偶(在管道和连接件上)；

T_2——测量平均温度和最高温度的热电偶(在管道上)。

注：在管道的每个面上 T_S、T_1 和 T_2 至少各有一个。

图 4　管道穿过支承结构处表面热电偶的位置(示例 2)

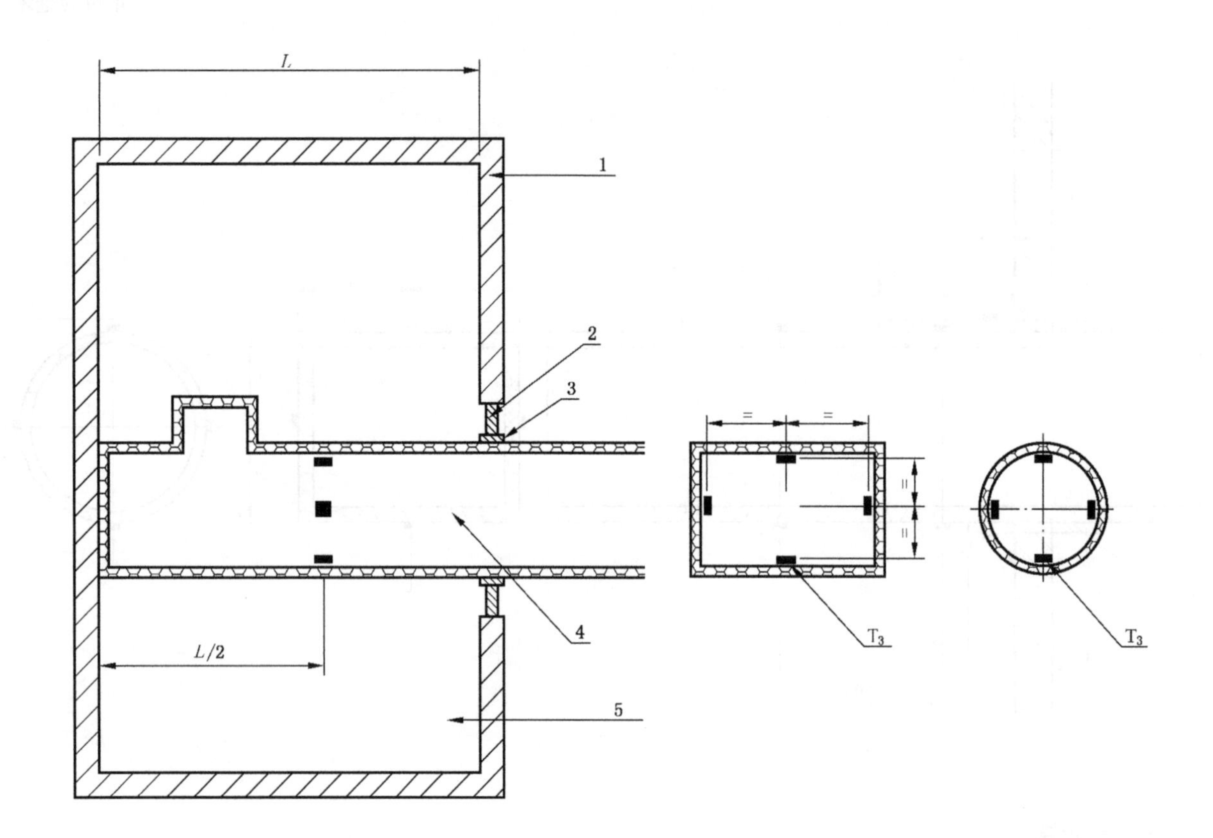

1 ——炉墙；

2 ——支承结构；

3 ——和实际相同的防火封堵；

4 ——管道 A；

5 ——炉膛；

T_3——测量平均温度和最高温度的表面热电偶。

图 5　厨房排烟管道/带可燃内衬层管道表面热电偶的位置

9.1.2.2　最高温度

用来测量最高温度的附加热电偶 T_1 应放置在管道的外表面以及连接件的外表面上，矩形管道的每个面上至少应设置一个，圆形管道每四分之一的弧面上应设置一个。热电偶 T_S 用来测量支承结构的表面温度，在管道周围四个方向上各设置一个。

9.1.2.3　厨房排烟管道/带可燃内衬层的管道

对厨房排烟管道或带可燃内衬层的管道，应在管道 A 的内部设置 4 个附加热电偶 T_3，用来测量平均温度和最高温度，其位置应居于炉内受火段管道的跨中。热电偶距管道内表面的距离应小于25 mm，位置如图 5 所示。热电偶不应与任何接缝或盖缝条重合。

9.1.2.4　吊挂固定件

如果对钢质吊挂固定件进行了防火保护处理，那么应测量其表面温度。每两个吊挂件应设置 1 个热电偶。

9.2 压力传感器

炉内压力传感器应放置在炉顶以下 100 mm 处。炉内压力按 GB/T 9978.1 的规定进行测量。

10 试验程序

10.1 总则

应按 GB/T 9978.1 规定的装置和方法进行试验。同时还应满足 10.2、10.3 和 10.4 的规定。

10.2 进行完整性评价时试验条件的控制

10.2.1 管道 A

在试验开始时控制管道 A 内的压力低于大气压力(300±15)Pa,并在整个试验期间保持这一压力值不变。

10.2.2 管道 B

在试验开始之前,使管道 B 内的空气流速稳定在(3±0.45)m/s。调整风机使其在试验期间处于“开启”位置时管道 B 内能保持(3±0.45)m/s 的气体流速。

试验开始 25 min 后,打开风机的旁通风口,接着关闭截止阀,保持风机运转。使管道 B 在此环境下稳定 2 min。

模拟风机处于“关闭”状态,保持 3 min,并在此期间对炉外的管道段进行完整性评价。接着重新打开截止阀,关闭旁通风口。截止阀打开或关闭的时间应大于 10 s 且不超过 20 s。检查管道 B 的流速是否在上述规定的范围内。

每 30 min 为一个试验周期,在每个试验周期结束前 5 min 重复上述操作。在截止阀处于“打开”位置(风机开启)的其他时间内对管道 B 做完整性评价。

10.3 试验过程的测量与观察

10.3.1 完整性

按 GB/T 9978.1 的规定对管道进行完整性测量。

10.3.2 隔热性

按 GB/T 9978.1 的规定测量试件背火面的平均温度和最高温度。对炉外管道段,固定式热电偶不能覆盖的位置,应使用移动式热电偶测量最高温度。

10.3.3 其他观察

在整个试验过程中对不影响性能判定但会对建筑物造成危害的所有现象进行观察和记录。包括:

a) 记录管道变形的情况;

b) 从管道背火面释放烟气的情况;

c) 吊挂件固定件无法使管道保持在原有位置处的时间或管道出现垮塌的时间;

d) 在水平管道 A 的端部,管道膨胀或收缩的情况。

10.4 试验终止

当管道不满足第 11 章的判定准则或委托方提出要求时,试验可终止。

11 判定准则

11.1 完整性

按 GB/T 9978.1 的规定，炉外管道段丧失完整性。

当管道 A 内不能保持(300±15)Pa 的压差时，也可判定管道 A 丧失完整性。

11.2 隔热性

11.2.1 总则

按 GB/T 9978.1 的规定，丧失隔热性。

只有热电偶 T_2 用来测量平均温度。热电偶 T_1、T_2、T_S 和移动热电偶用来测量最高温度。

11.2.2 厨房排烟管道/带可燃内衬层的管道

按 GB/T 9978.1 的规定，隔热性丧失。

热电偶 T_3 也用来测量平均温度和最高温度。

12 试验结果表述

通风管道的耐火性能以耐火完整性和耐火隔热性表示。

13 试验报告

除了 GB/T 9978.1 要求的内容外，试验报告还应包括以下内容：

a) GB/T 9978.1 是试验依据之一；
b) 试件在炉内受火的面数；
c) 与试件类型相适应的固定、支承和安装方法；
d) 为安装管道，需在炉墙开口，应对开口与管道之间的填充材料和填充方法进行描述；
e) 支承结构的细节；
f) 试验期间按 10.3.3 所做的观察；
g) 对钢管道而言，钢板的厚度以及是否安装有外部或内部加强件。

14 试验结果的直接应用范围

14.1 总则

14.1.1 直接应用范围仅适用于圆形和矩形的管道。

14.1.2 由水平管道 A 和水平管道 B 获得的试验结果仅适用于水平管道。

14.2 管道的尺寸

按表 1 和表 2 规定的尺寸进行试验的管道 A 和管道 B 所获得的试验结果适用于所有尺寸不大于试验管道的情况，并可按表 5 的规定适当扩大。

表5 管道在直接应用时允许增加的尺寸

单位为毫米

	矩形管道宽度	矩形管道高度	圆形管道直径
管道 A	+250	+500	+200
管道 B	+250	+750	+370

对于不是按第6章规定的尺寸进行试验的其他的管道，其试验结果不应用于尺寸更大的管道，但可用于尺寸较小的管道。

如果试验管道的尺寸大于外推上限尺寸时，其试验结果不应应用于比其尺寸更大的管道。

如果管道使用了独立的防火保护层，应把防火保护层的内部尺寸作为直接应用领域的有效尺寸。

14.3 压差

14.3.1 如果管道B的完整性满足要求，管道A在−300 Pa压差下获得的试验结果可用于±300 Pa的情况。

14.3.2 如果管道B的完整性满足要求，管道A在更高的负压差下(最小为−500 Pa)获得的试验结果可用于负压差等于试验压差值和+500 Pa的情况。若使管道A承受更高的正压，应进行附加试验。试验时，使附加的管道A试件承受规定的正压值。可效仿管道A进行试验时所有的过程和要求。

14.4 吊挂固定件

14.4.1 因为试验不对承载能力进行评价，因此吊挂固定件应由钢质材料制作，并对其尺寸进行规定，使其计算应力不超过表6的规定。

表6 不同耐火时间，吊挂固定件允许的最大应力值

荷载类型	最大应力 N/mm^2	
	$t \leqslant 60$ min	60 min $< t \leqslant 120$ min
所有垂直部件的拉伸应力	9	6
螺栓的剪切应力	15	10
注：应力计算仅考虑支承荷载(忽略装配应力)。		

14.4.2 试验管道吊挂固定件的伸长率可以通过温升和强度变化关系计算。对于未做保护的钢质吊挂固定件，计算温度应为炉内最高温度。对于做保护的钢质吊挂固定件，使用记录下来的吊挂固定件的最高温度。计算值表示吊挂固定件的伸长极限。

14.4.3 吊挂固定件的最大距离不能超过试验时的距离。

14.4.4 如果试验时炉内所有接缝处均有吊挂固定件，那么实际使用中，管道的所有接缝处也应设置吊挂固定件。

14.4.5 如果管道外侧面与一侧的垂直吊挂固定件的轴线距离小于50 mm，则试验结果仅适用于不大于50 mm的情况；如果试验时的距离大于50 mm，则试验结果可适用于最大距离等于试验距离的情况。

14.4.6 吊挂固定件的水平承载部件应选用适当的尺寸，其弯曲应力不大于试验时使用部件的弯曲应力。

14.5 支承结构

管道穿过标准支承结构(见表3和表4)进行试验所获得的试验结果适用于耐火时间等于或大于试验用标准支承结构的支承结构。

14.6 钢制管道

有加强筋的钢制管道,其试验结果仅适用于有类似加强筋的钢制管道。

参 考 文 献

[1] GB/T 14107—1993 消防基本术语 第二部分
[2] GB/T 16283—1996 固定灭火系统基本术语
[3] ISO 13943:2000 Fire safety—Vocabulary

ICS 13.220.50
C 82

中华人民共和国国家标准

GB/T 24573—2009

金库和档案室门耐火性能试验方法

Fire resistance tests for vault and file room doors

2009-10-30 发布　　2010-04-01 实施

中华人民共和国国家质量监督检验检疫总局
中国国家标准化管理委员会　发布

前言

本标准与 UL 155:2000《金库和档案室门的耐火性能试验》(英文版)的一致性程度为非等效。

本标准的附录 A 为资料性附录。

本标准由中华人民共和国公安部提出。

本标准由全国消防标准化技术委员会第八分技术委员会(SAC/TC 113/SC 8)归口。

本标准负责起草单位:公安部天津消防研究所。

本标准参加起草单位:浙江唐门金属结构有限公司、深圳市龙电科技实业有限公司。

本标准主要起草人:黄伟、吴礼龙、李博、李希全、董学京、刁晓亮、王岚、阮涛、骆朝阳、王金星。

金库和档案室门耐火性能试验方法

1 范围

本标准规定了金库和档案室门耐火性能分级、耐火试验装置、试验条件、试件要求、试验程序、试验结果表示和试验报告等。

本标准适用于密闭空间且最大内容积为 142 m^3 的固定和移动式金库的门，也适用于最大内容积为 1 420 m^3 密闭空间的档案室的门。金库门或档案室门按本标准进行试验后试验结果的应用方法参见附录 A。

2 规范性引用文件

下列文件中的条款通过本标准的引用而成为本标准的条款。凡是注日期的引用文件，其随后所有的修改单(不包括勘误的内容)或修订版均不适用于本标准，然而，鼓励根据本标准达成协议的各方研究是否可使用这些文件的最新版本。凡是不注日期的引用文件，其最新版本适用于本标准。

GB/T 5907 消防基本术语 第一部分[1)]

GB/T 9978.1 建筑构件耐火试验方法 第1部分：通用要求(GB/T 9978.1—2008，ISO 834-1：1999，MOD)

3 术语和定义

GB/T 5907、GB/T 9978.1 确立的以及下列术语和定义适用于本标准。

3.1

隔热室 insulated radiation chamber

具有一定内容积，仅一面开放，其余五面具有一定绝热性能的长方体腔室。

3.2

试验架 test frame

耐火试验时位于隔热室内，挂载用于判定耐火性能试验结果的纸制品，且用不燃材料制成的框架。

4 耐火性能分级

4.1 金库门耐火性能分级

金库门的耐火性能分级见表 1。

4.2 档案室门耐火性能分级

档案室门的耐火性能分级见表 2。

---

1) 该标准将在整合修订 GB/T 5907—1986、GB/T 14107—1993 和 GB/T 16283—1996 的基础上，以《消防词汇》为总标题，分为 5 个部分；其中，GB/T 5907.2《消防词汇 第 2 部分：火灾安全词汇》，将修改采用 ISO 13943:2000。

表 1 金库门的耐火性能分级

耐火性能分级	耐火时间	含义
Ⅲ	≥2.00 h	耐火完整性、耐火隔热性时间均不小于 2.00 h，且在此时间内贮物仍具有可用性。
Ⅱ	≥3.00 h	耐火完整性、耐火隔热性时间均不小于 3.00 h，且在此时间内贮物仍具有可用性。
Ⅰ	≥4.00 h	耐火完整性、耐火隔热性时间均不小于 4.00 h，且在此时间内贮物仍具有可用性。

表 2 档案室门的耐火性能分级

耐火性能分级	耐火时间	含义
Ⅱ	≥1.00 h	耐火完整性、耐火隔热性时间均不小于 1.00 h，且在此时间内贮物仍具有可用性。
Ⅰ	≥1.50 h	耐火完整性、耐火隔热性时间均不小于 1.50 h，且在此时间内贮物仍具有可用性。

5 耐火试验装置

5.1 试验炉

耐火试验炉应满足试件尺寸、升温条件、压力条件以及便于试件安装与观察的要求。耐火试验炉炉口净尺寸为 3 000 mm×3 000 mm。

5.2 隔热室

在耐火试验过程中，隔热室的外墙面温度始终不应高于环境温度 10 ℃。隔热室净尺寸(长×宽×深)为：2 300 mm×2 300 mm×1 450 mm，隔热室开口一面的覆盖面积为 2 300 mm×2 300 mm。用隔热室扣住安装了试件的墙面，使试件的几何中心与隔热室开口一面的几何中心重合。隔热室开口一面相对的室壁几何中心处，宜设一个由防火隔热玻璃制成的 100 mm×100 mm 或 ϕ100 mm 的观察孔。隔热室与安装了试件的墙面之间的缝隙，应使用不燃性隔热材料进行封堵。如图 1 所示。

5.3 测量仪器

5.3.1 炉内温度测量热电偶、试件背火温度测量热电偶应满足 GB/T 9978.1 的相关规定。

5.3.2 炉内压力测量仪器应满足 GB/T 9978.1 的相关规定。

5.3.3 温度、压力测量仪器的精度及测量公差应满足 GB/T 9978.1 的相关规定。

5.4 试验架

试验架是耐火试验时，用于隔热室内摆放贮物。试验架可用钢制或类似不燃材料制成，其轮廓尺寸应与试件轮廓尺寸相同，其边缘与门背火面的距离为 910 mm，试验时，其上横边与两侧竖边朝试件方向上，应分别挂载不少于两张大小与 A4 打印纸相同的纸张，所挂载纸张须均匀分布不应发生重叠，纸张种类仅限于新闻纸。如图 2 所示。

单位为毫米

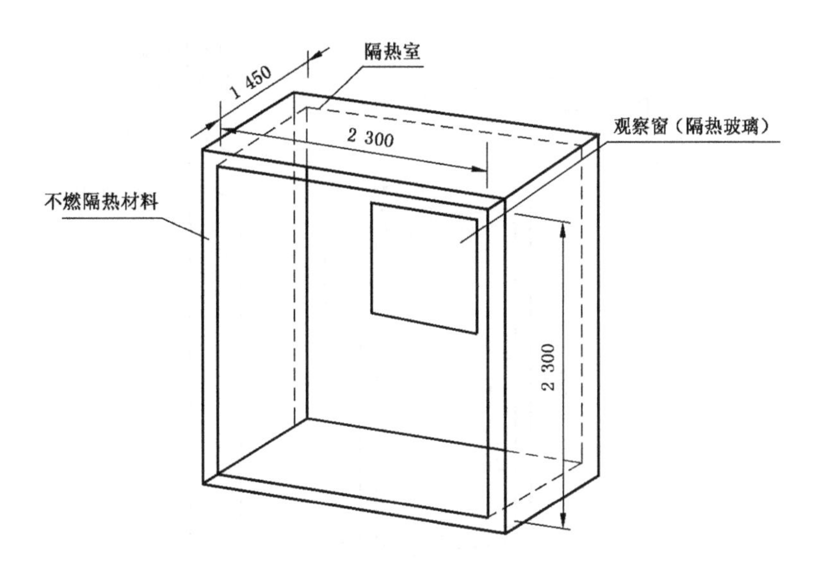

图 1　隔热室

单位为毫米

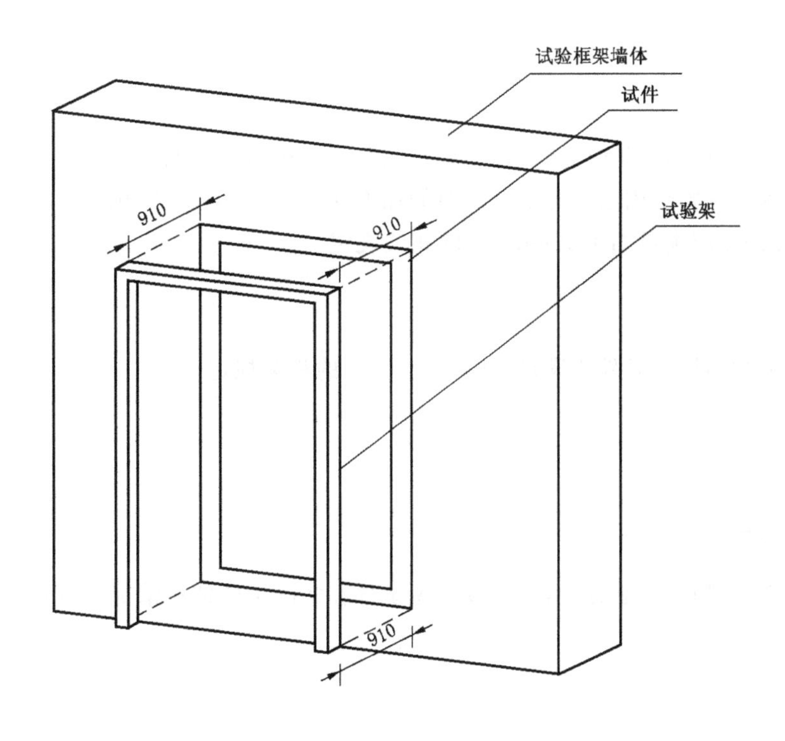

图 2　试验架

5.5　试件安装及背火面热电偶设置

金库门或档案室门背火面温度测量采用 3 支热电偶。安装位置分别为：垂直于门扇背火面，距门扇与门框两侧及上侧缝隙中点 51 mm 处，如图 3 所示。

单位为毫米

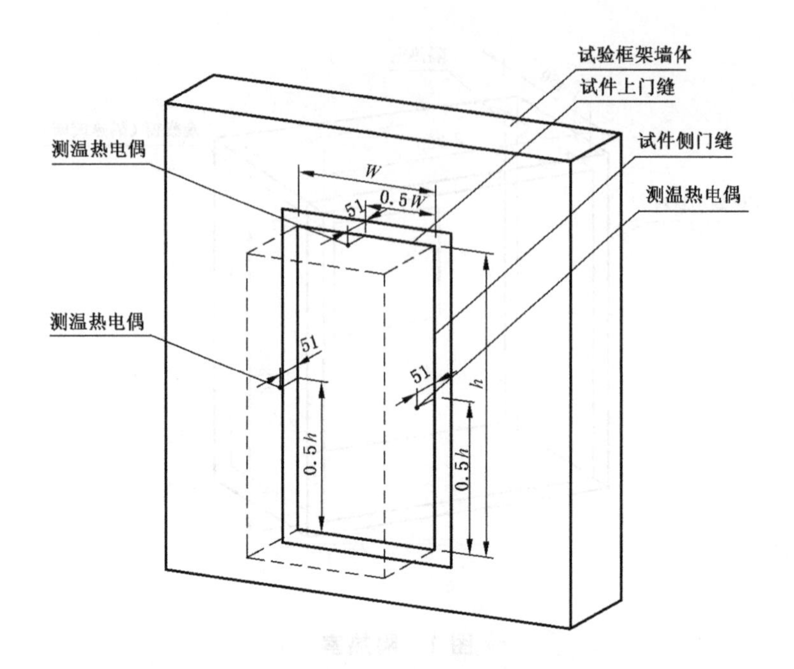

图3 试件安装及热电偶设置位置

6 试验条件

6.1 炉内温度

6.1.1 耐火试验应采用明火加热,使试件受到与实际火灾相似的火焰作用。

6.1.2 试验时,耐火试验炉内温度的上升随时间而变化,应满足 GB/T 9978.1 的相关规定。

6.1.3 炉温允许偏差应满足 GB/T 9978.1 的相关规定。

6.2 炉内压力

耐火试验炉的炉内压力条件应满足 GB/T 9978.1 的相关规定。

7 试件要求

7.1 材料、结构与安装

试件所用材料、结构与安装方法,应足以反映试件在实际中的使用情况。试件向火面为实际使用的室外一侧。

7.2 试件数量

试件的数量为1个。

7.3 试件要求

试件尺寸应与实际相符。确因试件尺寸过大而无法进行试验的,应得到主管部门认可的前提下,按比例适当缩小试验样品尺寸进行模拟,但应反映该样品的薄弱部位,且样品门的厚度应与实际金库门或档案室门相同。

试件养护应满足GB/T 9978.1的相关规定。

8 试验程序

8.1 试验的开始与结束

8.1.1 当耐火试验炉内接近试件中心的热电偶所记录的温度达到50 ℃时，即可作为试验的开始时间，同时所有手动和自动的测量观察系统都应开始工作。

8.1.2 试验期间，当试验中试件出现8.3规定的a)、b)和c)中一项或几项时，试验应立即终止；或虽没有出现8.3规定的a)、b)和c)中一项或几项，但已达到预订耐火性能分级的时间时，试验也可结束。

8.2 测量与观察

试验过程中应进行如下测量与观察：

a) 炉内温度测量，采用不少于9支热电偶测得温度的算术平均值来确定，热电偶的热端离试件或安装试件的墙壁垂直距离为50 mm～100 mm，测点应避免直接受火焰的冲击。炉内温度测量，以时间间隔不超过1 min测量并记录温度值1次；
b) 背火面温度测量时间间隔，以不超过1 min，测量并记录温度值1次；
c) 炉内压力应进行连续测量，间隔时间不超过5 min记录1次压力值；
d) 观察试件在试验过程中的发展变化势态以及试件结构材料变形、开裂、熔化或软化、剥落或烧焦等现象。如果有大量的烟从背火面冒出，应进行记录；
e) 在试验过程中，观察隔热室内，试验架上测试纸的文件可辨认情况。

8.3 耐火性能分级判定

金库门及档案室门耐火性能分级按完整性、隔热性和贮物可用性来判定。试验时，当下列规定的条件任何一项出现时，则表明试件已达到耐火极限时间，按第4章的规定判定试件达到的耐火性能分级：

a) 金库门或档案室门试件耐火试验后，门的主体结构发生蹿火、变形、开裂、影响整体隔热性能时，则表明试件失去完整性；
b) 当试件背火面，有任何一支热电偶测得的温度超过177 ℃时，则表明试件失去隔热性；
c) 所放置的新闻纸经耐火试验后，应无破损，能够不用特殊方法拿起来，且使用一般方式仍可阅读，则认为具有可用性；如耐火试验后，需用特殊方法才能拿起来，或用照片和化学处理方法才能辨认的，则表明新闻纸被破坏，试件失去贮物可用性。

9 试验结果的表示

试件的试验结果表示应包含耐火性能分级和耐火时间等内容。例，某一金库门试件在耐火时间达到128 min时失去了耐火隔热性，但仍具有耐火完整性，且试验后试件仍具有贮物可用性，则此试件的耐火性能试验结果表示为“试件的耐火性能分级为Ⅲ级，耐火时间为2.13 h”。

10 试验结果的有效性

当试验装置、试验条件、试件准备、仪器使用、试验程序等均符合本标准的规定时，试验结果有效。

当试验炉内温度、炉内压力等试件受火条件超出本标准规定的偏差上限时，也可以考虑试验结果的有效性。

11 试验报告

试验报告应在显著位置描述以下内容：

“试验报告应提供试件的详细结构资料、试验条件及试件按本标准规定的方法进行试验所获得的耐火性能分级。若试件在尺寸、详细结构资料、约束或边界条件方面存在较大偏差时，则试验结果无效。”

试验报告应包含与试件及耐火试验相关的所有重要信息，包括以下项目：

a） 实验室的名称和地址，唯一的编号和试验日期；

b） 委托方的名称和地址，试件和所有组成部件的产品名称和制造厂，如果缺少该信息应进行说明；

c） 试件的详细结构，在试件图中含有结构尺寸。如可能，可附带照片和使用材料的相关性能；

d） 对试件耐火性能分级的判定有一定影响的信息，例如，试件的含水率及养护期等；

e） 试验期间试件发生现象的描述，并且依据第 8 章耐火性能分级判定所确定的试验终止信息；

f） 试件的试验结果，表示见第 9 章的规定。

附　录　A
（资料性附录）
试验结果的直接应用

当某一类型和式样的试件通过了耐火试验，如果符合以下条件，耐火试验的结果可直接应用于类似的未经耐火试验的金库门及档案室门：

a）试件结构与式样相似；

b）试件门扇厚度及门框侧壁宽度未减少；

c）试件的高与宽度尺寸呈线性变化；

d）所有材料特有的性质和密度未改变；

e）任何点的结构未使隔热性降低。

参 考 文 献

[1] GB/T 14107—1993 消防基本术语 第二部分
[2] GB/T 16283—1996 固定灭火系统基本术语
[3] ISO 13943:2000 Fire safety—Vocabulary

ICS 13.220.50
C 82

中华人民共和国国家标准

GB/T 26784—2011

建筑构件耐火试验 可供选择和附加的试验程序

Fire resistance test for elements of buliding construction—Alternative and additional procedures

2011-07-20 发布　　　　2011-11-01 实施

中华人民共和国国家质量监督检验检疫总局
中国国家标准化管理委员会　发布

前　言

本标准按照 GB/T 1.1—2009 给出的规则起草。

本标准参考了 EN 1363-2:1999《耐火试验　第 2 部分:可供选择和附加的试验程序》(英文版)的技术内容。

本标准与 EN 1363-2:1999 相比在结构上有较多调整,附录 A 列出了本标准与 EN 1363-2:1999 的章条编号对照一览表。

本标准与 EN 1363-2:1999 相比存在技术性差异,这些差异涉及的条款已通过在其外侧页边空白位置的垂直单线(|)进行了标识,附录 B 给出了相应技术性差异及其原因的一览表。

本标准由中华人民共和国公安部提出。

本标准由全国消防标准化技术委员会建筑构件耐火性能分技术委员会(SAC/TC 113/SC 8)归口。

本标准起草单位:公安部天津消防研究所。

本标准主要起草人:李希全、赵华利、韩伟平、黄伟、董学京、李博、阮涛、刁晓亮、白淑英、王岚。

建筑构件耐火试验
可供选择和附加的试验程序

警告：建筑构件的耐火试验存在潜在的危险，在耐火试验过程中可能产生有毒和/或有害的烟尘和烟气。在试件安装、试验和试验后残余物的清理过程中，也有可能出现机械危害和操作危险。应对所有潜在的危险及对健康的危害进行评估，并作出安全预告。应颁布操作规程，对相关人员进行必要的培训，确保实验室工作人员按操作规程操作。

1 范围

本标准规定了建筑构件在特定火灾环境条件下进行耐火试验时可供选择的火灾升温曲线和其他可附加的试验程序。可供选择的火灾升温曲线包括碳氢（HC）升温曲线、室外火灾升温曲线、缓慢升温曲线、电力火灾升温曲线和隧道火灾 RABT-ZTV 升温曲线，可附加的试验程序包括重物冲击试验程序、喷水冲击试验程序和辐射热测量程序。

本标准适用于需要在特定的火灾升温曲线条件下进行耐火试验和/或需要在耐火试验过程中附加其他试验的建筑构件或建筑配件。

除非对任何一种可供选择的火灾升温曲线有特殊需要，否则耐火试验仍应采用 GB/T 9978.1 规定的标准温度-时间曲线。当有特殊需要时，可根据有关要求选择进行附加的重物冲击试验、喷水冲击试验或辐射热测量。

2 规范性引用文件

下列文件对于本文件的应用是必不可少的。凡是注日期的引用文件，仅注日期的版本适用于本文件。凡是不注日期的引用文件，其最新版本（包括所有的修改单）适用于本文件。

GB/T 5907 消防基本术语 第一部分

GB 6246 有衬里消防水带性能要求和试验方法

GB 8181 消防水枪

GB/T 9978.1 建筑构件耐火试验方法 第1部分：通用要求（GB/T 9978.1—2008，ISO 834-1：1999，MOD）

GB/T 9978.4 建筑构件耐火试验方法 第4部分：承重垂直分隔构件的特殊要求（GB/T 9978.4—2008，ISO 834-4：2000，MOD）

GB/T 9978.8 建筑构件耐火试验方法 第8部分：非承重垂直分隔构件的特殊要求（GB/T 9978.8—2008，ISO 834-8：2002，MOD）

GB 12514.1 消防接口 第1部分：消防接口通用技术条件

GB 12514.2 消防接口 第2部分：内扣式消防接口型式和基本参数

3 术语和定义

GB/T 5907、GB/T 9978.1 界定的以及下列术语和定义适用于本文件。

3.1

热通量　heat flux

测量仪器接收面上接收到的单位面积热量值,包括对流热和辐射热。

4　可供选择的升温曲线

4.1　碳氢(HC)升温曲线

4.1.1　总则

评价建筑构件在液态碳氢化合物火灾条件下的耐火性能时,可以采用4.1.2规定的碳氢(HC)升温曲线进行耐火试验。

4.1.2　温度-时间曲线

对于碳氢(HC)火灾,耐火试验炉内的温度-时间关系用式(1)表示:

$$T=1\ 080(1-0.325e^{-0.167t}-0.675e^{-2.5t})+T_0 \qquad (1)$$

式中:

t ——试验进行的时间,单位为分钟(min);

T ——试验进行到时间 t 时试验炉内的平均温度,单位为摄氏度(℃);

T_0 ——试验开始前试验炉内的初始平均温度,要求为5℃～40℃。

当式(1)中的 T_0 取值为20℃时,碳氢(HC)火灾的标准温度-时间曲线见图1。该火灾升温曲线的可能应用场景参见附录C。

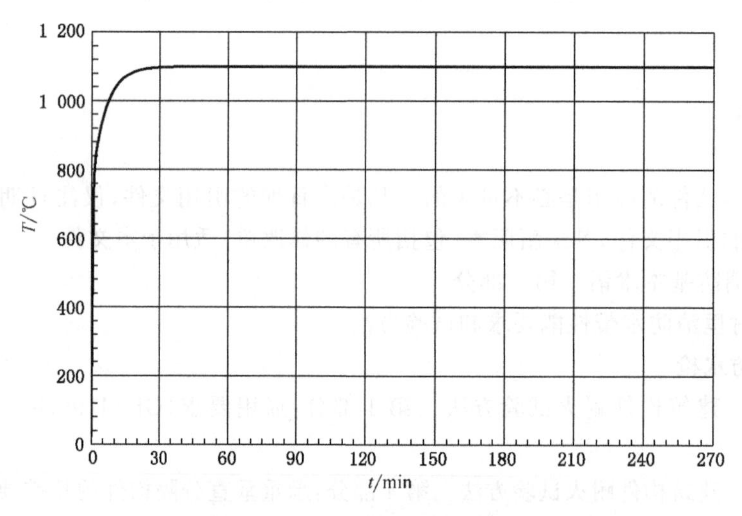

图1　碳氢(HC)火灾的标准温度-时间曲线

4.1.3　炉温偏差要求

按碳氢(HC)火灾的标准温度-时间曲线进行耐火试验时,耐火试验炉内热电偶测得并记录的炉内实际平均温度-时间曲线下的面积,与标准规定温度-时间曲线下的面积的偏差(d_e)用式(2)表示,d_e 值应控制在以下范围内:

a) $d_e \leqslant 15\%$,当 $5<t\leqslant 10$ 时;

b) $d_e \leqslant [15-0.5(t-10)]\%$,当 $10<t\leqslant 30$ 时;

c) $d_e \leqslant [5-0.083(t-30)]\%$,当 $30<t\leqslant 60$ 时;

d) $d_e \leqslant 2.5\%$,当 $t>60$ 时。

$$d_e = \left| \frac{A - A_s}{A_s} \right| \times 100\% \quad \cdots\cdots(2)$$

式中：

d_e ——面积偏差；

A ——耐火试验炉内实际平均温度-时间曲线下的面积；

A_s——标准温度-时间曲线下的面积；

t ——试验进行的时间，单位为分钟(min)。

对所有的面积应采用相同的方法进行计算，即计算面积的时间间隔不应超过 1min，并且从试验开始的 0 min 开始计算。

在耐火试验开始 10 min 后的任何时间里，耐火试验炉内任何一支热电偶测得的炉内温度与标准温度-时间曲线对应温度偏差的绝对值不应大于 100 ℃。

对于含有大量易燃材料的试件，在试验开始后，可能出现耐火试验炉内实际温度在一段时间内比标准温度-时间曲线对应的温度值高 100 ℃以上的情况，如果能够识别此时耐火试验炉内温度的升高是由试件中大量易燃材料的燃烧放热所引起的，则允许此温度偏差的存在，但持续时间不应大于 10 min。

4.2 室外火灾升温曲线

4.2.1 总则

评价建筑分隔构件在室外火灾作用下的耐火性能时，可以采用 4.2.2 规定的室外火灾升温曲线进行耐火试验。评价建筑梁和柱在室外火灾作用下的耐火性能时，应选用其他试验方法。

4.2.2 温度-时间曲线

对于室外火灾，耐火试验炉内的温度-时间关系用式(3)表示：

$$T = 660(1 - 0.687e^{-0.32t} - 0.313e^{-3.8t}) + T_0 \quad \cdots\cdots(3)$$

式中：

t ——试验进行的时间，单位为分钟(min)；

T ——试验进行到时间 t 时耐火试验炉内的平均温度，单位为摄氏度(℃)；

T_0——试验开始前耐火试验炉内的初始平均温度，要求为 5 ℃～40 ℃。

当式(3)中的 T_0 取值为 20 ℃时，室外火灾的标准温度-时间曲线见图 2。该火灾升温曲线的可能应用场景参见附录 C。

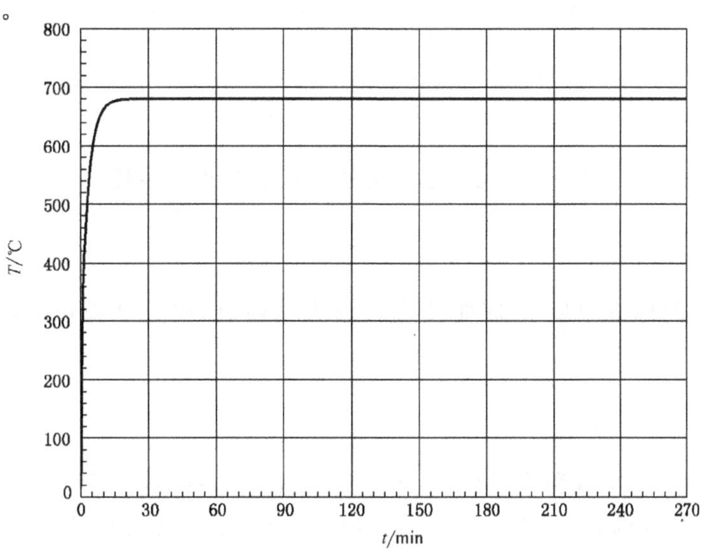

图 2 室外火灾的标准温度-时间曲线

4.2.3　**炉温偏差要求**

按室外火灾的标准温度-时间曲线进行耐火试验时，耐火试验炉内温度偏差的控制要求同4.1.3。

4.3　**缓慢升温曲线**

4.3.1　**总则**

评价建筑分隔构件在缓慢升温火灾作用下的耐火性能时，可以采用4.3.2规定的缓慢升温曲线进行耐火试验。

4.3.2　**温度-时间曲线**

对于缓慢升温火灾，耐火试验炉内的温度-时间关系用式(4)、式(5)表示：

$$T=154t^{0.25}+T_0，当 0<t\leqslant 21 时 \quad \cdots\cdots(4)$$

$$T=345\lg[8(t-20)+1]+T_0，当 t>21 时 \quad \cdots\cdots(5)$$

式中：

t ——试验进行的时间，单位为分钟(min)；

T ——试验进行到时间 t 时耐火试验炉内的平均温度，单位为摄氏度(℃)；

T_0——试验开始前耐火试验炉内的初始平均温度，要求为5℃～40℃。

当式(4)、式(5)中的 T_0 取值为20℃时，缓慢升温火灾的标准温度-时间曲线见图3。该火灾升温曲线的可能应用场景参见附录C。

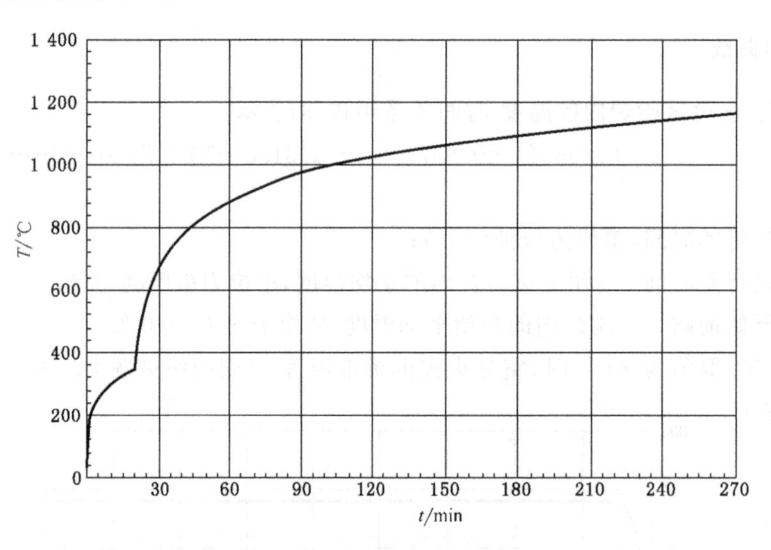

图3　缓慢升温火灾的标准温度-时间曲线

4.3.3　**炉温偏差要求**

按缓慢升温火灾的标准温度-时间曲线进行耐火试验时，耐火试验炉内温度偏差的控制要求同4.1.3。

4.3.4　**性能评价**

比较试样采用缓慢升温曲线和采用GB/T 9978.1规定的标准温度-时间曲线进行耐火试验所获得的各自特性，由此评价试样的耐火性能。对于每一种受火条件，试样结构应相同，但不一定是实际构件，试样要求应在试验方法中进行规定。

4.3.5 **判定准则**

按照GB/T 9978.1规定的判定指标，试样采用本章规定的缓慢升温条件进行耐火试验所获得的耐火时间与采用GB/T 9978.1规定的标准升温条件进行耐火试验所获得耐火时间加上20 min后的结果应一致。否则，试样所代表建筑构件的耐火等级应按上述两种升温条件下试验获得的耐火时间较短者进行确定。

4.4 电力火灾升温曲线

4.4.1 总则

评价建筑构件或电缆封堵组件在电力火灾(以有机高聚物材料为主要燃料)作用下的耐火性能时，可以采用4.4.2规定的电力火灾升温曲线进行耐火试验。

4.4.2 温度-时间曲线

对于电力火灾，耐火试验炉内的温度-时间关系用式(6)表示：

$$T=1\ 030(1-0.325e^{-0.167t}-0.675e^{-2.5t})+T_0 \qquad \cdots\cdots(6)$$

式中：

t ——试验进行的时间，单位为分钟(min)；

T ——试验进行到时间t时耐火试验炉内的平均温度，单位为摄氏度(℃)；

T_0——试验开始前耐火试验炉内的初始平均温度，要求为5 ℃～40 ℃。

当式(6)中的T_0取值为20 ℃时，电力火灾的标准温度-时间曲线见图4。该火灾升温曲线的可能应用场景参见附录C。

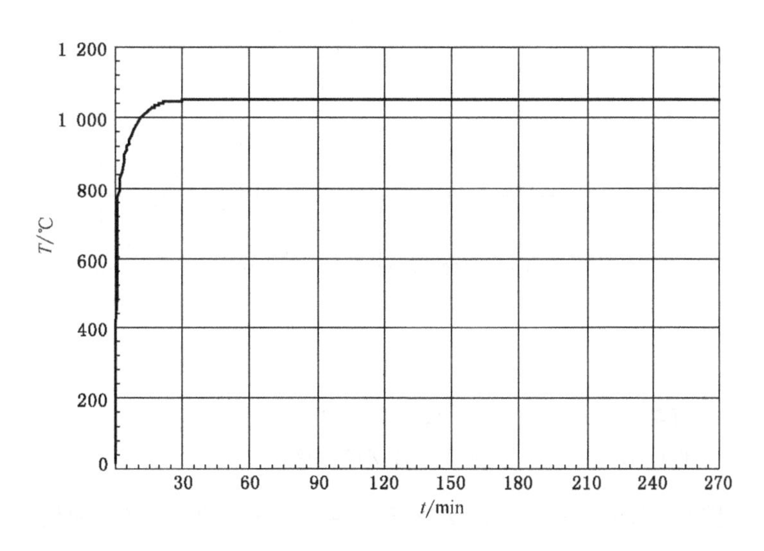

图4 电力火灾的标准温度-时间曲线

4.4.3 炉温偏差要求

按电力火灾的标准温度-时间曲线进行耐火试验时，耐火试验炉内温度偏差的控制要求同4.1.3。

4.5 隧道火灾RABT-ZTV升温曲线

4.5.1 总则

需要评价建筑构件或隧道结构在隧道火灾RABT-ZTV升温条件下的耐火性能时，可采用4.5.2

规定的隧道火灾 RABT-ZTV 升温曲线进行耐火试验。

4.5.2 温度-时间曲线

在隧道火灾 RABT-ZTV 升温条件下，耐火试验炉内的温度-时间关系用式(7)～式(9)表示：

$$T=\frac{1\ 200-T_0}{5t}+T_0, \text{当 } 0<t\leqslant 5 \text{ 时} \quad \cdots\cdots(7)$$

$$T=1\ 200, \text{当 } 5<t\leqslant N \text{ 时} \quad \cdots\cdots(8)$$

$$T=1\ 200-\frac{1\ 200-T_0}{110(t-N)}, \text{当 } N<t\leqslant N+110 \quad \cdots\cdots(9)$$

式中：

t ——试验进行的时间，单位为分钟(min)；

T ——试验进行到时间 t 时耐火试验炉内的平均温度，单位为摄氏度(℃)；

T_0——试验开始前耐火试验炉内的初始平均温度，要求为 5 ℃～40 ℃；

N ——升温与恒温阶段的时间和，单位为分钟(min)，降温时间规定为 110 min。

当式(7)、式(9)中的 T_0 取值为 20 ℃时，隧道火灾 RABT-ZTV 升温曲线见图 5。该火灾升温曲线的可能应用场景参见附录 C。

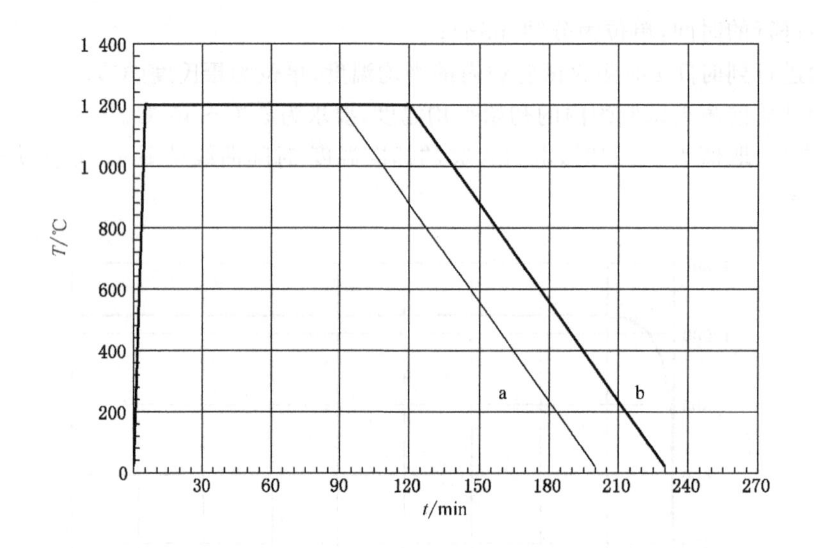

说明：

a——式(8)、式(9)中 N 值取 90 时的隧道火灾 RABT-ZTV 曲线；

b——式(8)、式(9)中 N 值取 120 时的隧道火灾 RABT-ZTV 曲线。

图 5 隧道火灾 RABT-ZTV 升温条件的标准温度-时间曲线

4.5.3 炉温偏差要求

按本章规定的隧道火灾 RABT-ZTV 升温曲线进行耐火试验时，耐火试验炉内热电偶测得并记录的炉内实际平均温度-时间曲线下的面积，与标准规定温度-时间曲线下的面积的偏差(d_e)用式(2)表示，d_e 值应控制在以下范围内：

a) $d_e\leqslant 15\%$，当 $0<t\leqslant 5$ 时；

b) $d_e\leqslant 10\%$，当 $5<t\leqslant N$ 时；

c) $d_e\leqslant 5\%$，当 $N<t\leqslant N+110$ 时。

式中：

d_e——面积偏差；

t ——试验进行的时间，单位为分钟(min)；

N——升温与恒温阶段的时间和，单位为分钟(min)，降温时间规定为 110 min。

所有的面积应采用相同的方法进行计算，即计算面积的时间间隔不应超过 1 min，并且从试验开始的 0 min 开始计算。

在耐火试验开始 10 min 后的任何时间里，耐火试验炉内任何一支热电偶测得的炉内温度与标准温度-时间曲线对应温度偏差的绝对值不应大于 100 ℃。

对于含有大量易燃材料的试件，在试验开始后，可能出现耐火试验炉内实际温度在一段时间内比标准温度-时间曲线对应的温度值高 100 ℃以上的情况，如果能够识别此时耐火试验炉内温度的升高是由试件中大量易燃材料的燃烧放热所引起的，则允许此温度偏差的存在，但持续时间不应大于 10 min。

5 附加的试验程序

5.1 重物冲击试验

5.1.1 总则

按照 GB/T 9978.1 规定的耐火试验方法测试得到防火墙、防火隔墙、防火卷帘、防火门等建筑构配件的耐火性能(包括防火分隔功能)，在实际建筑火灾中可能会受到火场坍塌物体的冲击影响。如需要测试此影响，在进行建筑构配件的耐火试验时可附加进行重物冲击试验。

5.1.2 试验设备

除 GB/T 9978.1 规定的试验设备和 GB/T 9978.4、GB/T 9978.8 规定的适用试验设备外，附加的重物冲击试验设备应满足：

a) 冲击设备应悬挂在刚性支撑或框架结构上，不应影响试件在受火条件下的变形。

b) 冲击能量由冲击体(见图 6)的摆动下落获得，冲击体包括一个重物袋和包裹重物袋的钢丝网。

单位为毫米

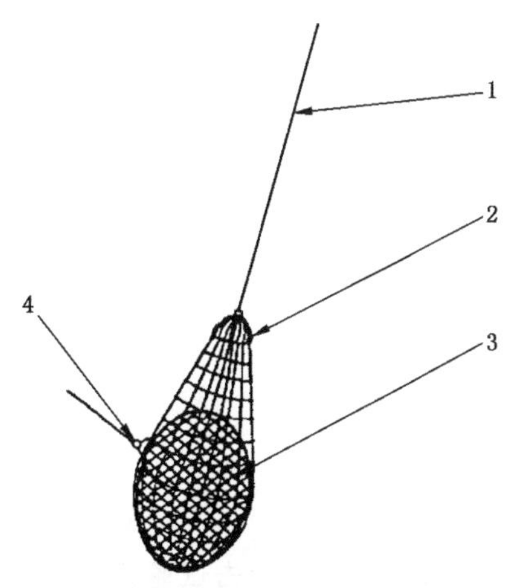

说明：

1——直径 ϕ10 的钢丝绳；

2——直径 ϕ5 的钢丝绳；

3——装满钢珠的袋子；

4——直径 ϕ6 的钢丝绳。

图 6 冲击体示意图

c） 重物袋为一个具有双层薄包布结构的布袋，空布袋的尺寸为 650 mm×1 200 mm，布袋内填充若干个小袋子，每个小袋子装有 10 kg 的小钢珠，小钢珠的直径为 2 mm～3 mm，小袋子用钢带封口。

d） 包裹重物袋的钢丝网基本尺寸为 1 200 mm×1 200 mm，网格大小为 50 mm×50 mm，所用钢丝绳的直径为 5 mm。

e） 对防火墙、防火隔墙等建筑构件进行重物冲击试验时，冲击体总质量为 200 kg；对防火卷帘、防火门等建筑配件进行重物冲击试验时，冲击体总质量由相关标准另行规定。

f） 冲击体通过自身的吊环与钢丝绳连接后，悬挂在试验设备（见图 7）的定点位置上，以便于冲击体在静止位置时刚好在冲击预定点接触到试件，从定点位置到重物袋中心的距离为（2 750±50）mm，冲击预定点应在靠近试件中心的最大面的中心位置。

单位为毫米

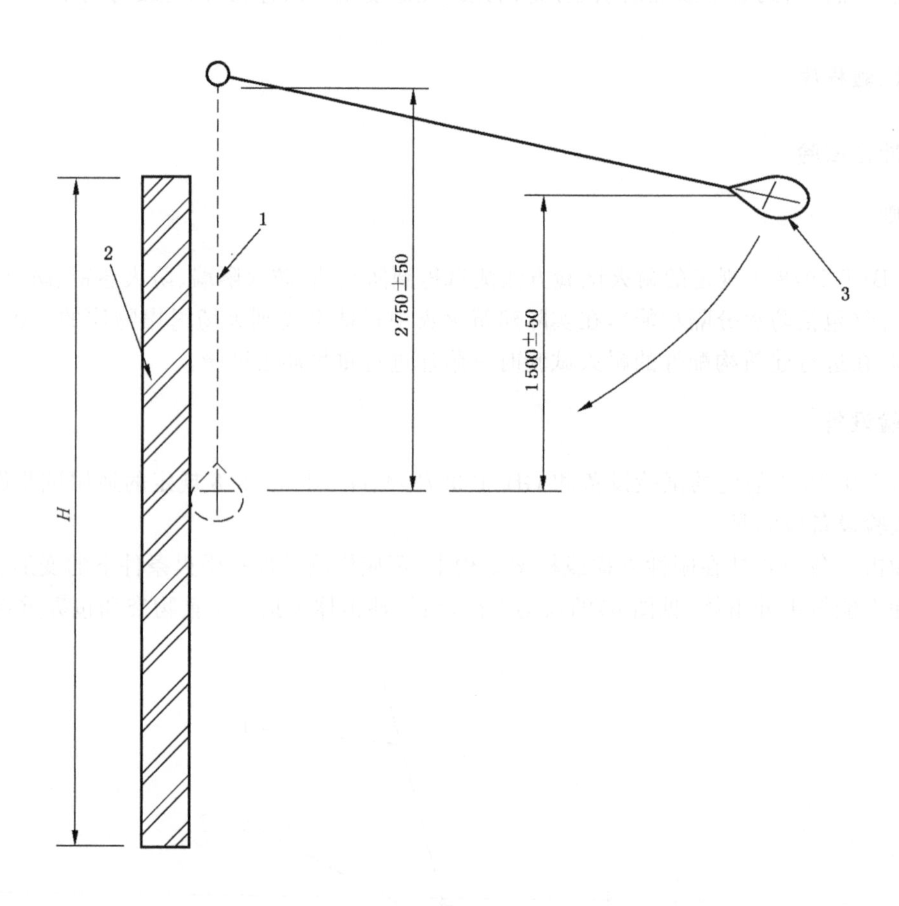

说明：
H——墙体高度；
1——直径 ϕ10 的钢丝绳；
2——试件；
3——冲击体（见图 6）。

图 7 重物冲击试验设备

5.1.3 试验的应用

冲击体通过适当的提升装置，提升到摆动的初始位置。因此，应采用两根直径为 6 mm 的钢丝绳紧紧缠绕在重物袋中心周围，并且应为提升装置装配一个吊环，便于提升和释放冲击体。

冲击体从初始位置开始摆动后的下降高度差为（1 500±50）mm，即冲击体通过提升装置提升到初始位置时，冲击预定点到重物袋中心水平线的距离为(1 500±50)mm，冲击能量可以根据冲击体的总质量计算得到，见图7。如冲击体总质量为200 kg时，则冲击能量为3 000 N·m。

5.1.4 试验程序

试件进行耐火试验达到规定时间后的5 min内，对试件进行3次重物冲击试验。对于承重墙，应在加载的时候对试件进行前两次冲击，第三次冲击应在卸载后进行。

在每种情况中，应在第三次冲击后的2 min内进行性能判定方面的观察与测量，此过程中耐火试验炉持续加热直至观察完成为止。

5.1.5 试验报告

若需要出具重物冲击试验报告，则报告内容应声明试验依据的标准编号，报告应包含有关重物冲击试验的结果信息，包括冲击点的描述，有关试件损坏和变形结果的测量与观察等。

5.2 喷水冲击试验

5.2.1 总则

建筑分隔构件按照GB/T 9978.1规定的耐火试验方法进行耐火试验时，可依据需要附加进行喷水冲击试验。喷水冲击试验的应用指南参见附录D。

5.2.2 试验设备

喷水冲击试验设备应满足下列要求：

a) 一条质量符合GB 6246规定的规格为ϕ65 mm的有衬里消防水带，一支质量符合GB 8181规定的接口公称通径为ϕ65 mm的直流消防水枪；

b) 在水枪底部和水带之间连接一段公称通径为ϕ65 mm、长150 mm的短管(可用镀锌钢管或不锈钢管)，短管一端与水枪进水口连接，另一端与消防水带连接；

c) 消防水枪、短管及消防水带之间，采用符合GB 12514.1和GB 12514.2规定的公称通径为ϕ65 mm的内扣式消防接口进行连接；

d) 在短管上连接一个压力表用于测量消防水枪根部压力，压力表的取压管应沿短管的法线方向安装，且不应伸入短管水流中；压力表的最小读数范围为(0～0.6)MPa，精度不低于1.5级。

5.2.3 试验程序

5.2.3.1 在耐火试验结束后的3 min内，在试件的受火面进行喷水冲击试验。

5.2.3.2 水枪喷嘴方向应为试件的中心法线方向，且与试件的距离为(6±0.1)m。若因故无法按此要求设置，则水枪喷嘴方向与试件中心法线的偏离角度不应大于30°，此时与试件的距离应小于(6±0.1)m；每偏离中心法线10°，距离减少(0.3±0.005)m。

5.2.3.3 对不同耐火性能的试件，进行喷水冲击试验时，消防水枪根部的水压要求不同，见表1。

5.2.3.4 试件受火面面积的计算方法之一是采用试件的外形尺寸进行计算，此时的试件包含支撑框架、轨道等，但不包含安装试件用的墙体。

5.2.3.5 喷水冲击首先作用于试件受火面的底部，然后作用于所有其他部分，缓慢改变方向，使水冲击在试件的外周边内部移动，不要集中冲击、在试件任一点停止或随意改变方向。在试件外周边310 mm内，可用以下方式改变水冲击方向：

a) 沿着试件的四周冲击，从试件任一底角开始向上移动。

b) 水流覆盖试件周边后，使水流沿着垂直方向移动，间隔距离305 mm进行冲击，直到整个宽度方向被冲击完毕。

c） 随后，使水流沿着水平方向移动，间隔距离 305 mm 进行冲击，直到整个高度方向被覆盖。如果尚未达到规定的冲击时间，按相反的步骤重复。

5.2.3.6 喷水冲击作用于试件受火面单位面积的时间见表 1。

表 1 喷嘴底部水压与喷水冲击时间

试件的耐火性能（耐火时间）T h	消防水枪根部水压 P MPa	单位面积水冲击时间 t s/m²
$T \geqslant 3.00$	0.31	32
$1.50 \leqslant T < 3.00$	0.21	16
$1.00 \leqslant T < 1.50$	0.21	10
$T < 1.00$	0.21	6

5.3 辐射热测量

5.3.1 总则

建筑构件按 GB/T 9978.1 进行耐火试验时，可以通过测量热通量值来评估辐射热值。由于耐火试验中试件向测量设备传递的对流热可以忽略不计，测量的热通量值可以近似等于辐射热值，所以在本标准中将此热量作为辐射热进行测量并记录。辐射热测量平面平行于试件背火面，并距离背火面 1.0 m。辐射热包括平均值和最大值两个概念，平均值在试件中心法线方向测量，如果试件是非均匀辐射体，那么最大值将大于或等于平均值。

当试件背火面温度低于 300 ℃时，不需要测量辐射热。

5.3.2 试验设备

除 GB/T 9978.1 规定的试验设备外，应采用符合以下规定的热流计测量辐射热：

a） 接收面：接收面不应被视窗遮挡，不受气体排放的影响，只受辐射热和对流热的影响；

b） 测量范围：$0\ kW/m^2 \sim 50\ kW/m^2$；

c） 测量准确度：测量范围中最大值的±5%；

d） 时间常数（达到目标值 64%的时间）：<10 s；

e） 视场角：180°±5°。

5.3.3 试验程序

5.3.3.1 测量位置

5.3.3.1.1 每一台热流计应安置在距离试件背火面 1.0 m 处。试验开始时，每一台热流计的靶心应平行于试件背火面平面（偏差范围为±5°），靶心应正对试件背火面。在热流计接收视野范围内，除试件外不应有其他可能影响测量结果的辐射表面。热流计不应被遮挡或掩盖，以免影响其接收视野范围。

5.3.3.1.2 应在以下位置进行测量辐射热：

a） 试件几何中心的正对位置，此位置的测量值一般认为是试件的平均辐射热。

b） 可能出现最大辐射热的位置。通常此位置可通过逻辑推理或从试件的几何学计算得到。如果试件相对于中心对称，并且是均匀的辐射体，则此位置将与 a）规定的位置一致。如果试件存在不同的隔热区域和/或热传送区域，则很难准确或明确地预测出试件的最大辐射热位置。此时，应采用以下方法：

1） 识别并确定出试件背火面温度可能超过 300 ℃而且面积超过 0.1 m^2 的所有区域，在每一个区域理论中心的正对位置测量辐射热。
2） 试件上结构相同的两个或两个以上被分隔成高度或宽度相等而且面积都小于 0.1 m^2 的相邻区域，可以连在一起作为一个辐射表面对待。
3） 如果试件中预计背火面温度维持在 300 ℃以下的某个区域的面积小于总面积的 10％，则该区域可以与其他部分一起作为一个辐射表面对待；同理，在试件的某个区域内，如果预计背火面温度维持在 300 ℃以下的部分在面积上小于该区域总面积的 10％，则该部分区域可以与所在区域的其他部分一起作为一个辐射表面对待，如构件中镶玻璃用的支撑框架部分。

5.3.3.2 测量实施

在试件进行耐火试验的整个过程中，应在 5.3.3.1.2 规定的每个位置测量并记录辐射热，每次记录的时间间隔不超过 1 min。

5.3.4 试验结果

对于 5.3.3.1.2 规定的任何一个特定测量位置，应分别记录辐射热超过 5 kW/m^2、10 kW/m^2、15 kW/m^2、20 kW/m^2、25 kW/m^2 的时间。

附　录　A
（资料性附录）
本标准与 EN 1363-2:1999 的章条编号对照

表 A.1 给出了本标准与 EN1363-2:1999 的章条编号对照情况。

表 A.1　本标准与 EN 1363-2:1999 的章条编号对照情况

本标准章条编号	对应的欧盟标准章条编号
4	—
4.1	4
4.1.1	4.1
4.1.2	4.2
4.1.3	4.3
4.2	5
4.2.1	5.1
4.2.2	5.2
4.2.3	5.3
4.3	6
4.3.1	6.1
4.3.2	6.2
4.3.3	6.3
4.3.4	6.4
4.3.5	6.5
4.4	—
4.5	—
5	—
5.1	7
5.1.1	7.1
5.1.2	7.2
5.1.3	7.3
5.1.4	7.4
5.1.5	7.5
5.2	—
5.3	8
5.3.1	8.1
5.3.2	8.2
5.3.3	8.3

表 A.1（续）

本标准章条编号	对应的欧盟标准章条编号
5.3.3.1	8.3.1
5.3.3.1.1	8.3.1.1
5.3.3.1.2	8.3.1.2
5.3.3.2	8.3.2
5.3.4	8.4
附录 A	—
附录 B	—
附录 C	—
附录 D	—
注:表中未列出的其他章条内容与 EN 1363-2:1999 相对应。	

附 录 B
（资料性附录）
本标准与 EN 1363-2:1999 的技术性差异及其原因

表 B.1 给出了本标准与 EN 1363-2:1999 的技术性差异及其原因。

表 B.1 本标准与 EN 1363-2:1999 的技术性差异及其原因

本标准的章条编号	技术性差异	原因
1	修改了范围的内容，采用“可供选择的火灾升温曲线包括碳氢（HC）升温曲线、室外火灾升温曲线、缓慢升温曲线、电力火灾升温曲线和隧道火灾 RABT-ZTV 升温曲线，可附加的试验程序包括重物冲击试验程序、喷水冲击试验程序和辐射热测量程序。”代替原标准内容“可供选择的火灾升温曲线包括碳氢（HC）升温曲线、室外火灾升温曲线和缓慢升温曲线，可附加的试验程序包括重物冲击试验程序和辐射热测量程序。”	由于本标准的技术内容发生变化，从而引起范围中部分内容的适当变化，以保持标准前后内容的一致性
2	关于规范性引用文件，本标准做了具有技术性差异的调整，调整的情况集中反映在第 2 章“规范性引用文件”中，具体调整如下： ——用与 ISO 13943:2008 一致性程度为非等效的 GB/T 5907.2 代替 prEN ISO 13943（见第 3 章）； ——增加引用了 GB 6246 和 GB 8181（见 5.2.2）； ——用修改采用国际标准的 GB/T 9978.1 代替 EN 1361-1（见第 3 章、4.3.4、5.1.1、5.1.2、5.2.1 和 5.3.1）； ——用修改采用国际标准的 GB/T 9978.4 代替 EN 1365-1（见 5.1.2）； ——用修改采用国际标准的 GB/T 9978.8 代替 EN 1364-1（见 5.1.2）	引用相关的我国标准，便于标准使用者的理解，提高标准的可操作性
4.1.2	修改了碳氢火灾温度-时间关系式，将其中的常数 20，修改为用 T_0 表示，同时增加了 T_0 的说明和炉内温度-时间曲线图	与 GB/T 9978.1 中的相关内容保持一致，方便标准使用
4.2.2	修改了室外火灾温度-时间关系式，将其中的常数 20，修改为用 T_0 表示，同时增加了 T_0 的说明和炉内温度-时间曲线图	与 GB/T 9978.1 中的相关内容保持一致，方便标准使用
4.3.2	修改了缓慢升温火灾温度-时间关系式，将其中的常数 20，修改为用 T_0 表示，同时增加了 T_0 的说明和炉内温度-时间曲线图	与 GB/T 9978.1 中的相关内容保持一致，方便标准使用
4.4	增加了电力火灾升温曲线内容	增加耐火试验时火灾升温曲线的一种类型，便于选用
4.5	增加了隧道火灾 RABT-ZTV 升温曲线内容	增加耐火试验时火灾升温曲线的一种类型，便于选用
5.2	增加了喷水冲击试验内容	增加构件耐火试验后的抗水冲击性能的附加试验程序，便于选用

附 录 C
（资料性附录）
不同火灾升温曲线的可能应用场景指南

C.1 碳氢（HC）升温曲线

GB/T 9978.1 给出了纤维类火灾的标准温度-时间曲线，为建筑构件的耐火性能试验规定了标准试验条件。在给定一个耐火试验条件时，试验曲线应与真实火灾相关联；在某些实际情况下，可以识别出真实火灾场景与 GB/T 9978.1 规定的标准试验条件之间的差异，如在石油化工和海上石油工业等建筑中，存在以液态碳氢化合物为主要燃料的火灾，此类火灾具有温度高、升温速度快的特点。因此，可以采用碳氢升温火灾曲线评价构件的耐火性能。

C.2 室外火灾升温曲线

在某些实际情况下，建筑构件的受火条件不如它们在防火分区内部的受火条件严酷。例如，建筑物四周的墙体，这些墙体可能受到建筑室外火焰或者从窗户出来的火焰的烧灼，因为室外火灾存在大量的热量扩散现象，所以应给出较低水平的受火条件。因此采用室外火灾升温曲线评价构件的耐火性能。

C.3 缓慢升温曲线

对于某些建筑构件，它们在热作用下易发生反应，此类建筑构件在缓慢增长火灾中的实际耐火性能可能明显低于采用 GB/T 9978.1 规定的标准温度-时间曲线实验确定的耐火性能，因此，可以采用缓慢升温火灾曲线评价此类建筑构件的耐火性能。

C.4 电力火灾升温曲线

在某些实际情况下，如在电站、输配电设施或有机高聚物材料加工与贮存场所中，建筑构件可能经受以有机高聚物材料为主要燃料的火灾，此类火灾可称为电力火灾，其升温条件比 GB/T 9978.1 规定的标准纤维类火灾更严酷，而比碳氢（HC）火灾要缓和。因此，可以采用电力火灾升温曲线评价构件的耐火性能。

C.5 隧道火灾 RABT-ZTV 升温曲线

在某些实际情况下，如城市地铁、公路、铁路沿线的全封闭隧道内，结构构件可能经受的火灾有较强的特殊性，火灾初期短时间内急剧升温，然后持续一段时间以后下降至环境温度，此类火灾升温曲线称为隧道火灾 RABT-ZTV 升温曲线。因此，采用隧道火灾 RABT-ZTV 升温曲线评价构件的耐火性能更为合理。

附　录　D
（资料性附录）
喷水冲击试验应用指南

D.1　喷水冲击试验应用时机

在实际火场灭火救援时，建筑分隔构件可能会受到消防水龙的喷水冲击作用，从而增加了建筑分隔构件完整性提前破坏的可能性。因此，我们在设计建筑分隔构件时可以考虑其抵抗喷水冲击的能力。建筑分隔构件所涉及的种类有防火墙、防火隔墙、防火门、防火卷帘、防火窗、楼板等。当上述构件在按照 GB/T 9978.1 规定的耐火试验方法进行耐火试验时，可根据需要附加喷水冲击试验。

D.2　喷水冲击试验结果判定方法

喷水冲击试验结果的判定方法，一般在其他标准（如产品标准）中进行规定，可包括以下内容：

a）　在喷水冲击试验过程中，记录试件出现垮塌、穿透性开口的时间，若此时间未达到规定的时间，喷水冲击试验即可终止，可认为试件的喷水冲击试验不合格；

b）　如果试验过程中未出现上述情况，则喷水冲击试验达到规定的时间结束后，可测量构件的变形以及所安装配件的牢固度情况，以此判定试验结果是否合格。

D.3　喷水冲击试验的试验报告

如需要对喷水冲击试验出具试验报告，则试验报告内容可包括：

a）　试验依据的标准编号；

b）　试件结构细节的描述，包括规格尺寸等；

c）　试件的耐火试验时间；

d）　喷水压力、喷水时间；

e）　喷水冲击试验的结果信息，包括有关试件出现垮塌、穿透性开口的时间和变形结果的测量与观察、安装配件出现脱落的情况等。

ICS 13.220.50
C 82

中华人民共和国国家标准

GB/T 27903—2011

电梯层门耐火试验 完整性、隔热性和热通量测定法

Fire resistance test for lift landing doors—Methods of measuring integrity, thernal insulation and heat flux

2011-12-30 发布　　2012-04-01 实施

中华人民共和国国家质量监督检验检疫总局
中国国家标准化管理委员会　发布

前　言

本标准按照 GB/T 1.1—2009 给出的规则起草。

本标准参考了欧盟标准 EN 81-58:2003《电梯制造与安装安全规范　检查和试验　第 58 部分:层门耐火试验》(英文版)的有关技术内容。

本标准由中华人民共和国公安部提出。

本标准由全国消防标准化技术委员会建筑构件耐火性能分技术委员会(SAC/TC 113/SC 8)归口。

本标准起草单位:公安部天津消防研究所、深圳市龙电科技实业有限公司。

本标准主要起草人:黄伟、赵华利、李博、李希全、董学京、刁晓亮、王金星、王岚、阮涛。

电梯层门耐火试验
完整性、隔热性和热通量测定法

1 范围

本标准规定了电梯层门耐火试验通用方法的术语和定义、耐火性能代号与分级、试验装置、试件条件、试件准备、试验程序、试验结果、试验结果的有效性以及试验报告等。

本标准适用于各种类型的电梯层门。

2 规范性引用文件

下列文件对于本文件的应用是必不可少的。凡是注日期的引用文件，仅注日期的版本适用于本文件。凡是不注日期的引用文件，其最新版本(包括所有的修改单)适用于本文件。

GB/T 5907　消防基本术语　第一部分

GB/T 14107　消防基本术语　第二部分

GB 7588　电梯制造与安装安全规范

GB/T 7633　门和卷帘的耐火试验方法

GB/T 9978.1　建筑构件耐火试验方法　第1部分：通用要求

3 术语和定义

GB/T 5907、GB/T 14107、GB/T 9978.1界定的以及下列术语和定义适用于本文件。

3.1

电梯层门　lift landing door

安装在电梯竖井每层开口位置，用于人员出入电梯的门。

3.2

隔热型电梯层门　insulated lift landing door

在一定时间内能同时满足耐火完整性和耐火隔热性要求的电梯层门。

3.3

非隔热型电梯层门　un-insulated lift landing door

在一定时间内能满足耐火完整性要求，根据需要还能满足热通量要求的电梯层门。

3.4

支撑结构　supporting construction

耐火性能试验炉前部，用于安装试件的装置。

4 耐火性能代号与分级

4.1 耐火性能代号

电梯层门的耐火性能指标代号如下：

——E：表示完整性；

——I:表示隔热性;

——W:表示热通量。

4.2 耐火性能分级

电梯层门的耐火性能,按耐火时间分为30 min、60 min、90 min、120 min四个等级,采用单一指标进行分级的耐火性能等级见表1,采用混合指标进行综合分级的耐火性能等级见表2。耐火性能等级表示的意义如下:

——E tt:按满足完整性指标要求进行分级,耐火时间为tt min;

——I tt:按满足隔热性指标要求进行分级,耐火时间为tt min;

——W tt:按满足热通量指标要求进行分级,耐火时间为tt min;

——EI tt:按同时满足完整性指标和隔热性指标要求进行分级,耐火时间为tt min;

——EW tt:按同时满足完整性指标和热通量指标要求进行分级,耐火时间为tt min。

表1 电梯层门的单一指标耐火性能等级

分级方法	耐火性能等级			
满足完整性指标要求	E 30	E 60	E 90	E 120
满足隔热性指标要求	I 30	I 60	I 90	I 120
满足热通量指标要求	W 30	W 60	W 90	W120

表2 电梯层门的混合指标耐火性能等级

分级方法	耐火性能等级			
同时满足完整性指标和隔热性指标要求	EI 30	EI 60	EI 90	EI 120
同时满足完整性指标和热通量指标要求	EW 30	EW 60	EW90	EW 120

5 试验装置

5.1 耐火性能试验炉

耐火性能试验炉应满足试件尺寸、升温条件、压力条件以及便于试件安装与观察的要求,炉口净空尺寸不小于3 000 mm×3 000 mm。

5.2 测量仪器

5.2.1 炉内温度测量热电偶、试件背火面温度测量热电偶应满足GB/T 9978.1的相关规定。

5.2.2 炉内压力测量仪器(测量探头)应满足GB/T 9978.1的相关规定。

5.2.3 温度、压力测量仪器的精度及测量公差应满足GB/T 9978.1的相关规定。

5.2.4 用于耐火完整性测量的直径6 mm±0.1 mm和直径25 mm±0.2 mm的探棒,应符合GB/T 9978.1的相关规定。

5.2.5 用于耐火完整性测量的棉垫和装置,应符合GB/T 9978.1的相关规定。

5.2.6 测量试件背火面热通量的热流计,应符合以下规定:

——量程:0 kW/m^2~50 kW/m^2;

——最大允许误差:±5%;

——测量视场角:180°±5°。

5.3 试验框架及支撑结构

试验框架应采用密度为1 200 kg/m³±400 kg/m³ 的砖砌或水泥浇注构造,其厚度不应小于240 mm。支撑结构应具有足够的耐火性能,其厚度不应小于200 mm。

5.4 试件背火面热电偶设置

试件背火面热电偶设置,应符合GB/T 7633的相关规定。

注:对于门框隐藏式电梯层门,门框可不布设热电偶。

5.5 热流计设置

测量试件背火面热通量的热流计的接收面应朝向试件的几何中心,并距试件1 m。

6 试验条件

6.1 炉内温度

6.1.1 耐火试验应采用明火加热,使试件受到与实际火灾相似的火焰作用。

6.1.2 试验时,耐火性能试验炉内温度应满足GB/T 9978.1的相关规定。

6.1.3 炉温允许偏差应满足GB/T 9978.1的相关规定。

6.2 炉内压力

6.2.1 耐火性能试验炉的炉内压力条件,应满足GB/T 9978.1的相关规定。

6.2.2 炉压允许偏差,应满足GB/T 9978.1的相关规定。

7 试件准备

7.1 材料、结构与安装

试件所用材料、结构与安装方法,应反映试件实际使用情况,并满足GB 7588的规定。

7.2 试件数量

受检方应提供2樘相同的试件。

7.3 试件要求

试件尺寸、结构应与实际相符。试件的养护,应满足GB/T 9978.1的相关规定。

8 试验程序

8.1 耐火试验

8.1.1 试验的开始与结束

当耐火性能试验炉内接近试件中心的热电偶所记录的温度达到50 ℃时,即可作为试验的开始时间;同时,所有手动和自动的测量观察系统都应开始工作。

试验期间，当试件已不能满足8.2.1、8.2.2和8.2.3规定的任何一项耐火性能判定指标时，试验应立即终止；或虽然试件尚能满足8.2.1、8.2.2和8.2.3规定的耐火性能判定指标，但已达到预期耐火性能等级的时间时，试验也可结束。

8.1.2 测量与观察

试验过程中应进行如下测量与观察：

a) 炉内温度测量。试验炉开口每1.5 m^2 面积应设置不少于1支热电偶，炉内温度由所有炉内热电偶测得温度的算术平均值来确定，热电偶的热端离试件或安装试件的墙壁垂直距离为100 mm，测点应避免直接受火焰的冲击。炉内温度测量，时间间隔不超过1 min记录1次；

b) 炉内压力测量，时间间隔不超过5 min记录1次；

c) 电梯层门试件背火面温度测量，时间间隔不超过1 min记录1次；

d) 观察试件在试验过程中的变化情况，以及试件结构、材料变形、开裂、熔化或软化、剥落或烧焦等现象。如果有大量的烟气从背火面冒出，应进行记录；

e) 在试验过程中，观察并记录试件结构、材料变形、开裂所产生的缝隙，以及以下现象：按GB/T 9978.1的规定能否使棉垫点燃；能否使直径6 mm±0.1 mm探棒穿过缝隙进入炉内并沿缝隙长度方向移动不小于150 mm；能否使直径25 mm±0.2 mm探棒穿过缝隙进入炉内；

f) 在试验过程中，观察并记录试件背火面平均温度热电偶平均温升是否超过140 ℃；试件背火面（除门框上的测温热电偶外）最高温度点温升是否超过180 ℃；试件背火面门框，最高温度点温升是否超过360 ℃；

g) 在试验过程中，观察并记录热流计测得的试件背火面热通量是否超过15 kW/m^2。

8.2 耐火性能判定

8.2.1 完整性(E)

按GB/T 9978.1的规定进行测量，当发生以下情况之一时，则试件失去完整性：

a) 棉垫被点燃（非隔热型电梯层门除外）；

b) 试件背火面出现持续火焰达10 s以上；

c) 直径6 mm±0.1 mm探棒穿过缝隙进入炉内，并沿缝隙长度方向移动不小于150 mm；

d) 直径25 mm±0.2 mm探棒穿过缝隙进入炉内。

8.2.2 隔热性(I)

按GB/T 7633的规定进行测量，当发生以下情况之一时，则试件失去隔热性：

a) 试件背火面平均温升超过140 ℃（门框上的测温热电偶除外），如门扇由不同的隔热区域构成，则不同的隔热区域的平均温升应分别计算；

b) 试件背火面单点最高温升超过180 ℃（门框上的测温热电偶除外）；

c) 试件背火面门框单点最高温升超过360 ℃。

8.2.3 热通量(W)

试件背火面热通量超过临界热通量值15 kW/m^2。

9 试验结果

9.1 试验结果记录

按照8.2的规定，记录试件满足单一耐火性能指标的实际耐火时间：

——完整性(E):xx min;
——隔热性(I):yy min;
——热通量(W):zz min。

9.2 耐火性能等级

如果采用单一耐火性能指标进行分级,则将9.1所记录的耐火时间结果向下归入至最接近的耐火性能等级(见表1);如果采用混合耐火性能指标进行综合分级,则选用9.1所记录的用于综合判定的耐火性能指标最小耐火时间结果向下归入至最接近的耐火性能等级(见表2)。

示例:

某一电梯层门在耐火性能试验中,35 min时失去隔热性,68 min时热通量超过临界热通量值,98 min时失去完整性,则试验结果记录为:

——完整性(E):98 min;
——隔热性(I):35 min;
——热通量(W):68 min。

该试件单一指标的耐火性能等级为E 90和/或I 30和/或W 60,混合指标的耐火性能等级为EI 30和/或EW 60。

10 试验结果的有效性

当试验满足GB/T 9978.1对试验结果有效性的相关规定时,试验结果有效。

当某一结构类型和式样的试件通过了耐火试验,该耐火试验结果可直接应用于受检单位与试件的结构相同、式样相似,但高度和宽度小于等于试样的未经耐火试验的电梯层门。

11 试验报告

试验报告应提供试件的详细结构资料、试验条件及试件按本标准规定的方法进行试验所获得的耐火等级。试验报告应至少包括以下内容:

a) 试验室的名称和地址,唯一的编号和试验日期;
b) 委托方的名称和地址,试件和所有组成部件的产品名称和制造厂;
c) 试件的详细结构,在试件图中含有结构尺寸;
d) 对试件耐火等级的判定有一定影响的信息,例如试件的含水率及养护期等;
e) 试验现象的描述,以及依据第8章耐火等级判定所确定的试验终止信息;
f) 试件的试验结果,耐火等级的表述见第9章的规定。

ICS 13.220.50
C 82

中华人民共和国国家标准

GB 29415—2013

耐火电缆槽盒

Fire-resistant cable trunk

2013-09-18 发布　　2014-08-01 实施

中华人民共和国国家质量监督检验检疫总局
中国国家标准化管理委员会　发布

前　言

本标准的5.3、5.4、5.5和第7章为强制性的，其余为推荐性的。

本标准按照GB/T 1.1—2009给出的规则起草。

本标准参考德国标准DIN 4102-12:1998《建筑材料和建筑构件的耐燃性能　第12部分：电缆系统的电路整体性维护　要求和试验》的有关技术内容制定。

本标准由中华人民共和国公安部提出。

本标准由全国消防标准化技术委员会建筑构件耐火性能分技术委员会(SAC/TC 113/SC 8)归口。

本标准负责起草单位：公安部天津消防研究所。

本标准参加起草单位：石狮市天宏金属制品有限公司。

本标准主要起草人：李博、赵华利、黄伟、李希全、董学京、王培育、阮涛、刁晓亮、王岚、白淑英。

耐火电缆槽盒

1 范围

本标准规定了耐火电缆槽盒的术语和定义、产品分类、要求、试验方法、检验规则及标志、包装、运输和贮存。

本标准适用于工业与民用建筑中室内环境使用的、敷设 1 kV 以下电缆的耐火电缆槽盒。室外环境使用的耐火电缆槽盒可参考本标准。

2 规范性引用文件

下列文件对于本文件的应用是必不可少的。凡是注日期的引用文件，仅注日期的版本适用于本文件。凡是不注日期的引用文件，其最新版本(包括所有的修改单)适用于本文件。

GB 4208—2008 外壳防护等级(IP 代码)

GB 8624 建筑材料及制品燃烧性能分级

GB/T 9969 工业产品使用说明书 总则

GB/T 9978.1—2008 建筑构件耐火试验方法 第 1 部分:通用要求

GB/T 14436 工业产品保证文件 总则

GB 14907 钢结构防火涂料

CECS 31:2006 钢制电缆桥架工程设计规范

3 术语和定义

CECS 31:2006 界定的以及下列术语和定义适用于本文件。

3.1

耐火电缆槽盒 fire-resistant cable trunk

电缆桥架系统中的关键部件，由无孔托盘或有孔托盘和盖板组成，能满足规定的耐火维持工作时间要求，用于铺装并支撑电缆及相关连接器件的连续刚性结构体。

3.2

耐火维持工作时间 working duration under fire test

在标准温升条件下进行耐火性能试验，自试验开始至槽盒试样内电缆所连接 3A 熔丝熔断的时间。

3.3

附加荷载 additional load

耐火性能试验时施加在槽盒上的荷载，其值为槽盒试样的额定荷载与试验时敷设在槽盒内电缆自重的差值。

4 产品分类

4.1 分类与代号

4.1.1 耐火电缆槽盒(以下简称“槽盒”)按结构型式分为以下两类，分类与代号见表 1:

a) 复合型和普通型,其中复合型可分为空腹式和夹芯式;

b) 非透气型和透气型。

表 1　槽盒按结构型式分类与代号

结构型式		复合型		普通型
		空腹式	夹芯式	
非透气型	代号	FK	FX	P
	结构示意图			
透气型	代号	TFK	TFX	TP
	结构示意图	透气孔	透气孔	透气孔

4.1.2 槽盒耐火性能分为四级,见表 2。

表 2　槽盒耐火性能分级

耐火性能分级	F1	F2	F3	F4
耐火维持工作时间 min	≥90	≥60	≥45	≥30

4.2 型号

槽盒的型号编制方法如下:

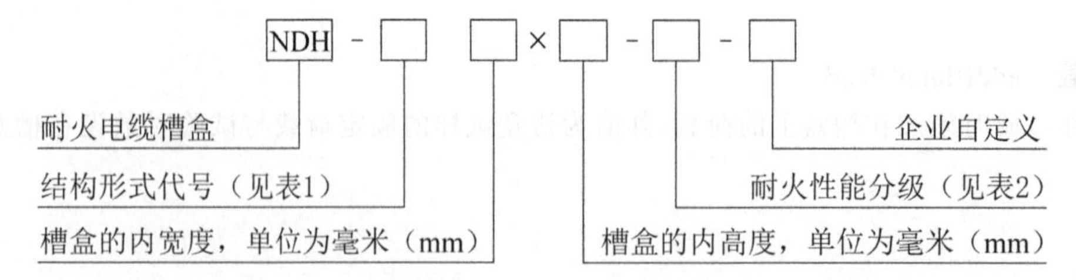

示例 1:结构型式为普通型且是透气型,内部宽度为 400 mm,高度为 150 mm,耐火性能为 F1 级(耐火维持工作时间≥90 min),企业自定义型号内容为 abc,槽盒的型号表示为:NDH-TP 400×150-F1-abc。

示例 2:结构型式为复合型夹芯式且是非透气型,内部宽度为 600 mm,高度为 150 mm,耐火性能为 F2 级(耐火维持工作时间≥60 min),企业自定义型号内容为 abc,槽盒的型号表示为:NDH-FX600×150-F2-abc。

4.3 规格

槽盒的规格通常以槽盒内部宽度与高度表示，其常用规格见表 3。

表 3 槽盒常用规格

单位为毫米

槽盒内宽度	槽盒内高度						
	40	50	60	80	100	150	200
60	√	√					
80	√	√	√				
100	√	√	√	√			
150	√	√	√	√	√		
200		√	√	√	√		
250		√	√	√	√	√	
300			√	√	√	√	√
350			√	√	√	√	√
400			√	√	√	√	√
450			√	√	√	√	√
500				√	√	√	√
600				√	√	√	√
800					√	√	√
1 000					√	√	√
注：√表示常用规格。							

5 要求

5.1 外观

5.1.1 槽盒各部件表面应平整，不允许有裂纹、压坑及明显的凹凸、锤痕、毛刺等缺陷。

5.1.2 槽盒的焊接表面应光滑，不允许有气孔、夹渣、疏松等缺陷。

5.1.3 槽盒涂覆部件的防护层应均匀，不应有剥落、起皮、凸起、漏涂或流淌等缺陷。

5.1.4 槽盒标志铭牌的施加应牢固、可靠，铭牌字体清晰、易读，其内容应符合 8.1 的规定。

5.2 材料及表面处理

5.2.1 槽盒制作使用的材料、结构等应符合设计要求。

5.2.2 槽盒制作采用金属板材的，板材的最小厚度应符合 CECS 31：2006 中 3.6.2 的规定。

5.2.3 槽盒制作采用非金属板材的，其燃烧性能应符合 GB 8624 规定的 A 级。

5.2.4 槽盒制作选用夹芯材料的，其燃烧性能应符合 GB 8624 规定的 A 级。

5.2.5 槽盒金属部件表面应根据不同使用环境需求进行镀锌或涂层等防腐蚀处理，防腐处理质量应符合 CECS 31：2006 中 3.6.16、3.6.17、3.6.18 和 3.6.19 的规定。

5.2.6 槽盒表面涂覆钢结构防火涂料进行防火保护时，涂料性能应符合 GB 14907 的规定。

5.3 承载能力

槽盒制造厂应在技术文件中标明槽盒的额定均布荷载，槽盒在承受额定均匀荷载时的最大挠度与其跨度之比不应大于 1/200。

5.4 防护等级

槽盒作为铺设电缆及相关连接部件的外壳，其防护等级不应低于 GB 4208—2008 规定的 IP40。

5.5 耐火性能

槽盒的耐火性能应符合表 2 的规定。

6 试验方法

6.1 外观

槽盒的外观采用目测、手触摸相结合的方法进行检验。

6.2 材料及表面处理

6.2.1 槽盒制作使用的金属板材厚度采用千分尺测量，对每种部件(托盘或底板、梯架、侧板及盖板等)使用的金属板材厚度应分别进行检验；在槽盒某一部件中任意选择 5 个不同区域，分别切割一块尺寸不小于 50 mm×50 mm 的正方形金属板材，测量其中心点位置的厚度值，取 5 个测量数据的平均值作为该部件使用板材厚度的试验结果。

6.2.2 槽盒制作中使用的非金属板材的燃烧性能按 GB 8624 的规定进行检验。

6.2.3 槽盒中所使用夹芯材料的燃烧性能按 GB 8624 的规定进行检验。

6.2.4 槽盒金属部件的表面防腐处理质量按 CECS 31:2006 中 3.7.3、3.7.4 的规定进行检验。

6.2.5 槽盒表面涂刷钢结构防火涂料的性能按 GB 14907 的规定进行检验。

6.3 承载能力

槽盒的承载能力按 CECS 31:2006 附录 B 的规定进行检验。

6.4 防护等级

槽盒的防护等级应按 GB 4208—2008 的规定进行检验。

6.5 耐火性能

6.5.1 试验装置

6.5.1.1 耐火性能试验炉应符合 GB/T 9978.1—2008 中第 5 章的要求。温度测量仪器的布置应符合 GB/T 9978.1—2008 中 8.1 的要求，压力测量仪器的布置应符合 GB/T 9978.1—2008 中 8.2 的要求。

6.5.1.2 试验变压器采用三相星形连接的电力变压器，在试验电压下的额定电流不应小于 3 A；变压器的每一相应通过一支 3 A 的熔丝与槽盒内敷设的电缆相连接，并在必须接地的中性回路中串入一支 5 A 的熔丝。

6.5.1.3 快速熔断器采用 RLS 系列快速熔断器，熔丝的额定电流为 3 A 和 5 A。

6.5.2 试验条件

6.5.2.1 耐火性能试验炉的升温条件应符合 GB/T 9978.1—2008 中 6.1 的要求。

6.5.2.2 耐火性能试验炉的压力条件应符合 GB/T 9978.1—2008 中 6.2 的要求。

6.5.2.3 槽盒在耐火性能试验炉内的受火条件为四面受火；监督检验时，可根据桥架的具体安装情况决定槽盒的受火面范围。

6.5.3 试件要求

6.5.3.1 试件的受火总长度不应小于 4 m，且至少应包含一个接头。

6.5.3.2 试件中的连接件应与实际使用情况相符。

6.5.3.3 支撑方式可采用柱或吊架支撑，支撑结构由试验室提供（如试验委托方有特殊要求，可自备支撑结构），其高度应使槽盒满足四面受火的要求，并保证槽盒顶面与耐火性能试验炉炉顶内侧的距离不小于 550 mm。

6.5.3.4 试验用电缆应满足下述要求：

a) 动力电缆。1 根额定电压为 600/1 000 V 聚氯乙烯绝缘、聚氯乙烯护套电力电缆：VV 3×4+1×2.5 600/1 000 V；1 根额定电压为 600/1 000 V 聚氯乙烯绝缘、聚氯乙烯护套电力电缆：VV 3×50+1×25 600/1 000 V；

b) 控制电缆。1 根额定电压为 300/500 V 聚氯乙烯绝缘、聚氯乙烯护套，总屏蔽电子计算机用电缆：DJYVP 1×2×1.5 300/500 V；1 根额定电压为 450/750 V 聚氯乙烯绝缘、聚氯乙烯护套控制电缆：KVV 2×1.5 450/750 V。

6.5.4 安装

6.5.4.1 在耐火性能试验炉内安装好柱或吊架支承，然后安装槽盒，槽盒两端支承在耐火性能试验炉两端支点上，安装简图见图 1。

单位为毫米

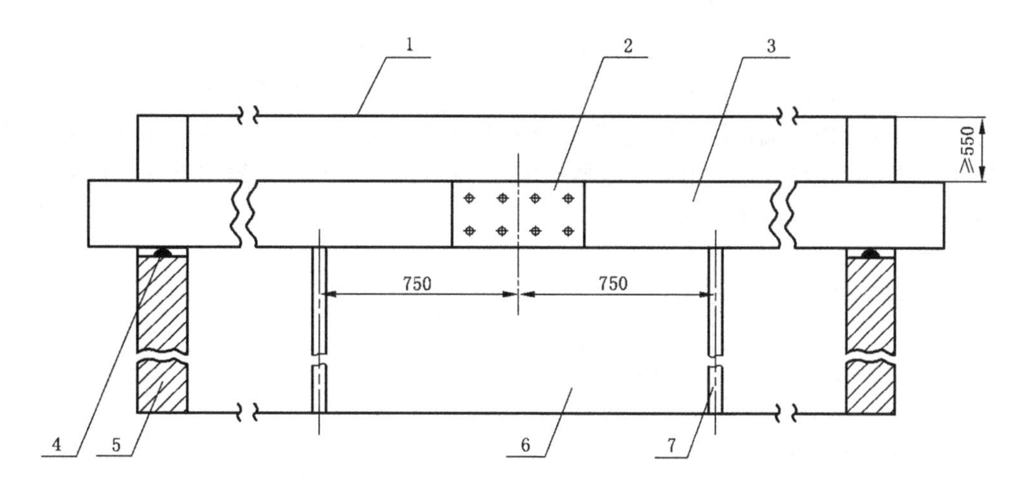

说明：

1——炉顶；

2——试件接头；

3——槽盒；

4——支撑点；

5——炉壁；

6——炉膛；

7——支撑（柱或吊架）。

图 1 槽盒在耐火试验炉内安装简图

6.5.4.2 将试验电缆按一定角度折弯，直接铺设在槽盒内的底面上，折弯电缆中最靠近槽盒侧板的一段电缆距侧板的距离不大于 10 mm，电缆伸出槽盒两端的长度分别不小于 500 mm，如图 2 所示。

单位为毫米

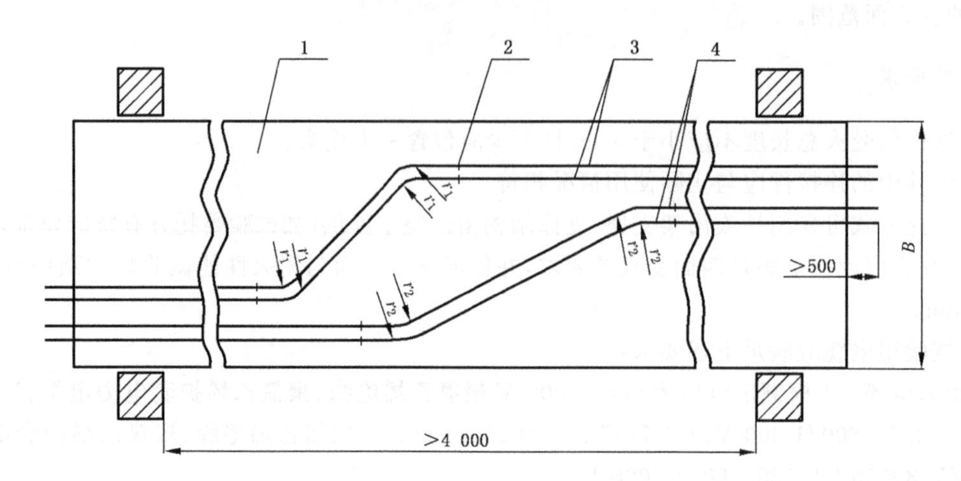

说明：

1 ——槽盒；

2 ——电缆固定夹；

3 ——试验动力电缆；

4 ——试验控制电缆；

r_1、r_2——电缆最小弯曲半径(动力缆 $r_1=4D$，控制缆 $r_2=10D$，D 为电缆的外径)；

B ——槽盒宽度。

图 2 电缆在槽盒内的布置示意图

6.5.4.3 在安装好槽盒并敷设试验电缆后，将附加荷载均匀施加在槽盒内，加载点应避开试验电缆。

6.5.4.4 将槽盒盖板盖好，两端用轻质不燃材料封堵。把敷设电缆的两端各 100 mm 的有机材料剥去。电缆与变压器连接的一端，对导电线芯作适当加工，以便进行电气连接，另一端，应把线芯分开，以避免相互接触。动力电缆按三相一地与变压器连接，控制电缆两相与变压器连接，同时，槽盒中的金属部件应接地。并按图 3、图 4 进行接线。

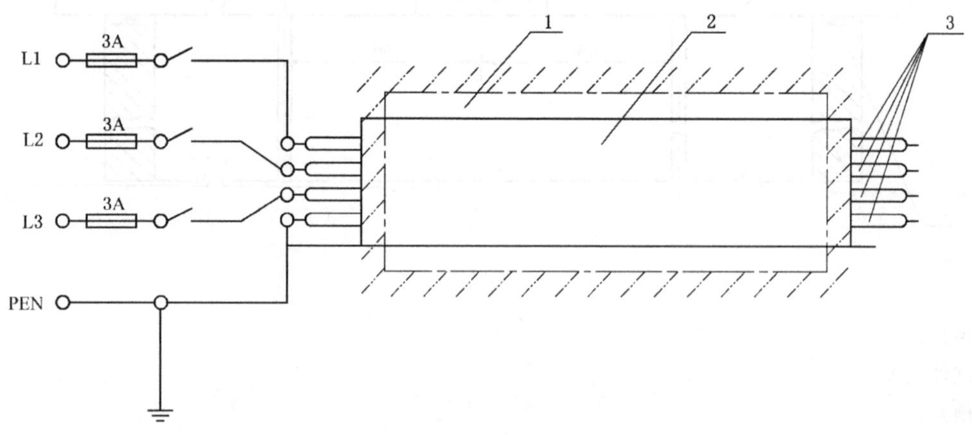

说明：

1——炉体；

2——槽盒；

3——动力电缆(一股四线)。

图 3 动力电缆接线

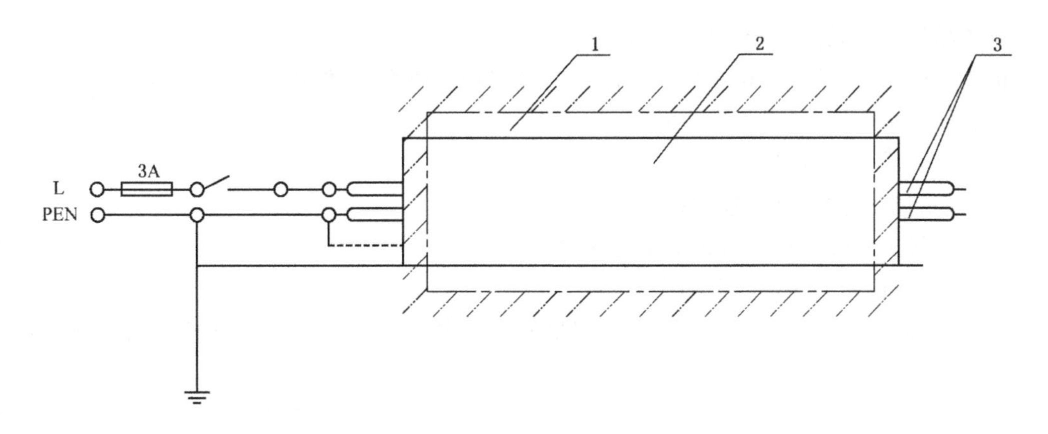

说明：

1——炉体；

2——槽盒；

3——控制电缆(一股双线)。

图4 控制电缆接线

6.5.5 试验程序

6.5.5.1 试验的开始与结束

将电缆通电，并调整试验变压器，使施加在试验电缆上的电压为其额定电压。检查耐火性能试验炉内热电偶记录下来的初始温度，当耐火性能试验炉中心温度达到50 ℃时，所有测量仪表开始工作，试验开始。试验期间应按6.5.5.2的要求进行观测。试验过程中，若3 A熔丝熔断，则试验即可终止；若3 A熔丝虽未熔断，但已达到预期的耐火性能试验时间要求，也可终止试验。

试验过程中，无关人员应远离试验装置。

6.5.5.2 测量与观察

试验过程中，应进行如下测量与观察：

a) 耐火性能试验炉内温度，每隔1 min测量一次并记录；

b) 耐火性能试验炉内压力，每隔2 min测量一次并记录；

c) 耐火维持工作时间，试验开始后，随时观察3 A熔丝情况，并记录3 A熔丝熔断的时间。

6.5.6 判定条件

若3 A熔丝熔断，则表明槽盒已不能维持其内部电缆继续工作，此时即为槽盒的耐火维持工作时间。

7 检验规则

7.1 出厂检验

第5章规定的要求项目中，5.1为全检项目，应对槽盒产品逐件进行检验；5.2～5.5为抽样检验项目，生产厂应制定具体抽样检验方案。

7.2 型式检验

7.2.1 当出现下列情况之一时，应进行型式检验：

a） 新产品投产或老产品转厂生产时；

b） 正式生产后，产品的结构、材料、生产工艺等有较大改变，可能影响产品的质量时；

c） 产品停产一年以上，恢复生产时；

d） 发生重大质量事故时；

e） 产品强制准入制度有要求时；

f） 质量监督机构依法提出型式检验要求时。

7.2.2 型式检验项目为第5章的全部内容。

7.2.3 型式检验抽样在批量生产的相同型号规格的产品中进行，批量基数不少于30件，样品数量至少为2件。

7.2.4 型式检验项目全部合格，判该批产品为合格。若5.3、5.4、5.5中有任一项不合格，判该批产品为不合格。5.1、5.2项不合格时，可加倍抽样进行复验，若复验合格，判该批产品为合格；若复验仍不合格，则判该批产品为不合格。

8 标志、包装、运输和贮存

8.1 标志

应在槽盒明显位置处，设有永久性标牌，内容应包括：

a） 产品名称、型号；

b） 生产日期、产品编号；

c） 生产厂名称、地址；

d） 产品商标；

e） 执行标准编号。

8.2 包装

产品允许采用简单包装形式，并应随产品提供如下文件资料：

a） 产品合格证书，按GB/T 14436的要求编印；

b） 产品说明书，按GB/T 9969的要求编印；

c） 产品安装图；

d） 零部件及附件清单。

8.3 运输

产品在运输过程中放置应平稳，捆绑应牢固，避免因行车碰撞损坏包装。装卸时要轻抬轻放，防止因磕、摔、撬等行为导致机械变形损坏产品，影响安装使用。

8.4 贮存

产品应贮存在通风、干燥、有遮盖的场所，分类、分层堆放，层间有隔垫，并应有防潮、与有腐蚀性气体隔离的措施。

ICS 13.220.50
C 82

中华人民共和国国家标准

GB/T 29416—2012

建筑外墙外保温系统的防火性能试验方法

Test method for fire-resistant performance of external wall insulation systems applied to building facades

2012-12-31 发布　　2013-10-01 实施

中华人民共和国国家质量监督检验检疫总局
中国国家标准化管理委员会　发布

前　言

本标准按照 GB/T 1.1—2009 给出的规则起草。

本标准编制时参考了 BS 8414-1:2002《建筑外包覆系统的防火性能　第 1 部分:适用于建筑表面非承重外包覆系统的试验方法》。

本标准由中华人民共和国公安部提出。

本标准由全国消防标准化技术委员会建筑构件耐火性能分技术委员会(SAC/TC 113/SC 8)归口。

本标准负责起草单位:公安部天津消防研究所。

本标准参加起草单位:中国建筑科学研究院、公安部四川消防研究所、北京振利高新技术有限公司、山东圣泉化工股份有限公司、中国聚氨酯工业协会。

本标准主要起草人:王国辉、田亮、卓萍、张晓颖、赵璧、韩伟平、项凯、胡胜利、吴颖捷、季广其、赵成刚、崔荣华、黄振利、唐路林、李建波、朱春玲、王建强、胡永腾、张志敏。

建筑外墙外保温系统的防火性能试验方法

安全警示：组织和参加本项试验的所有人员需注意可能存在的危险。在试验过程中有可能出现外保温系统全面燃烧并产生有毒和(或)有害烟尘、烟气的情况，在试件安装、试验实施和试验后残余物清理的过程中也可能出现机械危害和操作危险。因此，试验室需配备试验人员的安全防护装备和相应的灭火设施，对所有潜在的危险及对健康的危害进行评估并做出安全预告。试验相关人员需进行必要的培训，以确保工作人员按照规定的安全规程进行操作。

1 范围

本标准规定了建筑外墙外保温系统防火性能试验的术语和定义、试验装置、试样、状态调节、试验程序、试验后的检查、试验结果判定和试验报告等。

本标准适用于安装在建筑外墙上的非承重外保温系统的防火性能试验。

本标准不适用于安装在建筑外墙上的呼吸式玻璃幕墙结构外保温系统的防火性能试验。

2 规范性引用文件

下列文件对于本文件的应用是必不可少的。凡是注日期的引用文件，仅注日期的版本适用于本文件。凡是不注日期的引用文件，其最新版本(包括所有的修改单)适用于本文件。

GB/T 5907 消防基本术语 第一部分

GB/T 6343 泡沫塑料及橡胶 表观密度的测定

GB/T 18404 铠装热电偶电缆及铠装热电偶

GB/T 20284 建筑材料或制品的单体燃烧试验

GB/T 25181 预拌砂浆

3 术语和定义

GB/T 5907 界定的以及下列术语和定义适用于本文件。

3.1

建筑外墙外保温系统 external wall insulation systems applied to building facade

采用规定的构造方式将多种材料安装在建筑外墙外表面上，具有一定保温性能的完整结构系统。

3.2

水平准位线 1 level 1

位于试验装置燃烧室开口顶部上方 2 500 mm 处的水平准位线。

3.3

水平准位线 2 level 2

位于试验装置燃烧室开口顶部上方 5 000 mm 处的水平准位线。

3.4

初始温度 initial temperature

T_0

开始点火时水平准位线 1 上的外部热电偶的平均温度。

3.5

持续可见火焰 sustained visible flaming

试验中观察到的持续时间超过 60 s 的连续可见火焰。

注：不包括阴燃时间。

3.6

燃烧残片 burning debris

在整个试验过程中，从试样上脱落的带有持续可见火焰(3.5)的样品残片。

4 试验装置

4.1 概述

建筑外墙外保温系统(以下简称“外保温系统”)的防火性能试验装置一般应由墙体、燃烧室、热源、垮塌区域、测量系统等部分组成。

试验装置应在具有一定空间的建筑室内建造，室内空间的大小应能满足试验装置建造、试样安装施工、试验操作等需求，同时应能保证试验期间试验用热源和试样的自由燃烧(燃烧行为受燃料控制，而不是受通风控制)。

试验装置应持久耐用，在试验过程中不得出现影响试验结果的变形或损坏。

4.2 墙体

试验装置的墙体由主墙和副墙组成，使用干密度不低于 600 kg/m^3 的蒸压加气混凝土砌块垂直砌筑。主墙和副墙的高度大于或等于 9 000 mm，厚度大于或等于 300 mm。主墙宽度大于或等于 2 600 mm，副墙宽度大于或等于 1 500 mm。主墙和副墙形成 90°夹角(见图 1)。试验墙体应采用符合 GB/T 25181 要求的强度等级为 M10 的干混普通抹灰砂浆抹面处理，厚度为(10±1)mm。

4.3 燃烧室

试验装置的燃烧室设置于主墙的底部，其外边缘与主墙面平齐。开口尺寸应为：高(2 000±100)mm，宽(2 000±100)mm。内部尺寸：高(2 300±50)mm，宽(2 000±50)mm，深(1 050±50)mm。燃烧室开口距副墙边缘的距离为(250±10)mm。开口上部用耐火材料保护。

4.4 热源

试验用热源的燃烧热性能应符合附录 A 的规定，可采用：

a) 按附录 B 规定制作的木垛；

b) 按附录 A 规定进行校准且符合要求的其他形式的热源(如燃气炉)，该热源应能保证其火焰能从燃烧室开口处溢出并向上燃烧。

单位为毫米

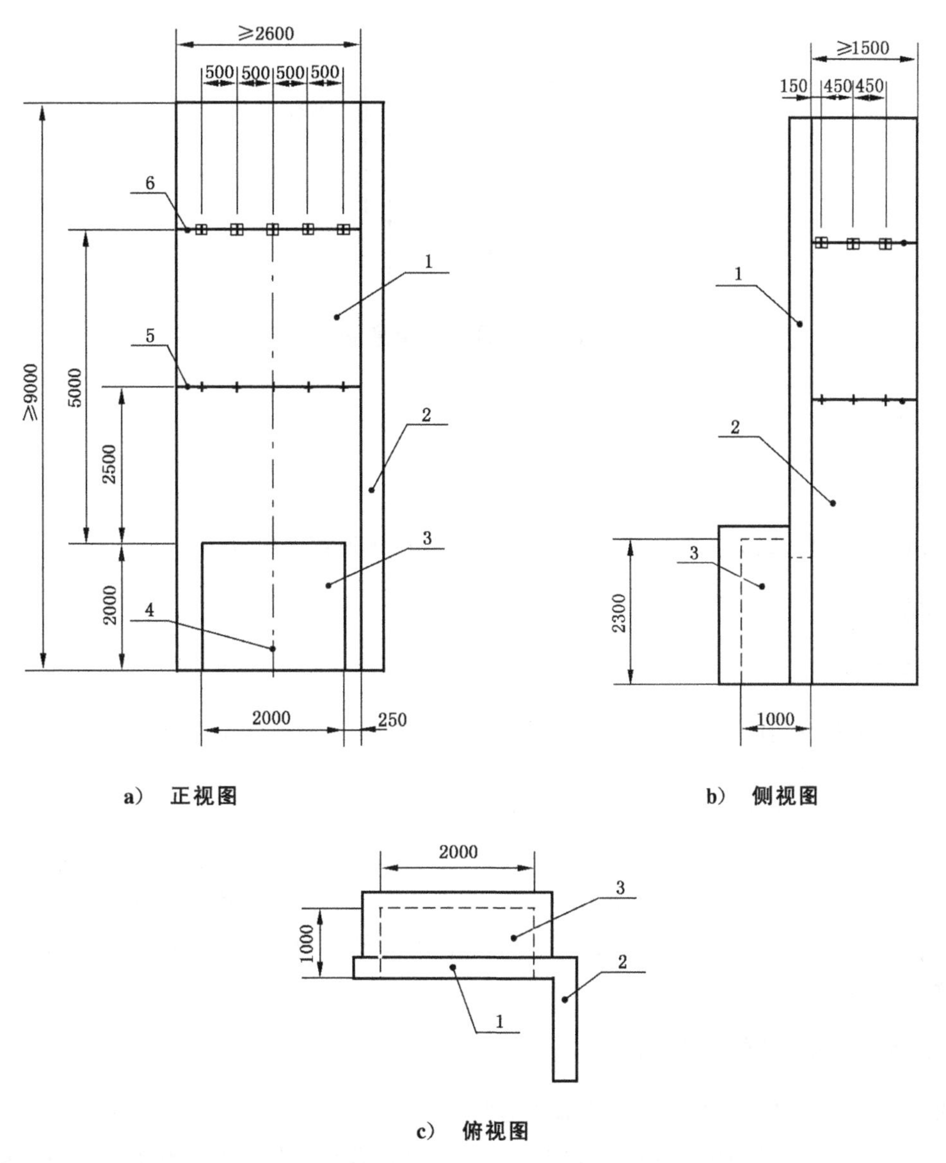

a） 正视图

b） 侧视图

c） 俯视图

1 ——主墙；

2 ——副墙；

3 ——燃烧室；

4 ——燃烧室中心线；

5 ——水平准位线 1；

6 ——水平准位线 2；

+ ——水平准位线 1 上的热电偶(外部温度)；

⊞ ——水平准位线 2 上的热电偶(外部温度＋内部温度)。

图 1 试验装置及热电偶位置示意图

4.5 垮塌区域

试验装置的垮塌区域设置于主墙与副墙夹角内，长 2 450 mm，宽 1 200 mm。标记于试验装置的地面上，如图 2 所示。

单位为毫米

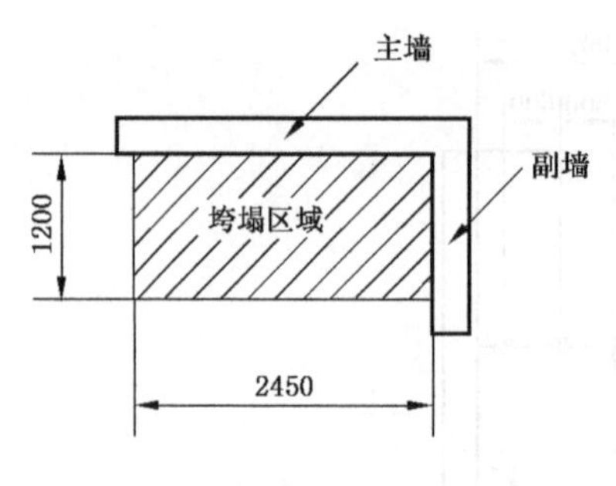

图2　垮塌区域示意图

4.6　测量系统

4.6.1　概述

测量系统由热电偶、数据采集系统、摄像机、计时装置、风速仪等组成。

4.6.2　热电偶

4.6.2.1　一般规定

热电偶应采用符合 GB/T 18404 规定的电缆外径 D 为(1.5±0.025)mm 的 K 型铠装热电偶，测温范围为(0～1 000)℃，允差等级为Ⅰ级。

安装在试验装置上的热电偶分为外部热电偶和内部热电偶。

外部热电偶的测温点应伸出外保温系统外表面(50±5)mm，测温点位置的允许偏差为±10 mm。

内部热电偶的测温点应布置于保温层厚度的中心处。当保温层厚度小于 10 mm 时，可不设热电偶。如果系统内含有空腔，则内部热电偶的测温点应同时布置于每一个空腔厚度的中心处。测温点位置的允许偏差为±10 mm。

4.6.2.2　水平准位线上的外部热电偶

水平准位线 1 和水平准位线 2 上的外部热电偶安装位置为：

——在主墙正面，热电偶设置在燃烧室开口的垂直中心线上和中心线两侧各 500 mm 及 1 000 mm 的位置，水平准位线 1 和水平准位线 2 上各设置 5 个测温点，如图 1a)所示；

——在副墙正面，热电偶设置在距主墙外保温系统外表面 150 mm、600 mm 及 1 050 mm 的位置上，水平准位线 1 和水平准位线 2 上各设置 3 个测温点，如图 1b)所示。

4.6.2.3　水平准位线 2 上的内部热电偶

水平准位线 2 上的内部热电偶安装位置为：

——在主墙外保温系统内，热电偶应设置在燃烧室开口的垂直中心线上和中心线两侧各 500 mm 及 1 000 mm 的位置，共设置 5 个测温点，如图 1a)所示；

——在副墙外保温系统内，热电偶设置在距主墙外保温系统外表面 150 mm、600 mm 及 1 050 mm 的位置上，共设置 3 个测温点，如图 1b)所示。

4.6.3　数据采集系统

数据采集系统记录数据的时间间隔应不大于 2 s。

4.6.4 摄像机

采用两台连续录像时间不少于 90 min 的摄像机对试验全过程进行连续记录，摄像的视角应覆盖试验装置两个墙面的整体高度。

4.6.5 计时装置

计时装置的测量精度不低于 0.1 s。

4.6.6 风速仪

风速仪的测量精度不低于±0.5 m/s。

5 试样

5.1 概述

试样应包括建筑外墙外保温系统的所有组成部分，其结构及厚度应能完全反映实际工程使用情况，并且按照试验委托方提供的设计要求进行安装。

5.2 试样尺寸与安装

5.2.1 试样安装前应按照 4.2 的规定或者试验委托方提供的设计要求对试验墙体进行处理。基层应平整，清洁，无油污、脱模剂等妨碍粘结的附着物。

5.2.2 试样的安装不应妨碍燃烧室开口，且试样总厚度不应大于 200 mm。

5.2.3 在试验装置主墙上，试样安装宽度不应小于 2 400 mm，一边紧靠副墙试样表面；安装高度应大于燃烧室开口顶部以上 6 000 mm。试样可以向下扩展到燃烧室开口两边的地面。

5.2.4 在试验装置副墙上，试样安装宽度不应小于 1 200 mm，一边紧靠主墙试样表面；安装高度应与主墙上的试样安装高度相同。

5.2.5 在主墙与副墙的夹角墙角处，试样应按外保温系统实际应用的构造或按试验委托方的要求进行安装。

5.2.6 试样在燃烧室开口周边的边缘应按外保温系统的实际应用构造或试验委托方的要求进行保护。当外保温系统构造在实际应用中无任何开口保护措施时，试样在燃烧室开口周边的边缘应保持相同的非保护状态。

5.2.7 当外保温系统构造在实际应用中包含有水平构造缝时，该构造缝应按试验委托方规定的实际应用间隔进行设置，且至少应在燃烧室开口上方(2 400±100)mm 处设置一条水平构造缝。

5.2.8 当外保温系统构造在实际应用中包含有垂直构造缝时，该构造缝应按试验委托方规定的实际应用间隔进行设置，且应在燃烧室开口中心线向上延伸处设置一条垂直构造缝，其设置位置相对于中心线的允许偏差为±100 mm。

5.2.9 当外保温系统构造在实际应用中设置防火隔离带时，试样的防火隔离带应按试验委托方的要求设置，且最高一条防火隔离带(包括固定用构造)应设置于水平准位线 2 的下方，其上边缘距水平准位线 2 的距离不应小于 100 mm。

5.2.10 当外保温系统构造在实际应用中带有龙骨时，龙骨的安装位置应避开水平准位线 1 和水平准位线 2，其上边缘距水平准位线 1 和水平准位线 2 的距离不应小于 100 mm。

5.3 试样的基础性能特征

在按本标准进行防火性能试验前，应按下述规定确定试样的基础性能特征：

a） 按 GB/T 20284 的规定测试试样的燃烧性能；

b） 按 GB/T 6343 的规定测试试样中使用的保温材料的表观密度；

c） 按附录 C 的规定测试试样中使用的保温材料的阴燃特性。

6 状态调节

试样按要求安装完成后，应在自然状态下养护，养护时间应按系统实际应用情况确定或由试验委托方提供。

7 试验程序

7.1 环境条件

试验开始时的环境温度应在（20±15）℃范围内，试验室地面以上（3 000±100）mm 高度处的空气流速不应大于 2 m/s。

7.2 数据采集

热源点火前应进行不少于 5 min 的数据采集和摄像记录。如果点火前任一水平准位线或任一层面内有两个以上测温点的热电偶出现数据异常，应停止试验。测量并记录点火时水平准位线 1 上外部热电偶的温度，取温度平均值即为初始温度（T_0）。

7.3 点燃热源

在开始数据采集 5 min 后，按附录 B 的规定点燃木垛热源。如果采用其他热源，则应按照附录 A 确定的方式点燃热源。

7.4 试验观测与记录

7.4.1 热源点火后，应测量并记录水平准位线 1 上外部热电偶的温度，当记录的任一热电偶温度高出初始温度（T_0）200 ℃、且持续时间达到 30 s 时，该时刻记为试验的开始时间（t_s）。

7.4.2 试验过程中应观测并记录试样燃烧状态和系统稳定性发生变化的时间。

燃烧状态包括：

a） 全面燃烧；

b） 持续可见火焰情况；

c） 外部火焰蔓延情况，即水平准位线 2 上的任一外部热电偶的温度；

d） 内部火焰蔓延情况，即水平准位线 2 上的任一内部热电偶的温度；

e） 燃烧残片情况。

系统稳定性包括试样整体或部分出现破损、剥离、垮塌等情况及其时间。

7.4.3 试验终止条件为：

a） 如果在试验进行到开始时间（t_s）后的 30 min 以前出现试样全面燃烧等任何不安全因素，可即时终止试验；

b） 如果在试验进行到开始时间（t_s）后的 30 min 时试样的任何部分已无燃烧现象，可终止试验；

c） 如果在试验进行到开始时间（t_s）后的 30 min 时试样的任何部分仍有燃烧现象，则试验应持续进行至 60 min，而后终止试验；

d） 如果试样中使用的保温材料按 5.3c）测定为具有阴燃倾向，则试验应持续进行至 24 h，而后终止试验。

8 试验后的检查

在试验结束后的 24 h 内，待试验装置自然冷却，应检查试样的破坏情况，包括开裂、熔化、变形以及分层等现象，但不应考虑烟熏黑或褪色的部分，根据检查需要，可拆除样品的某些覆盖物。应做好以下各项记录：

a) 如果存在阴燃，试样因阴燃在垂直和水平两个方向上被损坏的区域；
b) 火焰在试样表面垂直和水平两个方向上蔓延的范围；
c) 如果存在中间层，火焰在每一个中间层垂直和水平两个方向上蔓延和造成破坏的范围；
d) 如果存在空腔，火焰在空腔内垂直和水平两个方向上蔓延和造成破坏的状况；
e) 试样外表面出现的烧损及剥离的范围。

9 试验结果判定

当出现下列 a)～g)规定的任一现象时，试样的防火性能试验结果判定为不合格，否则判定为合格：

a) 试验提前终止：试验过程中出现全面燃烧等不安全因素，试验被提前终止；
b) 持续可见火焰：在整个试验期间内，试样出现燃烧，且持续可见火焰在垂直方向上高度超过 9 m，或在水平方向上自主墙与副墙夹角处沿主墙超过 2.6 m 或沿副墙超过 1.5 m；
c) 外部火焰蔓延：在试验开始时间(t_s)后的 30 min 内，水平准位线 2 上的任一外部热电偶的温度超过初始温度(T_0)600 ℃，且持续时间不小于 30 s；
d) 内部火焰蔓延：在试验开始时间(t_s)后的 30 min 内，水平准位线 2 上的任一内部热电偶的温度超过初始温度(T_0)500 ℃，且持续时间不小于 30 s；
e) 垮塌区域火焰蔓延：在整个试验期间内，从试样上脱落的燃烧残片火焰蔓延至垮塌区域(见图 2)之外；或者试样在试验过程中存在熔融滴落现象，滴落物在垮塌区域内形成持续燃烧，且持续时间大于 3 min；
f) 阴燃：在整个试验期间内，试样因阴燃损害的区域，垂直方向上超过水平准位线 2 或水平方向上在水平准位线 1 和 2 之间达到副墙的外边界；
g) 系统稳定性：在整个试验期间内，试样出现全部或部分垮塌，而且垮塌物(无论是否燃烧)落到垮塌区域(见图 2)之外。

10 试验报告

试验报告应包括以下内容：

a) 试验日期；
b) 试验环境条件；
c) 试验委托方的详细情况；
d) 试样的完整描述和安装构造图示，包括使用材料和组成部分的详细情况，如尺寸、基础性能特征、施工工艺等；
e) 7.4 规定的观测记录；
f) 第 8 章描述试验检查结果的详细情况；
g) 试验结果判定(见第 9 章)，试验结果的应用范围参见附录 D。

附 录 A
（规范性附录）
热 源 校 准

A.1 原理

校准板应采用厚度为 12 mm、密度为(1 100±100)kg/m³ 的硅酸钙板。安装硅酸钙板应完整地覆盖试验装置的主墙和副墙。

A.2 设备

A.2.1 热电偶

A.2.1.1 概述

所有热电偶应采用符合 GB/T 18404 规定的电缆外径 D 为(1.5±0.025)mm 的 K 型铠装热电偶，测温范围为(0～1 000)℃，允差等级为Ⅰ级。

A.2.1.2 燃烧室中的热电偶

燃烧室中应设置 3 支热电偶，布置在燃烧室开口顶部下方(50±10)mm、校准板外表面的内侧(100±10)mm 处。其中 1 支应布置在燃烧室开口的垂直中心线上，其余两支应布置在中心线两侧各(900±10)mm 处。

A.2.1.3 水平准位线 1 上的热电偶

水平准位线 1 上应设置 5 支热电偶，分别位于燃烧室开口的垂直中心线上和中心线两侧各 500 mm 和 1 000 mm 处。每支热电偶的测温点应伸出校准板外表面(50±5)mm 处，测温点位置的允许偏差为±10 mm。如图 A.1 所示。

A.2.2 热流计

采用 3 只完全相同的直径为(25～50)mm、测量范围为(0～100)kW/m² 的热流计，布置在试验装置的主墙上，布置位置如图 A.1 所示。热流计的测量面应与校准板的外表面平齐。

A.3 校准程序

A.3.1 概述

试验程序应符合第 7 章的规定。

A.3.2 温度

A.3.2.1 燃烧室

燃烧室开口宽度上的温度通过图 A.1 中所示位置的 3 支热电偶进行监测。在整个监测期内，3 支热电偶的平均温度高于初始温度(T_0)600 ℃的持续时间不应少于 20 min，且平均温度与任一热电偶读数之间的偏差应在±50 ℃的范围内。

A.3.2.2 水平准位线 1

在整个监测期内，图 A.1 所示主墙的水平准位线 1 上的热电偶 A、B 和 C，其平均温度高于初始温度(T_0)500 ℃的持续时间不应少于 20 min。

单位为毫米

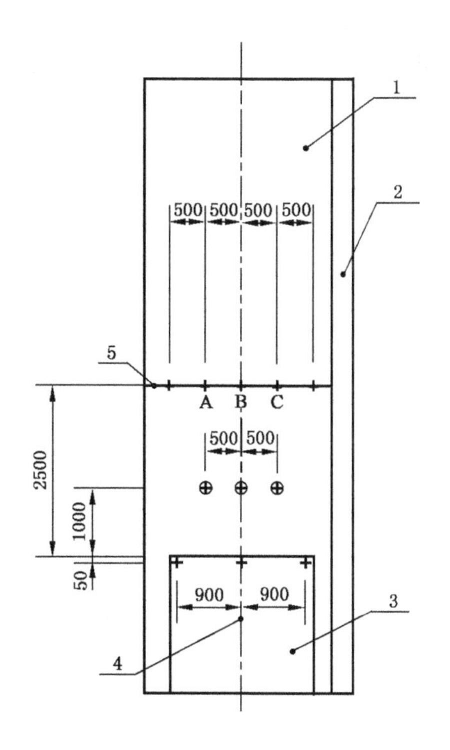

1 ——主墙;

2 ——副墙;

3 ——燃烧室;

4 ——燃烧室中心线;

5 ——水平准位线 1;

+ ——热电偶;

⊕ ——热流计。

图 A.1 校准试验热流计和热电偶的布置位置

A.3.3 热辐射通量

对于除木垛以外的其他燃料,平均热辐射通量应符合图 A.2 所示的曲线,且热辐射通量的测量值应在(45～95)kW/m² 的范围内保持 20 min 以上。

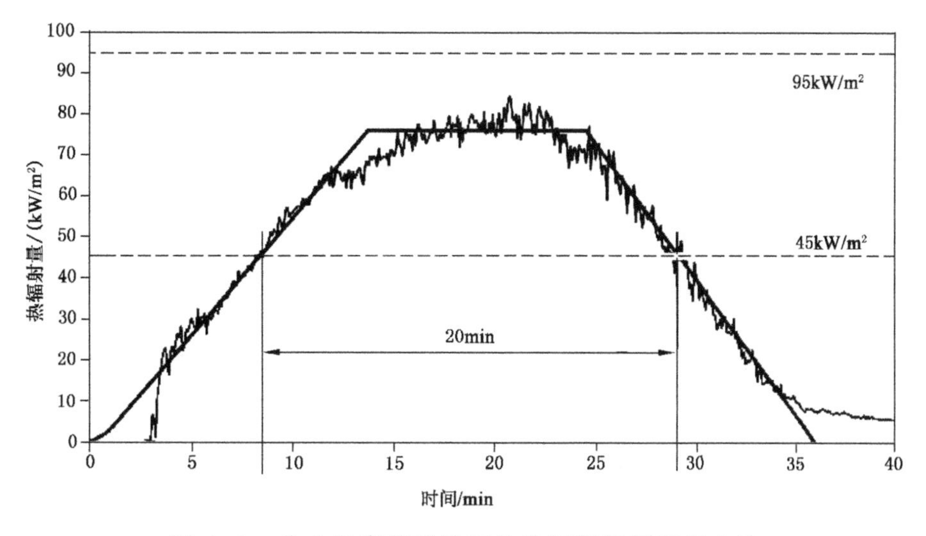

图 A.2 非木垛类燃料的平均热辐射通量时间曲线

A.3.4 持续时间

整个加热过程的持续时间为36 min。

附　录　B
（规范性附录）
木　垛　热　源

B.1　材料

B.1.1　软木条

密度为(0.5～0.6)g/cm³，截面尺寸为 50 mm×50 mm，长度为 1 500 mm 和 1 000 mm。试验时软木的质量含水率应在(10～16)%的范围内。

B.1.2　低密度纤维板条

尺寸为 25 mm×12 mm×1 000 mm，共 16 根。

B.2　木垛热源制备

B.2.1　木垛

用软木条搭建木垛，平面尺寸为 1 500 mm×1 000 mm，木垛高度为 1 000 mm。

用 1 500 mm 长木条和 1 000 mm 短木条按层交替搭建木垛。第一层由 10 根 1 500 mm 长木条组成，第二层由 15 根 1 000 mm 短木条组成，垂直搭在第一层木条上，形成 1 500 mm×1 000 mm 的平面。

依次类推直至形成 20 个木条层，木垛高度为 1 000 mm。总计使用 150 根短木条和 100 根长木条。

B.2.2　码放位置

木垛应码放在高出燃烧室地面上方(400±50)mm 的稳固平台上，距燃烧室两侧墙体的距离相等，距燃烧室后墙(100±10)mm，如图 B.1 和图 B.2 所示。

单位为毫米

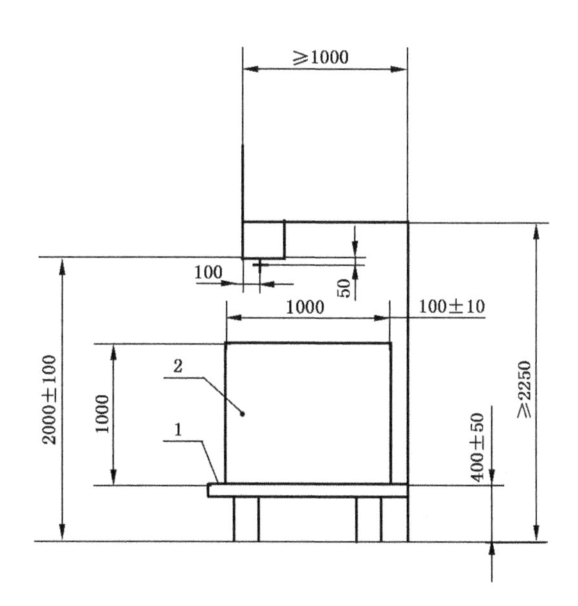

1 ——支撑平台；

2 ——木垛；

+ ——热电偶。

图 B.1　木垛相对位置侧视图

单位为毫米

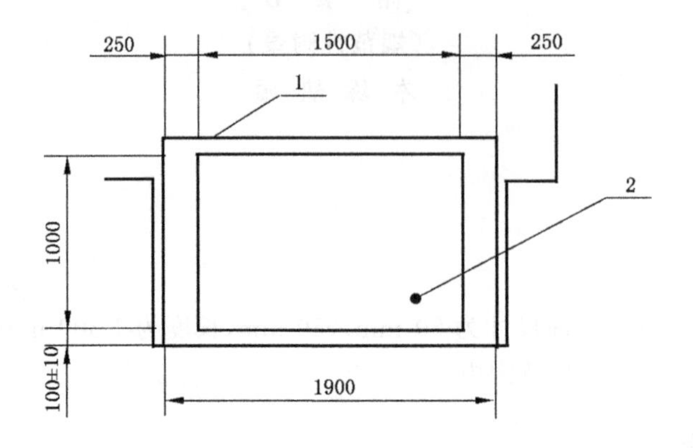

1——支撑平台；

2——木垛。

图 B.2 木垛相对位置平面图

B.2.3 点火源

使用尺寸符合 B.1.2 的规定，且在 5L200# 溶剂汽油中均匀浸泡 5 min 后的 16 根低密度纤维板条作为木垛点火源。点火前的 5 min 内，首先将其中的 14 根纤维板条插入木垛第二层木条间的空隙中(即平台上方 50 mm 处)，纤维板条一段向外伸出木垛约 30 mm；然后，将另 2 根纤维板条水平放置在前述 14 根纤维板条伸出木垛外的末端上。试验时，应点燃这 2 根纤维板条的整个长度。

注 1：木垛热源在 30 min 期间内释放的总热量为 4 500 MJ，热释放速率峰值为(3±0.5)MW。

注 2：本附录所描述的木垛热源已被证明符合附录 A 的要求，可以直接采用而无需进行校准试验。

附 录 C
（规范性附录）
阴燃特性试验方法

C.1 概述

本方法适用于测试外保温系统中保温材料的阴燃特性。

C.2 试验装置

C.2.1 试验加热装置为带有机械通风的电阻炉，其内部尺寸应充分满足容纳试样并允许空气自然流通。

C.2.2 边长为 100 mm 的立体钢丝网篮，钢丝直径为(0.5～0.6)mm，网孔尺寸为 2 mm×2 mm。

C.2.3 温度测量采用符合 GB/T 18404 规定的电缆外径 D 为(1.5±0.025)mm 的 K 型铠装热电偶，测温范围为(0～1 000)℃，允差等级为Ⅰ级；一支热电偶用于测量保温材料试样中心位置的温度，另一支热电偶用于测量电阻炉的炉温；每间隔 10 s 热电偶应至少进行一次数据采集。

C.3 试验程序

C.3.1 阴燃试验应在 24 h 的周期内完成。

C.3.2 试样组成应与外保温系统使用的保温材料一致，且为匀质材料，尺寸为 100 mm×100 mm×100 mm。

C.3.3 将盛放保温材料试样的立体钢丝网篮置于电阻炉中，设定炉温升温速率为 0.5 ℃/min。

C.3.4 启动电阻炉开始升温并计时，电阻炉温度从室温开始升至 400 ℃，一旦炉温达到 400 ℃，即维持该温度至 24 h 试验周期结束。

C.3.5 记录保温材料试样中心位置的温度和电阻炉的温度并绘制放热曲线。

C.4 试验结果判定

试样的中心温度与炉温相同，则表明在试验周期和温度范围内试样没有阴燃的倾向。

如果在整个试验过程(24 h)中，试样出现如图 C.1 所示的带有自加热特性的试验轨迹，则判定试样存在阴燃倾向。

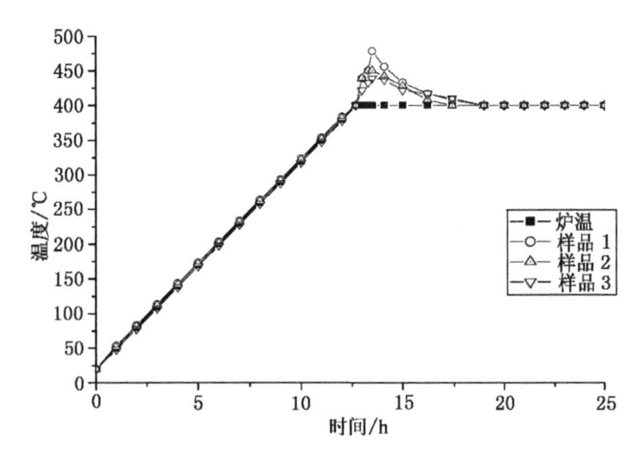

图 C.1 阴燃特性试验示意图

附 录 D
（资料性附录）
试验结果的应用范围

D.1 外保温系统的类型

试验结果适用于试验报告中说明的特定的外保温系统。

D.2 保温层厚度

为包含外保温系统的一系列保温层厚度范围。在外保温系统的其他构造方式保持不变时，应试验指定外保温系统在最薄和最厚保温层情况下的防火性能。如果只试验特定的保温层厚度，则试验结果仅针对该厚度的外保温系统。

D.3 空腔厚度

为包含外保温系统内的一系列空腔厚度范围。在外保温系统的其他构造方式保持不变时，应试验指定外保温系统在最小和最大空腔厚度情况下的防火性能。如果只试验特定的空腔厚度，则试验结果仅针对该空腔厚度的外保温系统。

D.4 基层墙体的要求

本试验使用砌筑墙作为基层墙体，其他类型的基层墙体不在本标准的范围之内。

D.5 防火隔离带的位置

如果使用了防火隔离带，则试验结果仅适用于所试验的防火隔离带类型、安装方式和位置分布。防火隔离带间隔应限制在所试验的最大间隔范围内。

ICS 13.220.50
C 84

中华人民共和国国家标准

GB 30051—2013

推闩式逃生门锁通用技术要求

General technical requirements for push-bar emergency exit locks

2013-12-17 发布　　　　2014-11-01 实施

中华人民共和国国家质量监督检验检疫总局
中国国家标准化管理委员会　发布

前　言

本标准第5章(5.1.1除外)、第7章和8.1为强制性的,其余为推荐性的。

本标准按照GB/T 1.1—2009给出的规则起草。

本标准由中华人民共和国公安部提出。

本标准由全国消防标准化技术委员会建筑构件耐火性能分技术委员会(SAC/TC 113/SC 8)归口。

本标准负责起草单位:公安部天津消防研究所。

本标准参编单位:北京科进天龙控制系统有限公司。

本标准主要起草人:赵华利、黄伟、李博、李希全、王宝伟、安冰、何培重。

本标准为首次发布。

推闩式逃生门锁通用技术要求

1 范围

本标准规定了推闩式逃生门锁的术语和定义、分类、要求、试验方法、检验规则及标志、包装、运输和贮存。

本标准适用于安装在疏散门上的推闩式逃生门锁。

2 规范性引用文件

下列文件对于本文件的应用是必不可少的。凡是注日期的引用文件,仅注日期的版本适用于本文件。凡是不注日期的引用文件,其最新版本(包括所有的修改单)适用于本文件。

GB/T 191 包装储运图示标志

GB/T 2423.1 电工电子产品环境试验 第2部分:试验方法 试验A:低温

GB/T 2423.2 电工电子产品环境试验 第2部分:试验方法 试验B:高温

GB/T 2423.3 电工电子产品环境试验 第2部分:试验方法 试验Cab:恒定湿热试验

GB/T 2423.10 电工电子产品环境试验 第2部分:试验方法 试验Fc:振动(正弦)

GB/T 5907 消防基本术语 第一部分

GB/T 7633 门和卷帘的耐火试验方法

GB/T 9969 工业产品使用说明书 总则

GB 16838—2005 消防电子产品 环境试验方法及严酷等级

GB/T 17626.2—2006 电磁兼容 试验和测量技术 静电放电抗扰度试验

GB/T 17626.3—2006 电磁兼容 试验和测量技术 射频电磁场辐射抗扰度试验

QB/T 3836—1999 锁具测试方法

3 术语和定义

GB/T 5907、GB/T 7633 和 QB/T 3836—1999 中界定的以及下列术语和定义适用于本文件。

3.1

推闩式逃生门锁 push-bar emergency exit lock

安装在疏散门逃生方向一侧,通过人力推压门闩方式实现逃生方向开启功能的锁具。包括推闩式机械逃生门锁、推闩式联动报警逃生门锁和推闩式非联动报警逃生门锁。

3.1.1

推闩式机械逃生门锁 mechanical push-bar emergency exit lock

仅具有通过机械装置实现启闭功能的推闩式逃生门锁,不附带自身电子报警功能以及与火灾报警控制器或消防联动控制器的联动报警功能。

3.1.2

推闩式联动报警逃生门锁 linkage-controlled push-bar emergency exit lock with alarm

具有通过机械装置实现启闭功能,并附带自身电子报警功能以及与火灾报警控制器或消防联动控制器联动报警功能的推闩式逃生门锁。

3.1.3

推闩式非联动报警逃生门锁　non-linkage-controlled push-bar emergency exit lock with alarm

具有通过机械装置实现启闭功能，并附带自身电子报警功能，但不附带与火灾报警控制器或消防联动控制器联动报警功能的推闩式逃生门锁。

4　分类

4.1　按使用功能分为

a）推闩式机械逃生门锁，代号为 J；

b）推闩式联动报警逃生门锁，代号为 BL；

c）推闩式非联动报警逃生门锁，代号为 B。

4.2　按耐火性能分为：

a）具有耐火性能的推闩式逃生门锁，可安装在防火门上使用，代号为 F□，"□"表示推闩式逃生门锁的耐火时间，单位为小时(h)，保留两位小数。

b）不具有耐火性能的推闩式逃生门锁，不能安装在防火门上使用，无代号。

4.3　按使用寿命可靠性分为：

a）寿命可靠性满足 30 万次为Ⅰ级，代号为Ⅰ；

b）寿命可靠性满足 20 万次为Ⅱ级，代号为Ⅱ；

c）寿命可靠性满足 10 万次为Ⅲ级，代号为Ⅲ。

4.4　型号编制方法如下：

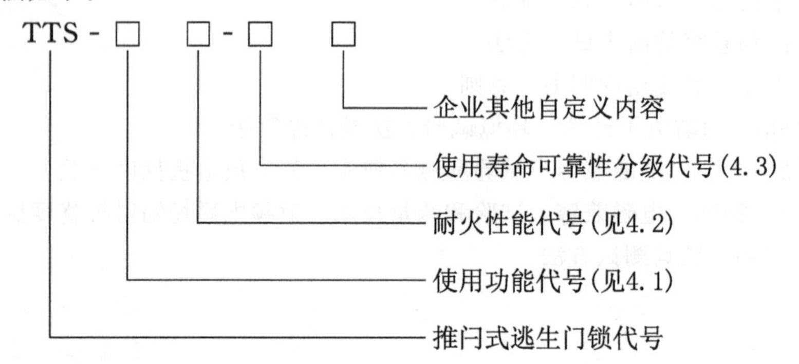

示例 1：TTS-JF1.50-Ⅱx 表示推闩式机械逃生门锁，耐火性能为 1.50 h，寿命可靠性级别为Ⅱ级，企业自定义产品代号为 x。

示例 2：TTS-B-Ⅰx 表示推闩式非联动报警逃生门锁，无耐火性能，寿命可靠性级别为Ⅰ级，企业自定义产品代号为 x。

5　要求

5.1　推闩式机械逃生门锁

5.1.1　一般要求

5.1.1.1　推闩式机械逃生门锁(以下简称门锁)的外形及内部结构应符合其设计图纸要求。

5.1.1.2　门锁部件中采用定型产品的，其质量应符合相关国家标准或行业标准的规定。

5.1.2　外观质量

5.1.2.1　门锁表面应光洁，涂层应均匀，外露部位不应有明显裂痕、斑点、起泡、剥落、划痕等缺陷。

5.1.2.2 门锁的标志应符合 8.1 的规定。

5.1.3 结构

5.1.3.1 门锁的各种铆接及焊接件应紧固无松动。
5.1.3.2 门锁不应有限制锁舌正常动作的固定机构。
5.1.3.3 在逃生方向,门锁的开启方式应仅使用人力推压方式。
5.1.3.4 在非逃生方向,门锁的开启机构不应影响其在逃生方向的正常使用。

5.1.4 基本尺寸

5.1.4.1 门锁的总长度不应小于所安装疏散门门扇宽度的 2/3,且不应影响疏散门的正常开启和关闭。
5.1.4.2 门锁开启机构的手柄应醒目,其长度不应小于所安装疏散门门扇宽度的 1/2。

5.1.5 配合尺寸

5.1.5.1 门锁的锁舌与锁孔的配合间隙不应大于 1.0 mm。
5.1.5.2 门锁的锁舌正常伸出壳体的长度不应小于 12 mm。
5.1.5.3 门锁的锁舌缩进壳体后,锁舌前端面应与壳体前端面相平,两平面高低差不应大于 0.5 mm。

5.1.6 灵活度

5.1.6.1 门锁的启、闭机构工作应灵活,无卡阻现象。
5.1.6.2 门锁的锁舌开启灵活,轴向静压力应为 3 N~12 N。

5.1.7 开启性能

5.1.7.1 门锁应能可靠开启,无负载状态下开启机构手柄中部法线方向上的开启力不应大于 70 N。
5.1.7.2 安装门锁的疏散门处于关闭状态,在疏散门门扇中部沿门锁开启的施力方向施加 1 100 N 的静推力(即外加负载)后,门锁开启机构手柄中部法线方向上的开启力不应大于 220 N。

5.1.8 牢固度

5.1.8.1 门锁的锁舌在承受 1 000 N 侧向静载荷、历时 30 s 的作用后,应能正常使用。
5.1.8.2 安装门锁的疏散门,在疏散方向且逃生门锁未开启时,疏散门中部承受 1 780 N 静推力,不能开启。
5.1.8.3 门锁壳体应有足够的机械强度和刚度,经 110 N 的压力及 2.65 J 的冲击强度试验后,不应产生永久变形和损坏。

5.1.9 使用寿命可靠性

使用寿命可靠性等级为Ⅰ、Ⅱ、Ⅲ级的门锁分别经过 30 万次、20 万次和 10 万次循环动作后,应能正常使用,其开启性能应满足 5.1.7 的规定,牢固度应满足 5.1.8 的规定。

5.1.10 耐火性能

安装在防火门上使用的推闩式逃生门锁不应影响防火门的耐火性能,在其型号明示的耐火时间内进行耐火性能试验时,推闩式逃生门锁应符合下列要求:

a) 背火面不应出现连续时间超过 10 s 的火焰;
b) 锁舌不应回弹且能保持防火门始终处于关闭状态;
c) 锁体及各零部件应无熔融和明显的变形现象(电子装置的电路板、接线柱和引线除外)。

5.2 推闩式联动报警逃生门锁和推闩式非联动报警逃生门锁

5.2.1 常规性能

推闩式联动报警逃生门锁和推闩式非联动报警逃生门锁(通称时简称报警门锁)的常规性能应符合5.1.1～5.1.10的规定。

5.2.2 基本功能

5.2.2.1 推闩式联动报警逃生门锁应具有以下功能：

a) 开启机构手柄在受到规定外力的作用时,门锁应开启,并同时发出报警提示音；

b) 能向与其相连的火灾报警控制器或消防联动控制器(以下统称控制设备)发出疏散门状态(开启或关闭)信号；

c) 能接收与其相连的控制设备所发出的火灾报警信号,并同时发出报警提示音；

d) 报警提示音可通过与其相连的控制设备或自身须授权的复位装置进行复位(消音)；

e) 具有电源正常工作状态和欠电压状态指示；

f) 对接收与反馈信号输入、输出端口采取电隔离措施。

5.2.2.2 推闩式非联动报警逃生门锁应具有以下功能：

a) 开启机构手柄在受到规定外力的作用时,门锁应开启,并同时发出报警提示音；

b) 报警提示音可通过自身须授权的复位装置进行复位(消音)；

c) 具有电源正常工作状态和欠电压状态指示。

5.2.3 主要部(器)件

5.2.3.1 电源工作状态指示灯

报警门锁应有符合下述要求的电源工作状态指示灯：

a) 绿色指示电源正常工作状态信号,以红色指示电源欠压工作状态信号；

b) 在100 lx～500 lx环境光条件下,在正前方90°视角范围内,电源工作状态指示灯应在5 m处清晰可见；

c) 采用闪亮方式的指示灯,正常状态指示灯闪烁频率不应小于0.2 Hz,欠压状态指示灯闪烁频率不应小于1 Hz；

d) 用一个指示灯指示不同状态时,应能明确分辨并满足a)～c)的要求。

5.2.3.2 接线端子

每一接线端子上都应清晰、牢固地标注其编号或符号,相应用途应在有关文件中说明。

5.2.3.3 开关和按键

开关和按键上或在其靠近的位置,应用中文清晰的标注其功能。

5.2.3.4 音响发声器件

在正常工作环境条件下,音响发声器件在其正前方1.0 m处的声压级(A计权)应大于75 dB,小于115 dB。

5.2.4 电源适应性

报警门锁的电源适应性能要求如下：

a) 采用额定电压为 220 V 的交流电供电的，当交流电网电压在 187 V～242 V 范围内波动时，报警门锁应能正常工作，其功能应符合 5.2.2、5.2.3.1 和 5.2.3.4 的规定要求；

b) 采用电池供电的，当电源电压降至额定电压的 85%时，报警门锁应能正常工作，其功能应符合 5.2.2、5.2.3.1 和 5.2.3.4 的规定要求。

5.2.5 绝缘性能

报警门锁的外部接线端子与机壳之间的绝缘电阻，在正常大气条件下，应大于 100 MΩ。

5.2.6 耐高压性能

报警门锁的外部接线端子与机壳之间，应根据额定电压分别耐受频率为 50 Hz，电压为 1 500 V(有效值，额定电压超过 50 V 时)或 500 V(有效值，额定电压不超过 50 V 时)的交流电历时 1 min 的耐压试验。试验期间试样不应发生表面飞弧、扫掠放电、电晕和击穿现象。试验后其功能应符合 5.2.2、5.2.3.1 和 5.2.3.4 的规定要求。

5.2.7 气候环境适应性能

报警门锁按表 1 规定的条件进行气候环境适应性试验，试验期间及试验后，试样外形应无破坏，涂覆无腐蚀现象，并处于正常工作状态，其功能应符合 5.2.2、5.2.3.1 和 5.2.3.4 的规定要求。

表 1 气候环境适应性试验

试验名称	试验参数	试验条件	工作状态
高温(运行)试验	温度	55 ℃±2 ℃	不通电状态 14 h 通电工作状态 2 h
	持续时间	16 h	
低温(运行)试验	温度	0 ℃±2 ℃	不通电状态 14 h 通电工作状态 2 h
	持续时间	16 h	
恒定湿热(运行)试验	相对湿度	93%±2%	通电工作状态
	温度	40 ℃±2 ℃	
	持续时间	96 h	
低温(耐久)试验	温度	−40 ℃±2 ℃	不通电状态
	持续时间	4 h	

5.2.8 机械环境适应性能

报警门锁按表 2 规定的条件进行机械环境适应性试验，试验期间试样应处于正常工作状态；试验后，试样应无机械损伤和紧固部位松动现象，其功能应符合 5.2.2、5.2.3.1 和 5.2.3.4 的规定要求。

5.2.9 电磁干扰环境适应性能

报警门锁按表 3 规定的条件进行射频电磁场辐射抗扰度试验、静电放电抗扰度试验，试验期间及试验后其功能应符合 5.2.2、5.2.3.1 和 5.2.3.4 的规定要求。

5.2.10 稳定性

报警门锁在正常大气压、环境温度为 25 ℃±5 ℃条件下，连续通电 10 d，每天进行不少于 200 次的启、闭循环试验，试验期间报警门锁应能正常工作；试验后，其功能应符合5.2.2、5.2.3.1和5.2.3.4的规定要求。

表2　机械环境适应性试验

试验名称	试验参数	试验条件	工作状态
振动(正弦)试验	频率范围	10 Hz～55 Hz～10 Hz	通电工作状态
	位移幅值	0.19 mm	
	扫频速率	1 oct/min	
	每个轴线上扫频循环次数	20次	
	振动方向	*X*、*Y*、*Z*	
碰撞试验	碰撞能量	0.5 J±0.04 J	通电工作状态
	撞击点数	每个易损部位3次	

表3　电磁干扰环境适应性试验

试验名称	试验参数	试验条件	工作状态
射频电磁场辐射抗扰度试验	场强	10 V/m	通电工作状态
	频率范围	80 MHz～1 000 MHz	
	扫频速率 10 oct/s	$\leqslant 1.5\times10^{-3}$	
	调制幅度	80%(1 kHz，正弦)	
静电放电抗扰度试验	放电电压	空气放电(外壳为绝缘体试样)8 kV	
		接触放电(外壳为导体试样和耦合板)6 kV	
	放电极性	正、负	
	放电间隔	≥1 s	
	每点放电次数	10	
	施加次数	500次	

6　试验方法

6.1　总则

6.1.1　对照门锁制造单位提交的产品设计图纸，目测检查逃生门锁的外形、标签、材料、内部基本结构等情况是否符合要求。部件中采用定型产品的，核查其法定检测机构出具的检验报告。

6.1.2　除了在特定条文中有另行规定外，试验均在下述大气条件下进行：

——温度：15 ℃～35 ℃；

——湿度：25%RH～85%RH；

——大气压力：86 kPa～106 kPa。

6.1.3 试验仪器设备要求如下：

——钢卷尺，准确度±1 mm；

——塞尺，准确度±0.1 mm；

——游标卡尺(带深度尺)，准确度±0.02 mm；

——推、拉力计，准确度±2.5 N；

——力学试验机，准确度±2.5 N；

——秒表，准确度±1 s；

——声压计，准确度±1.0 dB；

——测光表，准确度±1 lx；

——绝缘电阻试验装置，准确度±0.1 MΩ；

——温度计，准确度±1 ℃；

——湿度计，准确度±2%RH；

——大气压力计，准确度±0.4 MPa；

——电压表，准确度±0.1 V。

6.2 外观质量

采用目测观察的方法，检查并记录门锁材料的表面镀层(采用不锈钢材料的除外)和涂层的外观质量以及标志情况。

6.3 结构

采用实际操作和目测观察相结合的方法，检查并记录门锁的下述结构情况：

a) 各种铆接件是否紧固无松动；

b) 门锁是否有限制锁舌正常动作的固定机构；

c) 在疏散逃生方向是否仅采用人力推压方式开启，是否还存在其他开启方式；

d) 门锁在非逃生方向一侧的开启机构是否影响逃生方向的人力推压方式开启功能。

6.4 基本尺寸

6.4.1 将门锁按实际使用要求，安装在试验用钢质门上，开启和关闭门扇，门锁不应影响门扇的正常开启和关闭，记录试验情况和现象。

6.4.2 采用钢卷尺测量门锁的开启机构手柄和试验用钢质门宽度，计算并记录两者的比值。

6.5 配合尺寸

6.5.1 采用标准塞尺测量门锁的锁舌与壳体伸出孔的配合间隙，测量4个不同位置，取最大值作为锁舌与锁孔的配合间隙的测量结果，并记录测量值。

6.5.2 采用带深度测量功能的游标卡尺测量门锁的锁舌缩进壳体后，锁舌前端面最高点与壳体前端面之间的距离，记录测量值。

6.5.3 采用带深度测量功能的游标卡尺测量门锁的锁舌伸出壳体的长度，并记录测量值。

6.6 灵活度

6.6.1 实际安装并操作门锁启、闭机构，观察并感受启、闭机构的工作是否灵活，有无卡阻现象，手动部件手感是否良好，活动是否自如，锁舌活动是否灵活等情况，记录试验情况和现象。

6.6.2 按照QB/T 3836—1999中3.5的规定，测量门锁的锁舌轴向静压力，取三次试验的平均值，并记录测量值。

6.7 开启性能

6.7.1 将门锁参照实际使用情况安装在钢质试验门上，使用 0 N～100 N 的推、拉力计，在门锁开启手柄的中部位置，沿门锁开启的施力方向施加不大于 70 N 的外力，观察并记录门锁的开启情况和开启的外力值。

6.7.2 将门锁按照实际使用情况安装在钢质试验门上，在试验门的门扇中部位置，用力学试验机沿门扇开启方向施加 1 100 N 的静推力；然后使用 0 N～300 N 的推、拉力计，在门锁开启手柄的中部位置，沿门锁开启的施力方向施加不大于 220 N 的外力，观察并记录门锁的开启情况和开启的外力值。

6.8 牢固度

6.8.1 将门锁锁体通过夹具安装在拉力机或压力机上，在离门锁壳体前端面距离 2.5 mm 处，对锁舌侧面逐步加力至 1 000 N，维持时间 30 s 后撤去作用力；然后，按照 6.7 的规定对门锁进行开启性能试验，观察并记录试验情况和现象。

6.8.2 将门锁按照实际使用情况安装在钢质试验门上，保持试验门处于关闭状态，然后在试验门的门扇中部位置，用力学试验机沿门扇开启方向施加 1 780 N 的静推力，观察并记录门锁的开启情况。

6.8.3 将门锁平放在试验台上，其外壳表面朝上，选择门锁外壳表面的三处相对薄弱位置进行标记，采用一个直径为 177 mm 的普通碳素钢半球，球面朝下，分别对标记的三个相对薄弱位置进行压力试验，每一位置的作用时间为 60 s±2 s，试验后，检查并记录门锁外壳表面的变形情况；然后，采用一直径为 50.8 mm 的普通碳素钢球（质量 540 g±2 g），从 0.5 m 的高度处垂直自由落下，冲击在门锁外壳表面的相对薄弱位置，试验后，检查并记录门锁外壳表面的变形情况。

6.9 使用寿命可靠性

参照 QB/T 3836—1999 中 2.1 的规定进行使用寿命试验，对不同使用寿命等级的门锁按其规定的使用方法完成相应次数的启闭循环动作试验后，再分别按 6.7 和 6.8 的规定进行开启性能和牢固度试验。

6.10 耐火性能

6.10.1 试验设备和试验条件

推闩式逃生门锁耐火性能试验设备和试验条件应符合 GB/T 7633 的规定。

6.10.2 试件数量和耐火性能试验受火面确定

推闩式逃生门锁安装在防火门上使用时，如果能确定其耐火性能较薄弱的一侧，则需要一个试件进行耐火试验，且耐火性能较薄弱的一侧为受火面；如果不能确定其耐火性能较薄弱的一侧，则需要两个试件进行耐火试验，且将每一侧分别作为受火面。

6.10.3 试验步骤

6.10.3.1 按实际使用要求，将推闩式逃生门锁试件安装在隔热性钢质防火门（简称试验门）上，试验门的耐火性能不应低于试件型号中明示的耐火性能。

6.10.3.2 按 GB/T 7633 的规定，将试验门安装在耐火性能试验炉上，且按 6.10.2 的规定确定试验门的受火面，试验门门扇按实际使用要求正常锁闭后开始进行耐火性能试验。

6.10.3.3 耐火试验时间为试件型号中明示的耐火时间，在试验过程中和试验结束后，观察并记录试件受火作用的情况。

6.10.4 试验结果判定

试件在耐火试验过程中和试验结束后，发生下列情况之一时，即判定耐火性能不合格：

a) 背火面出现火焰，且火焰连续时间超过 10 s；

b) 锁舌出现回弹现象，不能保持防火门处于关闭状态；

c) 锁体及零部件出现熔融或明显的变形现象(有电子装置电路板、接线柱和引线除外)。

6.11 报警门锁的特定性能试验

6.11.1 基本功能

6.11.1.1 推闩式联动报警逃生门锁

将推闩式联动报警逃生门锁试样参照实际使用情况安装在钢质试验门上，与模拟控制设备相连；连接可调整输出电压的外部电源，并将输出电压调至额定工作电压，按下述步骤进行功能试验：

a) 在开启机构手柄的中间部位作用一个不大于 70 N 的外推力，观察并记录推闩式联动报警逃生门锁的开启情况和开启后发出报警提示音的情况；

b) 在推闩式联动报警逃生门锁开启，并发出报警提示音的情况下，分别启动须授权的复位装置和模拟控制设备发出的复位信号，观察并记录报警提示音的复位(消音)情况；

c) 开启、关闭钢质试验门，观察并记录向模拟控制设备发出钢质试验门开启、关闭状态信号的情况；

d) 由模拟控制设备向推闩式联动报警逃生门锁发出模拟火灾报警信号，观察并记录推闩式联动报警逃生门锁发出报警提示音的情况；

e) 观察并记录推闩式联动报警逃生门锁接通电源后，电源工作状态指示的情况；

f) 检查推闩式联动报警逃生门锁输入、输出端口，观察并记录情况。

6.11.1.2 推闩式非联动报警逃生门锁

将推闩式非联动报警逃生门锁试样参照实际使用情况安装在钢质试验门上，连接可调整输出电压的外部电源，并将输出电压调至额定工作电压，按下述步骤进行功能试验：

a) 在开启机构手柄的中间部位施加一个不大于 70 N 的外推力，观察并记录非联动报警逃生门锁的开启情况和开启后发出报警提示音的情况；

b) 在推闩式非联动报警逃生门锁开启，并发出报警提示音的情况下，启动须授权的复位装置发出复位信号，观察并记录报警提示音的复位(消音)情况；

c) 观察并记录推闩式非联动报警逃生门锁接通电源后，电源工作状态指示的情况。

6.11.2 主要部(器)件

6.11.2.1 电源工作状态指示灯

电源工作状态指示灯按如下步骤进行试验：

a) 将输入电压分别调整为额定电压和欠压，查看并记录额定电压输入时指示灯的显示状态和颜色，欠压输入时指示灯的显示状态和颜色，用示波器测量并记录指示灯的显示频率；

b) 用测光表测量环境亮度，使其满足 100 lx～500 lx，在正前方 5 m 处 90°视角范围内，观察并记录额定电压和欠压输入时电源指示灯应指示的情况。

6.11.2.2 接线端子

目测检查具有接线端子的式样，观察并记录接线端子的标注、编号和用途情况。

6.11.2.3 开关和按键

目测检查具有开关和按键的式样,观察并记录开关和按键的标注和用途情况。

6.11.2.4 音响发声器件

在正常工作环境条件下,让报警门锁处于报警状态,距报警门锁正前方1.0 m处,设置声压计与报警门锁处于同一平面上,观察并记录声压计测量值。

6.11.3 电源适应性

报警门锁的电源适应性能按如下步骤进行试验:

a) 采用额定电压为220 V的交流电供电的报警门锁,调整交流输入电压在187 V~242 V范围内波动,按6.11.1、6.11.2.1和6.11.2.4的规定进行相应性能试验,观察并记录试验情况;
b) 采用电池供电的报警门锁,调整电源电压降至额定电压的85%时,按6.11.1、6.11.2.1和6.11.2.4的规定进行相应性能试验,观察并记录试验情况。

6.11.4 绝缘性能

通过绝缘电阻试验装置(测量范围:0 MΩ~500 MΩ;最小分度值:0.1 MΩ;计时准确度:1 s),分别对报警门锁有绝缘要求的外部带电端子与机壳之间施加500 V±50 V直流电压,持续60 s±5 s,观察并记录试验情况(也可用兆欧表)。

6.11.5 耐高压性能

通过耐电压试验装置(电源频率:50 Hz;电源电压有效值:0 V~1 500 V连续可调;短路电流有效值:10 A),以100 V/s~500 V/s的升压速率,分别对报警门锁有绝缘要求的外部带点端子与机壳之间施加频率为50 Hz,电压为1 500 V±150 V(有效值,额定电压超过50 V时)或500 V±50 V(有效值,额定电压不超过50 V时)的交流电历时1 min,以100 V/s~500 V/s的降压速率逐渐降至额定电压时切断电源。然后,按6.11.1、6.11.2.1和6.11.2.4的规定进行相应性能试验,观察并记录试验情况。

6.11.6 气候环境适应性能

6.11.6.1 高温(运行)试验

6.11.6.1.1 试验设备应符合GB/T 2423.2的规定。

6.11.6.1.2 高温(运行)试验步骤如下:

a) 将报警门锁在正常大气条件下放置2 h后,放入高温试验箱中(不接通报警门锁的电源);
b) 调节高温试验箱的温度为20 ℃±3 ℃,保持30 min,然后以不大于1 ℃/min的平均升温速率升至55 ℃±2 ℃并保持14 h后,接通报警门锁电源并保持2 h,打开试验箱,在箱内立即按6.11.1、6.11.2.1和6.11.2.4的规定进行相应性能试验,观察并记录试验情况;
c) 将报警门锁从高温试验箱中取出,在正常大气条件下处于监视状态1 h后,立即按6.11.1、6.11.2.1和6.11.2.4的规定进行相应性能试验,观察并记录试验情况。

6.11.6.2 低温(运行)试验

6.11.6.2.1 试验设备应符合GB/T 2423.1的规定。

6.11.6.2.2 低温(运行)试验步骤如下:

a) 将报警门锁在正常大气条件下放置2 h后,放入低温试验箱中(不接通报警门锁的电源);

b) 调节低温试验箱的温度为 20 ℃±3 ℃，保持 30 min，然后以不大于 1 ℃/min 的平均降温速率降至 0 ℃±3 ℃并保持 14 h 后，接通电源并保持 2 h，打开试验箱，在箱内立即按 6.11.1、6.11.2.1和 6.11.2.4 的规定进行相应性能试验，观察并记录试验情况；

c) 以不大于 1 ℃/min 的平均升温速率升温至 20 ℃±3 ℃并保持 30 min±3 min 后，将报警门锁取出，在正常大气条件下处于监视状态 1 h 后，立即按 6.11.1、6.11.2.1 和 6.11.2.4 的规定进行相应性能试验，观察并记录试验情况。

6.11.6.3 恒定湿热(运行)试验

6.11.6.3.1 试验设备应符合 GB/T 2423.3 的规定。

6.11.6.3.2 恒定湿热(运行)试验步骤如下：

a) 将报警门锁在正常大气条件下放置 2 h 后，放入恒定湿热试验箱中，接通电源使其处于工作状态；

b) 调节恒定湿热试验箱温度至 40 ℃±3 ℃，相对湿度调为 90%～95%，保持 96 h 后，打开试验箱，在箱内立即按 6.11.1、6.11.2.1 和 6.11.2.4 的规定进行相应性能试验，观察并记录试验情况；

c) 将报警门锁从试验箱中取出，在正常大气条件下处于监视状态 1 h 后，立即按 6.11.1、6.11.2.1和 6.11.2.4 的规定进行相应性能试验(如试样表面有凝露，应用室内空气吹干后再进行试验)，观察并记录试验情况。

6.11.6.4 低温(耐久)试验

6.11.6.4.1 试验设备应符合 GB/T 2423.1 的规定。

6.11.6.4.2 低温(耐久)试验步骤如下：

a) 报警门锁不通电，将其放入低温箱，以不大于 1 ℃/min 的平均变温速率调至 20 ℃±3 ℃并保持 30 min。以不大于 1 ℃/min 的平均降温速率降至－40 ℃±3 ℃并保持 4 h，再以不大于 1 ℃/min的平均升温速率升至 20 ℃±3 ℃并保持 30 min；

b) 将报警门锁取出，在大气条件下放置 4 h 后，立即按 6.11.1、6.11.2.1 和 6.11.2.4 的规定进行相应性能试验，观察并记录试验情况。

6.11.7 机械环境适应性能

6.11.7.1 振动(正弦)试验

6.11.7.1.1 试验设备(震动台和夹具)应符合 GB/T 2423.10 的规定。

6.11.7.1.2 振动(正弦)试验步骤如下：

a) 振动试验台工作参数设定为：振动频率 10 Hz～55 Hz～10 Hz，扫频速率 1 oct/min，位移幅值 0.19 mm；

b) 将报警门锁在正常大气条件下放置 2 h 后，将报警门锁按正常工作位置紧固在振动台上，接通报警门锁电源，启动振动试验台，进行 20 次扫频循环后，观察、记录试样有无机械损伤和紧固部位松动等现象；然后立即按 6.11.1、6.11.2.1 和 6.11.2.4 的规定进行相应性能试验，观察并记录试验情况；

c) 本试验应在报警门锁的三个互相垂直的轴线上依次进行。

6.11.7.2 碰撞试验

6.11.7.2.1 试验设备应符合 GB 16838—2005 中 4.11.4 b)的相关规定。

6.11.7.2.2　碰撞试验步骤如下：

a）将报警门锁接通电源，使其处于正常工作状态；

b）对报警门锁表面的每个易损部位（如指示灯、显示器等）施加三次能量为 0.50 J±0.04 J 的碰撞。试验应确保上一组（三次）碰撞的结果不对后续各组碰撞结果产生影响；在可能产生影响时，应另取一把报警门锁，在同一位置重新进行碰撞试验；

c）碰撞试验结束后，观察、记录试样有无机械损伤和紧固部位松动等现象；然后立即按 6.11.1、6.11.2.1 和 6.11.2.4 的规定进行相应性能试验，观察并记录试验情况。

6.11.8　电磁干扰环境适应性能

6.11.8.1　射频电磁场辐射抗扰度试验

6.11.8.1.1　试验设备应满足 GB/T 17626.3—2006 中第 6 章的规定。

6.11.8.1.2　将试样按 GB/T 17626.3—2006 中第 7 章规定进行试验布置，接通电源，使试样处于通电工作状态 20 min。

6.11.8.1.3　按 GB/T 17626.3—2006 中第 8 章规定的试验方法，对试样施加表 3 所示条件的射频电磁场辐射干扰试验。试验期间观察并记录试样状态；试验后，立即按 6.11.1、6.11.2.1 和 6.11.2.4 的规定进行相应性能试验，观察并记录试验情况。

6.11.8.2　静电放电抗扰度试验

6.11.8.2.1　试验设备应满足 GB/T 17626.2—2006 中第 6 章的规定。

6.11.8.2.2　将试样按 GB/T 17626.2—2006 中第 7 章规定进行试验布置，接通电源，使试样处于通电工作状态 20 min。

6.11.8.2.3　按 GB/T 17626.2—2006 中第 8 章规定的试验方法，对试样施加表 3 所示条件的静电放电干扰试验。试验期间观察并记录试样状态；试验后，立即按 6.11.1、6.11.2.1 和 6.11.2.4 的规定进行相应性能试验，观察并记录试验情况。

6.11.9　稳定性

将报警门锁按实际使用情况安装于钢质试验门上，在正常大气环境下，连续通电 10 d。在通电期间，报警门锁处于正常使用状态（联动报警门锁还应与处于正常工作状态的模拟控制设备正确连接）。以通过报警门锁开启试验门、然后关闭为一循环，每一循环为 1 次试验，每天进行不少于 200 次试验，每次试验间隔不大于 5 min，每次试验程序及观察内容如下：

a）对联动报警门锁：

1）由模拟控制设备向联动报警门锁发出火灾报警信号，再发出复位（消音）信号，观察并记录联动报警门锁发出报警提示音和复位（消音）的情况；

2）通过联动报警门锁开启钢质试验门，然后关闭，再用门锁自身须授权的复位装置进行复位（消音），观察并记录联动报警门锁发出报警提示音、复位（消音）以及向模拟控制设备反馈试验门开启、关闭状态信号的情况。

b）对非联动报警门锁：通过非联动报警门锁开启试验门，然后关闭，再用门锁自身须授权的复位装置进行复位（消音），观察并记录非联动报警门锁发出报警提示音和复位（消音）的情况。

报警门锁在第 10 天的所有循环试验结束后，立即按 6.11.1、6.11.2.1 和 6.11.2.4 的规定进行相应性能试验，观察并记录试验情况。

7 检验规则

7.1 检验分类与检验项目

7.1.1 产品检验分为型式检验和出厂检验。

7.1.2 推闩式机械逃生门锁型式检验、出厂检验项目和不合格分类见表4；报警门锁型式检验、出厂检验项目和不合格分类见表5。

表4 推闩式机械逃生门锁型式检验、出厂检验项目和不合格分类

序号	检验项目	要求条款	型式检验	出厂检验	不合格分类
1	一般要求	5.1.1	√	√	B
2	外观质量	5.1.2.1	√	√	C
		5.1.2.2	√	√	A
3	结构	5.1.3.1	√	√	C
		5.1.3.2	√	√	A
		5.1.3.3	√	√	A
		5.1.3.4	√	√	B
4	基本尺寸	5.1.4.1	√	√	B
		5.1.4.2	√	√	C
5	配合尺寸	5.1.5.1	√	√	C
		5.1.5.2	√	√	C
		5.1.5.3	√	√	C
6	灵活度	5.1.6.1	√	√	B
		5.1.6.2	√	√	A
7	开启性能	5.1.7.1	√	√	A
		5.1.7.2	√	√	A
8	牢固度	5.1.8.1	√	—	A
		5.1.8.2	√	—	A
		5.1.8.3	√	—	B
9	使用寿命可靠性	5.1.9	√	—	A
10	耐火性能[a]	5.1.10	√	—	A
注：√表示进行该项检验；—表示不进行该项检验。表5同。					
[a] 非防火门使用的推闩式机械逃生门锁检验项目可不包括5.1.10。					

表5 报警门锁型式检验、出厂检验项目和不合格分类

序号	检验项目	要求条款	型式检验	出厂检验	不合格分类
1	一般要求	5.1.1	√	√	B
2	外观质量	5.1.2.1	√	√	C
		5.1.2.2	√	√	A
3	结构	5.1.3.1	√	√	C
		5.1.3.2	√	√	A
		5.1.3.3	√	√	A
		5.1.3.4	√	√	B
4	基本尺寸	5.1.4.1	√	√	B
		5.1.4.2	√	√	C
5	配合尺寸	5.1.5.1	√	√	C
		5.1.5.2	√	√	C
		5.1.5.3	√	√	C
6	灵活度	5.1.6.1	√	√	B
		5.1.6.2	√	√	A
7	开启性能	5.1.7.1	√	√	A
		5.1.7.2	√	√	A
8	牢固度	5.1.8.1	√	—	A
		5.1.8.2	√	—	A
		5.1.8.3	√	—	B
9	使用寿命可靠性	5.1.9	√	—	A
10	耐火性能[a]	5.1.10	√	—	A
11	基本功能	5.2.2.1	√	√	A
		5.2.2.2	√	√	A
12	主要部(器)件	5.2.3.1	√	√	B
		5.2.3.2	√	√	B
		5.2.3.3	√	√	B
		5.2.3.4	√	√	B
13	电源适应性	5.2.4	√	√	A
14	绝缘性能	5.2.5	√	√	B
15	耐高压性能	5.2.6	√	—	A
16	气候环境适应性能	5.2.7	√	—	A
17	机械环境适应性能	5.2.8	√	—	A
18	电磁干扰环境适应性能	5.2.9	√	—	A
19	稳定性	5.2.10	√	—	A

[a] 非防火门使用的报警门锁检验项目可不包括5.1.10。

7.2 型式检验

7.2.1 有下列情况之一时,应进行型式检验:

a) 新产品或老产品转厂生产的试验定型鉴定;

b) 正式生产后,产品的结构、主要部件或元器件、生产工艺等有较大改变可能影响产品的性能时;

c) 产品停产一年以上,恢复生产时;

d) 发生重大质量事故时;

e) 质量监督机构依法提出要求时。

7.2.2 型式检验样品从出厂检验合格的产品中随机抽取 4 套,抽样基数不应少于 15 套。

7.2.3 型式检验结果符合下列条件之一时综合判定合格,否则判定为不合格:

a) 所有检验项目合格;

b) 无 A 类不合格,B 类不合格不大于 1 项,C 类不合格不大于 1 项;

c) 无 A 类类不合格和 B 类不合格,C 类不合格不大于 2 项。

7.3 出厂检验

产品应按出厂检验项目逐套进行检验。

8 标志、包装、运输和贮存

8.1 标志

8.1.1 门锁均应有清晰、耐久的产品标志和质量检验标志,并有产品说明书。

8.1.2 产品标志应包括以下内容:

a) 制造厂名、厂址和商标;

b) 产品名称;

c) 规格型号;

d) 制造日期及产品编号;

e) 产品主要技术参数;

f) 执行标准编号。

8.1.3 质量检验标志应包括以下内容:

a) 执行标准编号及名称;

b) 检验部门名称;

c) 合格标志。

8.1.4 使用说明书的编写应符合 GB/T 9969 的规定。

8.2 包装

门锁的包装应安全可靠,防潮防尘,便于装卸、运输和贮存;包装储运图示标志应符合 GB/T 191 的要求。包装时随产品提供如下文字资料并装入防水袋中:

a) 产品合格证;

b) 产品说明书;

c) 装箱单;

d) 产品安装图;

e) 零部件及附件清单。

8.3 运输

门锁在运输过程中应平稳、固定牢固，避免碰撞，装卸时应轻抬轻放，不应遭雨淋和暴晒。

8.4 贮存

门锁贮存时，应置于干燥、通风的室内，避免接触腐蚀性的物质，并采取必要的防潮、防晒、防腐等措施。

ICS 13.220.50;91.190
Y 71

中华人民共和国消防救援行业标准

XF 93—2004

防火门闭门器

Fire-proof door closer

2004-03-18 发布　　2004-10-01 实施

中华人民共和国应急管理部　公布

前 言

根据公安部、应急管理部联合公告(2020 年 5 月 28 日)和应急管理部 2020 年第 5 号公告(2020 年 8 月 25 日),本标准归口管理自 2020 年 5 月 28 日起由公安部调整为应急管理部,标准编号自 2020 年 8 月 25 日起由 GA 93—2004 调整为 XF 93—2004,标准内容保持不变。

本标准第 6 章为强制性条文,其余为推荐性条文。

本标准自实施之日起,代替 GA 93—1995《防火门用闭门器试验方法》。

本标准与 GA 93—1995 相比,主要变化如下:

——不允许有定位装置的防火门闭门器(1995 年版的 6.5;本版的第 1 章)。

——增加了术语和定义(见第 3 章);

——增加了防火门闭门器分类、规格(见第 4 章);

——增加了防火门闭门器标记(见第 5 章);

——增加了防火门闭门器的常规性能(见 6.1);

——增加了防火门闭门器使用寿命及使用寿命试验后的性能(见 6.2);

——修改了防火门闭门器高温下的开启力矩(1995 年版的 6.2;本版的 6.3.1);

——修改了防火门闭门器高温下的最大关闭时间(1995 年版的 6.3;本版的 6.3.2);

——修改了防火门闭门器高温下的最小关闭时间(1995 年版的 6.3;本版的 6.3.3);

——修改了防火门闭门器高温下的关闭力矩(1995 年版的 6.2;本版的 6.3.4)。

本标准由公安部消防救援局提出。

本标准由全国消防标准化技术委员会归口。

本标准起草单位:公安部天津消防科学研究所。

本标准参编单位:浙江瑞安市瑞迪五金门控有限公司。

本标准主要起草人:刘晓慧、吴海江、白淑英、冯玉成、张君娜。

本标准首次发布于 1995 年 1 月 17 日。

防火门闭门器

1 范围

本标准规定了防火门闭门器的分类、规格、标记、要求、试验装置、试验方法、检验规则、标志、包装、运输和贮存等。

本标准适用于安装在防火门和防火窗上使用的无定位装置的闭门器。

2 规范性引用文件

下列文件中的条款通过本标准的引用而成为本标准的条款。凡是注日期的引用文件，其随后所有的修改单(不包括勘误的内容)或修订版均不适用于本标准，然而，鼓励根据本标准达成协议的各方研究是否可使用这些文件的最新版本。凡是不注日期的引用文件，其最新版本适用于本标准。

GB/T 2828.1 计数抽样检验程序 第1部分：按接收质量限(AQL)检索的逐批检验抽样计划

GB 9969.1 工业产品使用说明书 总则

QB/T 3893—1999 闭门器

3 术语和定义

下列术语和定义适用于本标准。

3.1

最大关闭时间 maximum closing time

完全关闭防火门闭门器的调速阀，门扇开启70°，其自行关闭所需的时间为最大关闭时间。

3.2

最小关闭时间 minimum closing time

完全打开防火门闭门器的调速阀，门扇开启70°，其自行关闭所需的时间为最小关闭时间。

4 防火门闭门器分类、规格

4.1 分类

4.1.1 按安装型式分类(见表1)

表1 安装型式

安装型式代号	安装型式
P	平行安装
C	垂直安装

4.1.2 按使用寿命分类(见表 2)

表 2 使用寿命

单位为万次

等　　级	代号	使 用 寿 命
一级品	Ⅰ	≥30
二级品	Ⅱ	≥20
三级品	Ⅲ	≥10

4.2 规格

防火门闭门器规格(见表 3)。

表 3 防火门闭门器规格

规格代号	开启力矩 N·m	关闭力矩 N·m	适用门扇质量 kg	适用门扇最大宽度 mm
2	≤25	≥10	25～45	830
3	≤45	≥15	40～65	930
4	≤80	≥25	60～85	1 030
5	≤100	≥35	80～120	1 130
6	≤120	≥45	110～150	1 330

5 防火门闭门器标记

防火门闭门器标记为：

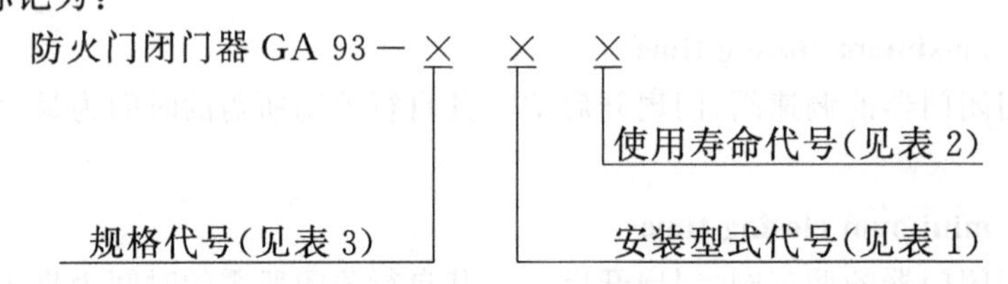

标记示例：

示例 1：防火门闭门器 XF 93—2PⅢ。表示符合 XF 93 要求的防火门闭门器，适用门扇质量为 25 kg～45 kg，平行安装，使用寿命不低于 10 万次。

示例 2：防火门闭门器 XF 93—5CⅠ。表示符合 XF 93 要求的防火门闭门器，适用门扇质量为 80 kg～120 kg，垂直安装，使用寿命不低于 30 万次。

6 要求

6.1 防火门闭门器的常规性能

6.1.1 外观

外观应符合 QB/T 3893—1999 中 4.1 的规定。

6.1.2 常温下的运转性能

防火门闭门器使用时应运转平稳、灵活，其贮油部件不应有渗漏油现象。

6.1.3 **常温下的开启力矩**

常温下的开启力矩应符合表 3 的规定。

6.1.4 **常温下的最大关闭时间**

常温下的最大关闭时间不应小于 20 s。

6.1.5 **常温下的最小关闭时间**

常温下的最小关闭时间不应大于 3 s。

6.1.6 **常温下的关闭力矩**

常温下的关闭力矩应符合表 3 的规定。

6.1.7 **常温下的闭门复位偏差**

常温下的闭门复位偏差不应大于 0.15°。

6.2 **防火门闭门器使用寿命及使用寿命试验后的性能**

6.2.1 **使用寿命**

使用寿命应符合表 2 的规定。寿命试验过程中，防火门闭门器应无破损和漏油现象。

6.2.2 **使用寿命试验后的性能**

6.2.2.1 **使用寿命试验后的运转性能**

使用寿命试验后的运转性能应符合 6.1.2 的规定。

6.2.2.2 **使用寿命试验后的开启力矩**

使用寿命试验后的开启力矩不应大于表 3 开启力矩值的 80%。

6.2.2.3 **使用寿命试验后的最大关闭时间**

使用寿命试验后的最大关闭时间应符合表 4 的规定。

表 4 使用寿命试验后的最大关闭时间

单位为秒

项目	等级		
	一级品	二级品	三级品
最大关闭时间	≥8	≥9	≥10

6.2.2.4 **使用寿命试验后的最小关闭时间**

使用寿命试验后的最小关闭时间不应大于 3 s。

6.2.2.5 **使用寿命试验后的关闭力矩**

使用寿命试验后的关闭力矩不应小于表 3 关闭力矩值的 80%。

6.2.2.6　**使用寿命试验后的闭门复位偏差**

使用寿命试验后的闭门复位偏差不应大于0.15°。

6.3　防火门闭门器在高温下的性能

6.3.1　**高温下的开启力矩**

高温下的开启力矩应符合表5的规定。

表5　高温下的开启力矩

单位为牛[顿]米

规格代号	开启力矩
2	≤20
3	≤36
4	≤64
5	≤80
6	≤96

6.3.2　**高温下的最大关闭时间**

高温下的最大关闭时间应符合表6的规定。

表6　高温下的最大关闭时间

单位为秒

项目	等级		
	一级品	二级品	三级品
最大关闭时间	≥6	≥7	≥8

6.3.3　**高温下的最小关闭时间**

高温下的最小关闭时间不应大于3 s。

6.3.4　**高温下的关闭力矩**

高温下的关闭力矩应符合表7的规定。

表7　高温下的关闭力矩

单位为牛[顿]米

规格代号	关闭力矩
2	≥7
3	≥10
4	≥18
5	≥24
6	≥32

6.3.5 高温下的闭门复位偏差

高温下的闭门复位偏差不应大于0.15°。

6.3.6 高温下的完好性

在高温试验过程中，防火门闭门器应无破损和漏油。

7 试验装置

试验装置由防火门、刻度盘、测力计挂钩、测力计、保温罩、位移计、牵引线、加热器、热电偶、温度控制器、计时器和计数器等组成(见图1)。

7.1 试验用防火门

门扇最小尺寸 $b \times h$:450 mm×1 000 mm，门扇质量40 kg，通过配重，可增加门扇质量以适应不同规格防火门闭门器的要求。

7.2 刻度盘

用金属材料制成，安装在门扇下部，其分度值为1°。

7.3 测力计挂钩

测力计挂钩的位置，距门扇下边缘500 mm，距门轴转动中心为440 mm处，见图1。

7.4 测力计

测力计实测负载应在测力计有效量程的20%～80%范围内，测力计的最大允许误差为±2 N。

7.5 保温罩

保温罩最小外形尺寸 $l \times b \times h$:900 mm×620 mm×1 300 mm。
保温罩材料：其正面采用耐热透明材料，其他部分宜采用保温板制作。

7.6 位移计

位移计的接触点距门轴转动中心400 mm，距门扇下边缘100 mm，见图1。位移计的最大允许误差为0.01 mm。

7.7 牵引线

牵引线采用 ϕ1.0 mm～1.2 mm的钢绞线，其长度为500 mm。

7.8 加热器、热电偶

7.8.1 加热器

加热器可采用电加热。

7.8.2 热电偶

热电偶为Ⅲ级K型热电偶，其丝径为0.5 mm，测温范围为0 ℃～300 ℃。

7.9 温度控制器

温度控制器控制加热器的输出，使保温罩内的温度以 10 ℃/min 的速率升至 150 ℃，并能保持恒温，温度控制最大允许误差为±10 ℃。

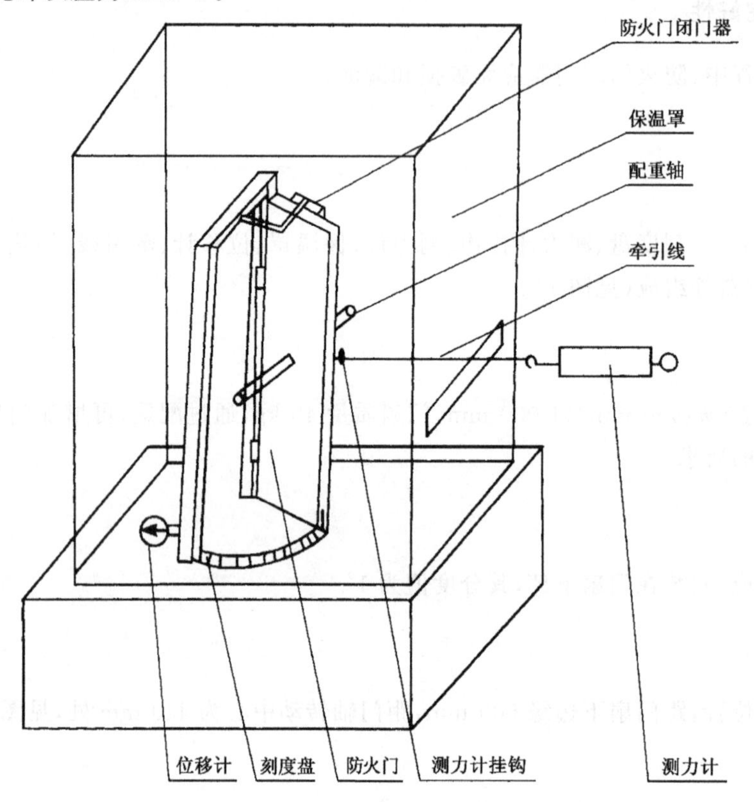

图 1 试验装置

7.10 计时器

计时器采用秒表，其测量最大允许误差为±0.1 s。

7.11 计数器

能准确记录门扇关闭次数的仪器。

8 试验方法

8.1 防火门闭门器的常规性能

8.1.1 防火门闭门器的常规性能在常温下进行。

8.1.2 外观按 QB/T 3893—1999 中 5.3.1 的规定进行试验。

8.1.3 将防火门闭门器安装在试验用防火门上，调整门扇配重，使门扇重量与被测防火门闭门器的规格相适应。

8.1.4 目测及手感防火门闭门器的运转性能。

8.1.5 开启力矩

门扇处于全关闭位置，测力计及其牵引线垂直于门扇，匀速开启门扇，测量并记录门扇开启角度在 5°±1°时的拉力，连续测定三次，取其算术平均值即为开启力，再换算出开启力矩。门扇的开启速度以能读出测力计刻度为原则。

8.1.6 最大关闭时间

完全关闭防火门闭门器调速阀，门扇开启 70°±1°后自行关闭，同时用秒表测得门扇关闭所需时间，连续测定三次，取其算术平均值即为防火门闭门器的最大关闭时间。

8.1.7 最小关闭时间

完全打开防火门闭门器调速阀，门扇开启 70°±1°后自行关闭，同时用秒表测得门扇关闭所需时间，连续测定三次，取其算术平均值即为防火门闭门器的最小关闭时间。

8.1.8 关闭力矩

完全打开防火门闭门器调速阀，测力计及其牵引线垂直于门扇，将门扇开启 20°±1°后自行关闭，门扇开启角度在 5°±1°时测其拉力，连续测定三次，取其算术平均值即为关闭力，再换算出关闭力矩。门扇的关闭速度以能读出测力计刻度为原则。

8.1.9 闭门复位偏差

完全打开防火门闭门器调速阀，门扇开启 70°±1°后自行完全关闭，测量并记录位移计的读数，测量四次，测量值分别为 δ_1、δ_2、δ_3 和 δ_4。按式(1)计算闭门复位偏差 θ。

$$\theta = \operatorname{arctg}\frac{\delta}{L} \qquad \cdots\cdots (1)$$

$$\delta = \left|\delta_4 - \frac{\delta_1 + \delta_2 + \delta_3}{3}\right| \qquad \cdots\cdots (2)$$

式(1)中：

θ ——闭门复位偏差，单位为度(°)；

δ ——由式(2)确定，单位为毫米(mm)；

L——门扇转轴中心至位移计接触点的距离，单位为毫米(mm)。

式(2)中：

δ_1、δ_2、δ_3 和 δ_4——分别为四次测量的位移值，单位为毫米(mm)。

8.2 使用寿命及使用寿命试验后的性能

8.2.1 防火门闭门器的使用寿命和使用寿命试验后的性能在常温下进行。

8.2.2 将门扇平滑地开启 70°，调节防火门闭门器调速阀，使门扇从 70°自行平滑关闭，门扇从开启至关闭为运行一次，门扇从上次开启至下次开启的周期为 8 s～14 s。用计数器记录门扇关闭次数。试验过程中，防火门闭门器的破损和漏油现象应做记录。

8.2.3 寿命试验后，依次进行 8.1.4～8.1.9 试验。

8.3 防火门闭门器在高温下的性能

8.3.1 同一件防火门闭门器在完成常规性能试验和使用寿命试验后，再进行高温下的性能试验。

8.3.2 在保温罩内布置二支热电偶，一支位于防火门闭门器的正上方，另一支位于防火门闭门器靠门轴的一侧，其测温端距防火门闭门器的距离均为 50 mm。

8.3.3 启动加热器开始加热，温控器控制加热器使保温罩内的温度以 10 ℃/min 的速率升至 150 ℃±10 ℃后，恒温 5 min。在此温度下，依次进行 8.1.4～8.1.9 试验。

8.3.4 高温下的完好性

高温试验过程中，防火门闭门器的破损和漏油现象应做记录。

9 检验规则

防火门闭门器检验分为出厂检验和型式检验。

9.1 出厂检验

9.1.1 出厂检验项目为6.1.2～6.1.7。

9.1.2 出厂检验按GB/T 2828.1的规定,采用一般检验水平Ⅱ,接收质量限6.5,一次正常检验抽样方案。

9.1.3 防火门闭门器应由生产厂的质量检验部门按出厂检验项目逐项检验合格,并签发合格证后方可出厂。

9.2 型式检验

9.2.1 有下列情况之一者应进行型式检验:

a) 新产品或老产品转厂生产的试制定型鉴定;

b) 正式生产后,如结构、材料、工艺有较大改变,可能影响防火门闭门器产品性能时;

c) 出厂检验结果与上次型式检验有较大差异时;

d) 国家质量监督机构提出进行型式检验的要求时;

e) 正常生产二年内不少于一次;

f) 停产半年以上恢复生产时。

9.2.2 防火门闭门器最小检验批量为9件,随机抽取2件。

9.2.3 检验项目为本标准要求的全部内容(见表8)。

表8 检验项目

序号	检验项目		要求条款	试验方法条款	不合格项分类
1	常规性能	外观	6.1.1	8.1.2	C
2		常温下的运转性能	6.1.2	8.1.4	B
3		常温下的开启力矩	6.1.3	8.1.5	B
4		常温下的最大关闭时间	6.1.4	8.1.6	B
5		常温下的最小关闭时间	6.1.5	8.1.7	B
6		常温下的关闭力矩	6.1.6	8.1.8	A
7		常温下的闭门复位偏差	6.1.7	8.1.9	A
8	使用寿命		6.2.1	8.2.2	A
9	使用寿命试验后的性能	使用寿命试验后的运转性能	6.2.2.1	8.2.3	B
10		使用寿命试验后的开启力矩	6.2.2.2	8.2.3	B
11		使用寿命试验后的最大关闭时间	6.2.2.3	8.2.3	C
12		使用寿命试验后的最小关闭时间	6.2.2.4	8.2.3	C
13		使用寿命试验后的关闭力矩	6.2.2.5	8.2.3	A
14		使用寿命试验后的闭门复位偏差	6.2.2.6	8.2.3	A
15	高温下的性能	高温下的开启力矩	6.3.1	8.3.3	B
16		高温下的最大关闭时间	6.3.2	8.3.3	C
17		高温下的最小关闭时间	6.3.3	8.3.3	C
18		高温下的关闭力矩	6.3.4	8.3.3	A
19		高温下的闭门复位偏差	6.3.5	8.3.3	A
20		高温下的完好性	6.3.6	8.3.4	B

9.2.4 判定准则

表8所列检验项目不含A类不合格项,B类与C类不合格项之和不大于三项,且含B类不合格项不大于一项,则判该产品质量合格。否则判该产品质量不合格。

10 标志、包装、运输和贮存

标志、包装、运输和贮存应符合QB/T 3893—1999中第7章的规定。

包装还应包括以下内容:

a) 每件防火门闭门器应配有必要的安装和调试工具,不包括常用工具。

b) 应配有防火门闭门器的安装模板。

c) 防火门闭门器的产品使用说明书的表述应符合GB 9969.1的规定。使用说明书中还应包括维护和保养要求及周期。

C 82

中华人民共和国消防救援行业标准

XF 97—1995

防火玻璃非承重隔墙通用技术条件

1995-03-01 发布　　1995-12-01 实施

中华人民共和国应急管理部　公 布

防火玻璃非承重隔墙通用技术条件

1 主题内容与适用范围

本标准规定了防火玻璃隔墙的分类、技术要求、检验方法、检验规则及包装、标志、运输、贮存等内容。

本标准适用于工业与民用建筑非承重垂直用防火玻璃隔墙。

2 引用标准

GB 191 包装储运图示标志
GB 2680 平板玻璃可见光总透过率测定方法
GB 6388 运输包装收发货标志
GB 8625 建筑材料难燃性试验方法
GB 9978 建筑构件耐火试验方法
GB 12513 镶玻璃构件耐火试验方法
GBJ 205 钢结构工程施工及验收规范
GBJ 206 木结构工程施工及验收规范

3 术语

3.1 防火玻璃隔墙

由防火玻璃、镶嵌框架和防火密封材料组成,在一定时间内,满足耐火稳定性、完整性和隔热性要求的非承重隔墙。

3.2 耐火等级

根据有关规范或标准的规定,非承重隔墙应达到的相应的耐火性要求。

3.3 镶嵌框架

边框框架和分格框架的总称。

3.4 压条

固定玻璃的配件。

4 分类

4.1 按框架材料分类

G 类:钢框结构防火玻璃隔墙(以下简称 G 类隔墙)。

M 类:木框结构防火玻璃隔墙(以下简称 M 类隔墙)。

4.2 按耐火等级分类

耐火等级分为Ⅰ、Ⅱ、Ⅲ、Ⅳ级，见表3。

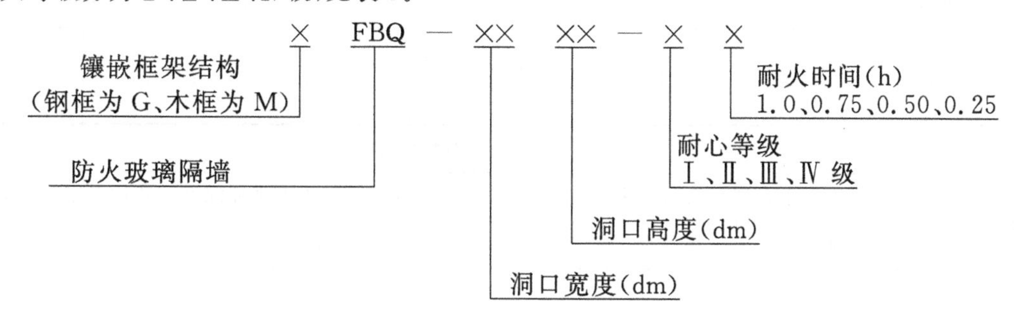

4.3 标记示例

如洞口标志宽度为2 500 mm，标志高度为3 000 mm，耐火等级为Ⅰ级的钢框防火玻璃隔墙的标记如下：
GFBQ—2530—Ⅰ—1.0
洞口标志宽度为2 800 mm，标志高度为2 200 mm，耐火等级为Ⅱ级的木框防火玻璃隔墙的标记如下：
MFBQ—2822—Ⅱ—0.75

5 技术要求

5.1 材料与配件

5.1.1 隔墙框架应采用具有一定强度使其足以保障构件完整性及稳定性的钢框架或木框架。
5.1.2 G类隔墙的镶嵌框架与压条，其选材标准应符合GBJ 205的规定。
5.1.3 M类隔墙的镶嵌框架与压条，其选材标准应符合GBJ 206的规定。应选用经过干燥的成材，其含水率不宜大于12%或不应大于使用的平衡含水率。在框架结合处和安装小五金处，均不得有木节或已填补的木节。
5.1.4 钢质框架内部的填充材料应采用不燃性材料。
5.1.5 框架与防火玻璃之间的密封材料可采用不燃性材料或难燃材料。

5.2 外观质量

5.2.1 防火玻璃的外观质量必须符合表1的规定。

表1

缺陷名称 \ 允许数量 \ 种类	甲级		乙级		丙级	
	优等品	合格品	优等品	合格品	优等品	合格品
气泡	直径300 mm圆内允许长度					
	0.5～1 mm的气泡3个	1～2 mm的气泡6个	0.5～1 mm的气泡2个	1～2 mm的气泡4个	0.5～1 mm的气泡1个	1～2 mm的气泡3个
胶合层杂质	直径500 mm圆内允许长2 mm以下的杂质4个	直径500 mm圆内允许长3 mm以下的杂质5个	直径500 mm圆内允许长2 mm以下的杂质3个	直径500 mm圆内允许长3 mm以下的杂质4个	直径500 mm圆内允许长2 mm以下的杂质2个	直径500 mm圆内允许长3 mm以下的杂质3个

表 1（续）

种类 / 允许数量 / 缺陷名称	甲级		乙级		丙级	
	优等品	合格品	优等品	合格品	优等品	合格品
裂痕	不允许存在					
爆边	每平方米允许有长度不超过 20 mm、自玻璃边部向玻璃表面延伸深度不超过厚度一半的爆边					
	4 个	6 个	4 个	6 个	4 个	6 个
叠差	不影响使用，可由供需双方商定					
磨伤						
脱胶						

5.2.2　G 类隔墙框架要求

镶嵌框架、金属加固件铆焊处应牢固，不得有假焊、断裂和松动。焊缝表面应光滑平整，不允许有气孔、夹渣和漏焊。框架表面应平整，不得有毛刺及明显锤痕等外观缺陷。在喷涂防锈漆前，应除油除锈，漆层应均匀、光滑，不得有明显的堆漆、漏漆、剥落等缺陷。螺栓连接处应牢固，不得有松动现象。

5.2.3　M 类隔墙框架要求

镶嵌框架、加固件制成后，应防止受潮变形。框架应采用双榫联接，拼装时，榫头榫槽应严密嵌合并用胶料胶结和木楔加紧。表面应净光或砂磨，不得有刨痕、毛刺和锤痕。割角拼缝应严密平整。

5.3　尺寸与允许偏差

5.3.1　防火玻璃的尺寸和厚度允许偏差应符合表 2 和表 3 的规定。

表 2　防火玻璃的尺寸允许偏差

单位为毫米

玻璃的总厚度 δ	长度或宽度 L	
	$L \geqslant 1\,200$	$1\,200 < L < 2\,400$
$5 \leqslant \delta < 11$	±2	±3
$11 \leqslant \delta < 17$	±3	±4
$17 \leqslant \delta \leqslant 24$	±4	±5
$\delta > 24$	±5	±6

表 3　防火玻璃的厚度允许偏差

单位为毫米

玻璃的总厚度 δ	允许偏差
$5 \leqslant \delta < 11$	±1
$11 \leqslant \delta < 17$	±1
$17 \leqslant \delta \leqslant 24$	±1.3
$\delta > 24$	±1.5

5.3.2 防火玻璃隔墙制作应符合表4的规定。

表4 制作尺寸与安装尺寸允许偏差

单位为毫米

部位名称	制作尺寸允许偏差	部位名称	安装尺寸允许偏差
框架槽口长度或高度 $L\leqslant 1\ 500$	±3.0	框架槽口两对角线长度差 $L\leqslant 2\ 000$	≤5.0
框架槽口长度或高度 $L>1\ 500$	±4.0	框架槽口两对角线长度差 $L>2\ 000$	≤6.0
框架侧壁宽度	±2.0	框架压条与玻璃的搭接量	≤2.0
凹槽深度	±2.0	两相邻分格框架位置的偏移量	≤3.0

5.4 耐火性能

防火玻璃隔墙试件的耐火性能分为四级必须符合表5的规定。

表5 耐火性能等级划分

耐火等级	Ⅰ级	Ⅱ级	Ⅲ级	Ⅳ级
耐火极限,h	1.00	0.75	0.50	0.25

5.5 光学性能

防火玻璃的透光度必须符合表6的规定。

表6

玻璃的总厚度 δ	透光度 %
$7\leqslant\delta<11$	≥75
$11\leqslant\delta<17$	≥70
$17\leqslant\delta\leqslant 24$	≥65
$\delta>24$	≥60

5.6 安装要求

5.6.1 防火玻璃安装应在镶嵌框架校正完毕后以及框架表面最后处理前进行。

5.6.2 隔墙拼装完毕,框架应在同一平面,框架与防火玻璃之间的间隙一般为3～5 mm,但防火玻璃和压条的重合部分不得小于10 mm。

5.6.3 G类隔墙框架的制作与安装应符合GBJ 205的有关规定;安装在建筑物墙体上,应采用焊接与预埋件联接,预埋件间距为300 mm～500 mm。

5.6.4 M类隔墙框架的制作与安装应符合GBJ 206的规定。安装在建筑物墙体上,应采用螺钉等与预埋木块连接,预埋件间距为300 mm～500 mm。

6 检验方法

6.1 尺寸测量

6.1.1 镶嵌框架槽口长度和宽度尺寸偏差用精度为1 mm的钢卷尺测量。

6.1.2 镶嵌框架侧壁宽度和凹槽深度尺寸偏差用精度为 0.02 mm 的卡尺测量。
6.1.3 镶嵌框架两对角线长度尺寸差用精度为 1 mm 的钢卷尺测量。测量位置为内角。
6.1.4 镶嵌框架与防火玻璃的搭接量用精度为 0.02 mm 的深度尺或卡尺测量。
6.2 外观质量检验
6.2.1 防火玻璃的外观质量,应在良好的自然光及散射光照条件下,在距玻璃的正面 600 mm 处进行目视检查。
6.2.2 G 类、M 类隔墙的外观检验项目及要求应分别符合 5.2.2、5.2.3 的规定。
6.3 耐火性能检验
耐火性能应按照 GB 9978 的规定进行。
6.4 光学性能检验
光学性能应按 GB 2680 的规定进行。
6.5 防火密封材料的防火性能按 GB 8625 进行。

7 检验规则

防火玻璃隔墙的检验分为出厂检验和型式检验。

7.1 出厂检验

7.1.1 检验项目为防火玻璃、镶嵌框架的尺寸偏差和外观质量,检验数量为 100%。
7.1.2 检验项目中任一项不合格时,允许进行调整,修复后重新检验,直至符合要求。

7.2 型式检验

7.2.1 检验项目为本标准技术要求中的全部内容。
7.2.2 有下列情况之一应进行型式检验:
a) 新产品或老产品转厂生产时的试制定型鉴定;
b) 正式生产后,产品的结构、材料、生产工艺,关键工序等有较大改变可能影响产品的性能时;
c) 发生重大质量事故时;
d) 出厂检验结果与上次型式检验有较大差异时;
e) 质量监督机构提出要求时;
f) 投入正式生产,每过三年时。

8 包装、标志、运输、贮存

8.1 包装与标志

防火玻璃与框架一般应分别包装。防火玻璃应垂直立放在箱内,每块防火玻璃应用塑料布或纸包裹。防火玻璃与包装箱之间用不易引起防火玻璃划伤等外观缺陷的轻软材料填实。每个包装箱内应附产品合格证和装箱单。

包装箱上应注明箱内包装产品的名称、规格、数量、收货单位、生产厂名、出厂日期,并标注符合 GB 191 规定的“小心轻放、防潮、向上”的标志。框架等零配件包装应按 GB 6388 的规定。

8.2 运输与贮存

运输时要平稳,木箱不得平放或斜放,长度应与车辆运动方向相同,应有防雨措施。装卸时要轻抬轻放。尺寸较大的框架应采取措施防止变形。

产品应垂直存放于干燥的室内，并要有防腐措施；防火玻璃不应搁置和倚靠在可能损伤玻璃边缘和玻璃面的物体上。

附加说明：

根据公安部、应急管理部联合公告（2020 年 5 月 28 日）和应急管理部 2020 年第 5 号公告（2020 年 8 月 25 日），本标准归口管理自 2020 年 5 月 28 日起由公安部调整为应急管理部，标准编号自 2020 年 8 月 25 日起由 GA 97—1995 调整为 XF 97—1995，标准内容保持不变。

本标准由中华人民共和国公安部提出。

本标准由全国消防标准化技术委员会归口。

本标准由公安部天津消防科研所和公安部四川消防科研所负责起草。

本标准主要起草人杨兆麟、王国辉、袁凤林、田兰允、吴颖捷、王志远。

ICS 13.220.20
C 82

中华人民共和国消防救援行业标准

XF 211—2009

消防排烟风机耐高温试验方法

High temperature-resistant test methods for smoke and heat exhaust ventilators

2009-02-27 发布

2009-03-01 实施

中华人民共和国应急管理部　公 布

前 言

根据公安部、应急管理部联合公告(2020年5月28日)和应急管理部2020年第5号公告(2020年8月25日),本标准归口管理自2020年5月28日起由公安部调整为应急管理部,标准编号自2020年8月25日起由GA 211—2009调整为XF 211—2009,标准内容保持不变。

本标准的全部技术内容为强制性。

本标准代替GA 211—1999《消防排烟风机耐高温试验方法》。

本标准与GA 211—1999相比主要变化如下:

——增加了规范性引用文件(见第2章);

——增加了术语和定义(见第3章);

——对耐高温试验炉的开口尺寸和进深尺寸做了明确规定(见4.1.1);

——增加了消防排烟风机(轴流式、离心式)在规定的风洞内进行高温状态下风机空气动力性能的测量(见4.1.1);

——对炉压的规定更为具体(1999版的3.1.3;本版的4.1.3);

——对风机的安装要求更为具体(1999版的3.2;本版的4.3);

——增加了隧道、地铁排烟风机的耐高温运转温度和时间要求(见4.4);

——增加了消防排烟风机(轴流式、离心式)高温状态下风机空气动力性能的测量方法(见5.7);

——对判定准则做了修改(1999版的3.5;本版的第7章)。

请注意本标准的一些内容有可能涉及专利。本标准的发布机构不应承担识别这些专利的责任。

本标准由公安部消防局提出。

本标准由全国消防标准化技术委员会第八分技术委员会(SAC/TC 113/SC 8)归口。

本标准起草单位:公安部天津消防研究所。

本标准主要起草人:赵华利、吴礼龙、解凤兰、李希全、董学京、李强、俞颖飞。

本标准所代替标准的历次版本发布情况为:

——GA 211—1999。

消防排烟风机耐高温试验方法

1 范围

本标准规定了机号不大于No.18的轴流式(与之相应的离心式)消防排烟风机在试验室进行耐高温试验的试验装置、风机安装、试验方法、判定准则和试验报告等;机号大于No.18的轴流式(与之相应的离心式)消防排烟风机采用电加热试验装置只进行耐高温试验,不测高温状态下的空气动力性能,仅测量风机常温下的空气动力性能。

本标准适用于工业与民用建筑、人防工程等建筑物、隧道、地铁内安装的消防排烟风机的耐高温性能测试。

2 规范性引用文件

下列文件中的条款通过本标准的引用而成为本标准的条款。凡是注日期的引用文件,其随后所有的修改单(不包括勘误的内容)或修订版均不适用于本标准,然而,鼓励根据本标准达成协议的各方研究是否可使用这些文件的最新版本。凡是不注日期的引用文件,其最新版本适用于本标准。

GB/T 1236—2000 工业通风机 用标准化风道进行性能试验(idt ISO 5801:1997)

JB/T 8689—1998 通风机振动检测及其限值

3 术语和定义

GB/T 1236—2000中确立的以及下列术语和定义适用于本标准。

3.1

消防排烟风机 smoke and heat exhaust ventilators

在机械排烟系统中用于排除烟气的固定式电动装置。

4 要求

4.1 试验装置

4.1.1 耐高温试验炉

本标准规定消防排烟风机应符合4.3、4.4要求和在规定的耐高温试验炉上进行耐高温试验。

耐高温试验炉应能控制通过消防排烟风机的气流温度,使之能够在150 ℃～600 ℃(允许偏差±15 ℃)范围内任一设定值上保持恒定,并能保证点火后2 min内,炉内温度能升至选定的标准温度。

耐高温试验炉应有足够大的空间,其尺寸不应小于3 000 mm×3 000 mm×4 500 mm。应能使消防排烟风机在规定尺寸(见图1)的风洞内测试高温状态下空气动力性能。

注:机号大于N0.18的消防排烟风机的耐高温性能试验装置及安装方式参照图4和图5。

4.1.2 温度测量及控制系统

消防排烟风机迎火面的气流温度采用直径为ϕ0.75 mm～ϕ2.30 mm的K型铠装热电偶测量。其热端伸出不锈钢套管或瓷套管长度不应小于25 mm,热电偶数量不得少于6支。热电偶均匀分布在距消防排烟风机进气口100 mm的平面上,其测量端距管壁100 mm,热电偶所测温度的平均值即为试验温度。

标准试验温度可以在150 ℃～600 ℃范围内预先设定,试验温度数值记录的时间间隔不应超过1 min。

4.1.3 炉内压力测量系统

耐高温试验炉炉内压力采用压力传感器在炉内3 m高度,距试验炉口100 mm处进行测量与记录,记录时间间隔不应超过2 min。本标准仅要求消防排烟风机在耐高温试验时记录实际炉压。

4.2 测量

4.2.1 高温状态下消防排烟风机空气动力性能测量

4.2.1.1 消防排烟风机流量、压力、全压效率的测量

消防排烟风机的流量、压力、全压效率按照GB/T 1236—2000的方法进行模拟消防排烟风机在耐高温试验时的实际工况点测量。选用的试验装置为按照GB/T 1236—2000中18.2规定的C型装置。

4.2.1.2 消防排烟风机振动的测量

消防排烟风机的振动按照JB/T 8689—1998规定的仪器和方法进行耐高温下的振动性能测量。测量部位应满足JB/T 8689—1998中3.2的规定。

4.2.2 测量仪表的准确度

用于测量以下参数的测量仪表的准确度分别为:

——炉内压力:±3 Pa;

——时间:±10 s;

——温度:±15 ℃;

——消防排烟风机的压力:±3 Pa;

——消防排烟风机的振动:±5%。

4.3 消防排烟风机试验安装要求

4.3.1 消防排烟风机耐高温试验和测量装置安装示意图如图1～图3所示。

4.3.2 将集流器、电动风量调节阀、风机空气动力性能测试管道(标准化风道)、消防排烟风机和消防排烟风机的后连接管道固定在耐高温试验炉的外侧,管道的出口与入口与炉内相通,以便形成消防排烟风机与耐高温试验炉之间的热流循环。

4.3.3 消防排烟风机的前、后连接管道宜用不小于4 mm厚的钢板制作。标准化风道的尺寸和形状应满足GB/T 1236—2000的规定。所有风管之间由法兰连接,为防止连接处漏气,法兰中间应用密封材料堵塞。标准化风道上压力导出口和热电偶处不应使风管漏气。

4.3.4 距风管进口的轴线3 m范围内不应有障碍物存在,消防排烟风机出口距障碍物的距离不应小于3 m。

4.4 消防排烟风机的耐高温试验要求

4.4.1 隧道区间隧道内用消防排烟风机应在不低于250 ℃气流通过时连续运转60 min无异常现象。

4.4.2 地铁区间隧道内用消防排烟风机应在不低于150 ℃气流通过时连续运转60 min无异常现象。

4.4.3 其他建筑内用消防排烟风机应在不低于280 ℃气流通过时连续运转30 min无异常现象。

单位为毫米

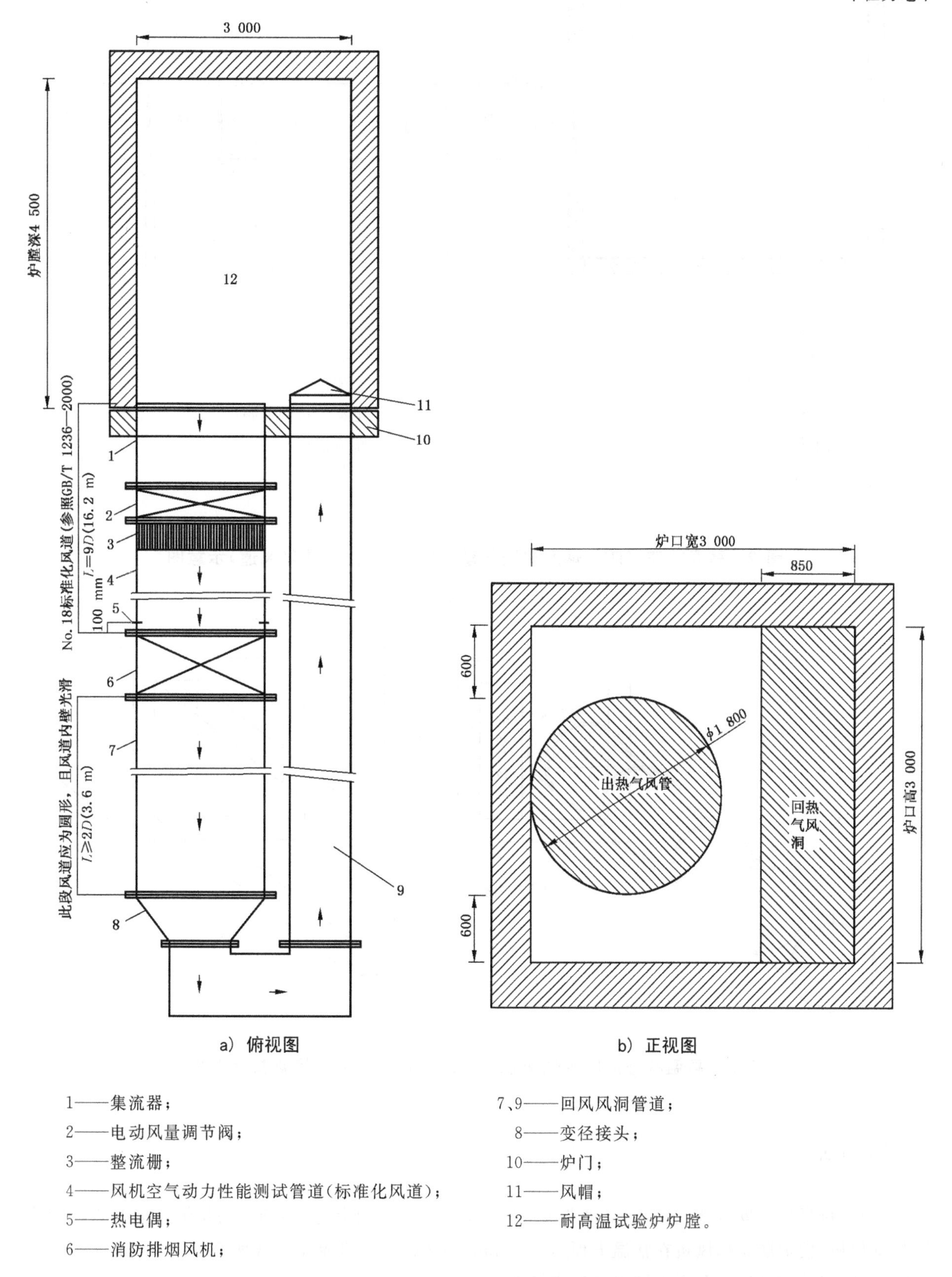

a) 俯视图　　b) 正视图

1——集流器；
2——电动风量调节阀；
3——整流栅；
4——风机空气动力性能测试管道(标准化风道)；
5——热电偶；
6——消防排烟风机；
7、9——回风风洞管道；
8——变径接头；
10——炉门；
11——风帽；
12——耐高温试验炉炉膛。

图1 消防排烟风机耐高温试验和测量装置安装示意图

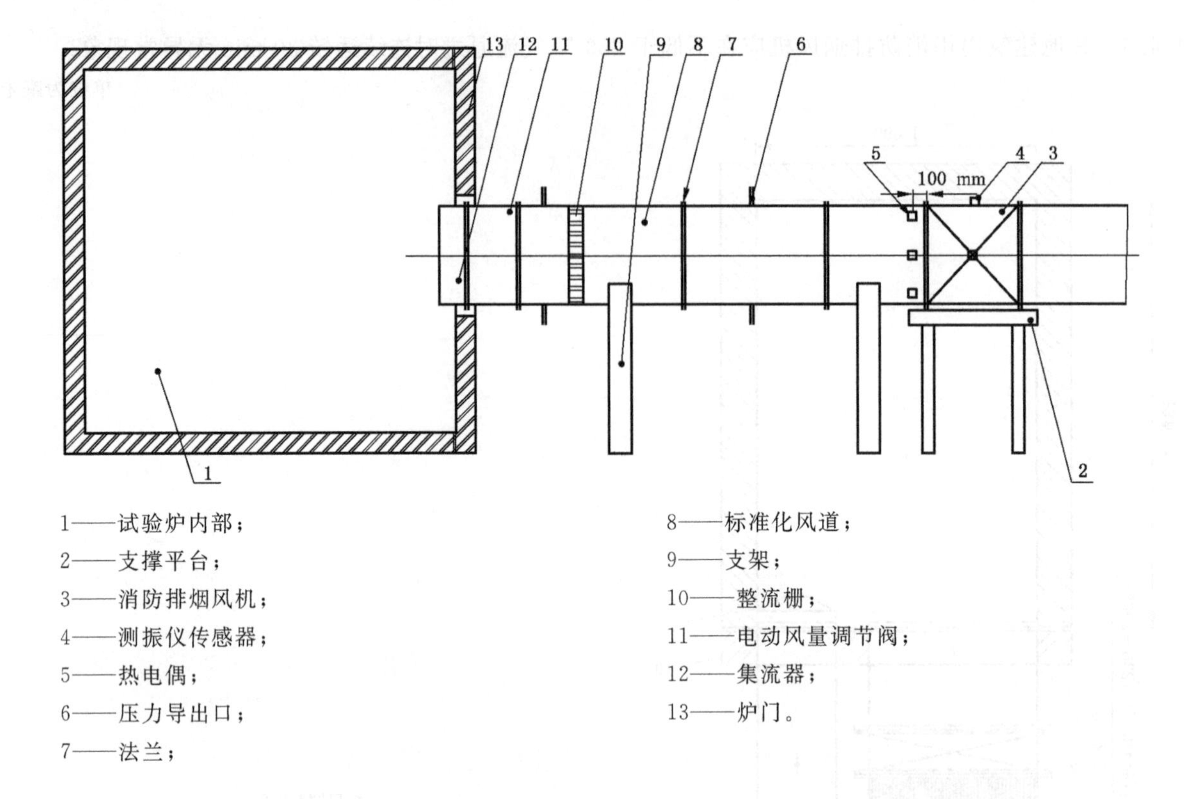

1——试验炉内部；

2——支撑平台；

3——消防排烟风机；

4——测振仪传感器；

5——热电偶；

6——压力导出口；

7——法兰；

8——标准化风道；

9——支架；

10——整流栅；

11——电动风量调节阀；

12——集流器；

13——炉门。

图2　高温状态消防排烟风机空气动力性能试验(标准化风道)示意图

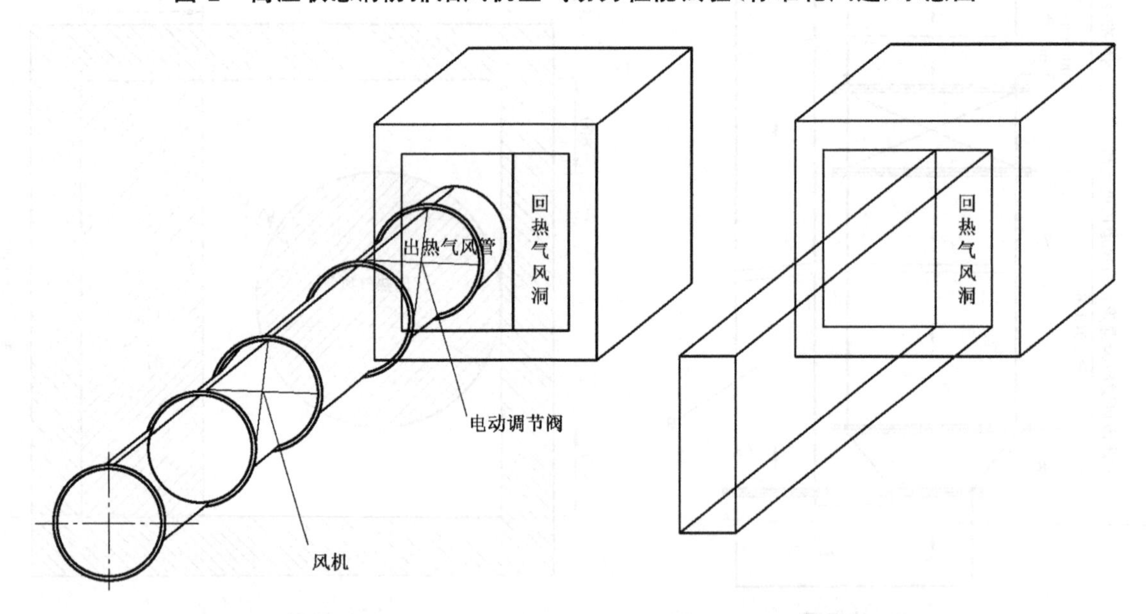

图3　高温状态消防排烟风机空气动力性能试验管道连接示意图

5　试验方法

5.1　消防排烟风机安装就位后，让电动调节阀叶片处于全部打开状态，接通消防排烟风机电源，启动消防排烟风机，使消防排烟风机在常温下预运行5 min，消防排烟风机应无异常现象。

5.2　检查风管的气密性和压力导出口的通畅性。

5.3　消防排烟风机停止运转，等待进行耐高温试验。

5.4 耐高温试验炉点火，同时启动消防排烟风机使其运转。控制炉温，使通过消防排烟风机的气流温度在 2 min 内达到标准试验温度，并在此温度下使消防排烟风机连续运转 30 min 无异常现象(对于隧道、地铁区间内等场所的消防排烟风机应在相应标准试验温度下连续运转达到规定时间要求无异常现象)。

5.5 标准试验温度应根据生产厂家提出的消防排烟风机耐高温性能选定，并应符合以下规定：

a） 对于隧道区间隧道内用消防排烟风机，所选温度应不低于 250 ℃；

b） 对于地铁区间隧道内用消防排烟风机，所选温度应不低于 150 ℃；

c） 对于其他建筑内用消防排烟风机，所选温度应不低于 280 ℃。

5.6 试验过程中，消防排烟风机如出现与第 7 章规定的判定准则不符时，试验即可终止。

5.7 消防排烟风机在耐高温试验过程中，调节电动调节阀叶片启闭状态(模拟纸贴片)控制通过消防排烟风机的风量，测量消防排烟风机耐高温状态下的空气动力性能。按照 GB/T 1236—2000 规定的方法测量消防排烟风机的流量、压力和全压效率；按照 JB/T 8689—1998 规定的方法测量消防排烟风机的振动。

注：消防排烟风机在耐高温试验过程中的空气动力性能测试结果不作为判定依据，仅作实际扩展参考。

5.8 机号大于 No.18 的消防排烟风机，耐高温试验时应安装在如图 4 和图 5 所示的电加热试验装置上进行。

单位为毫米

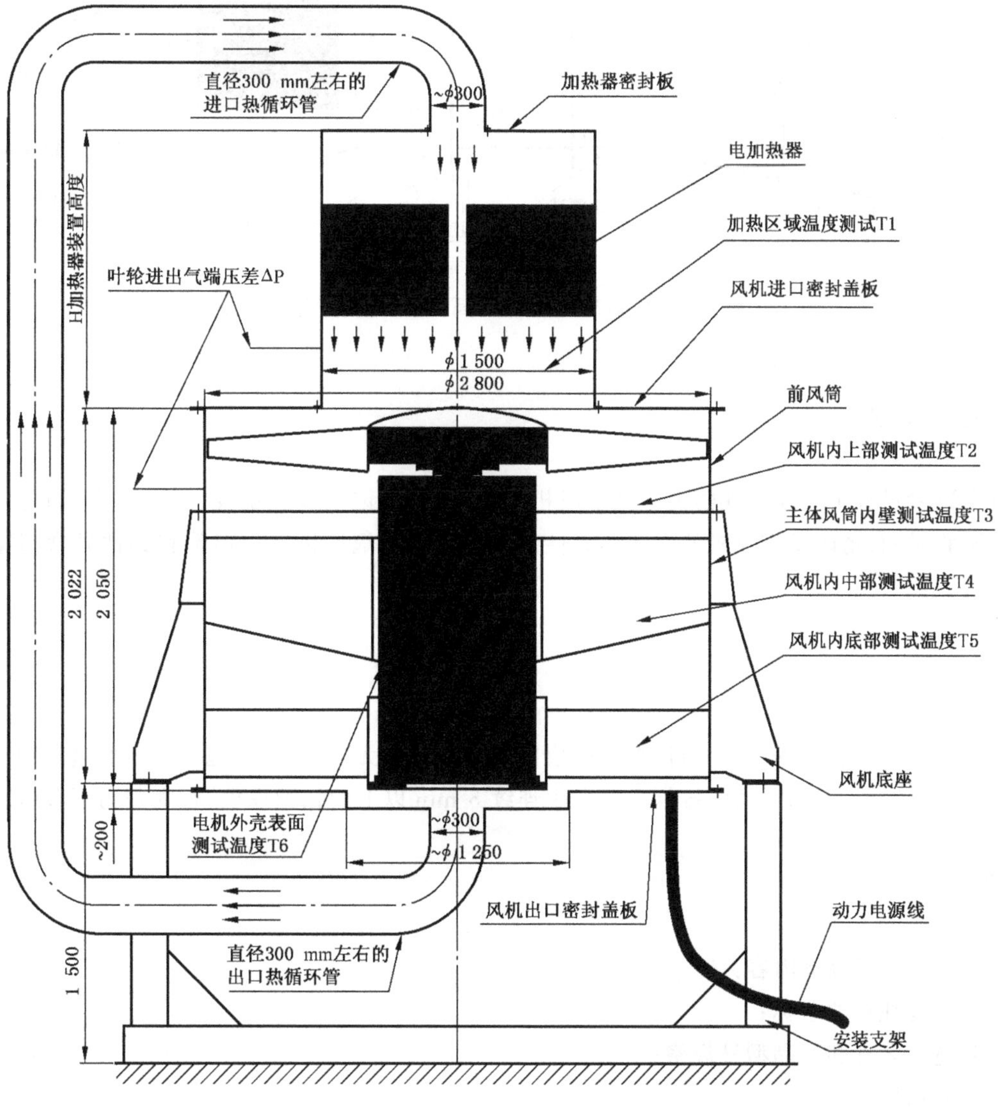

图 4 立式轴流消防排烟风机高温测试装置示意图

单位为毫米

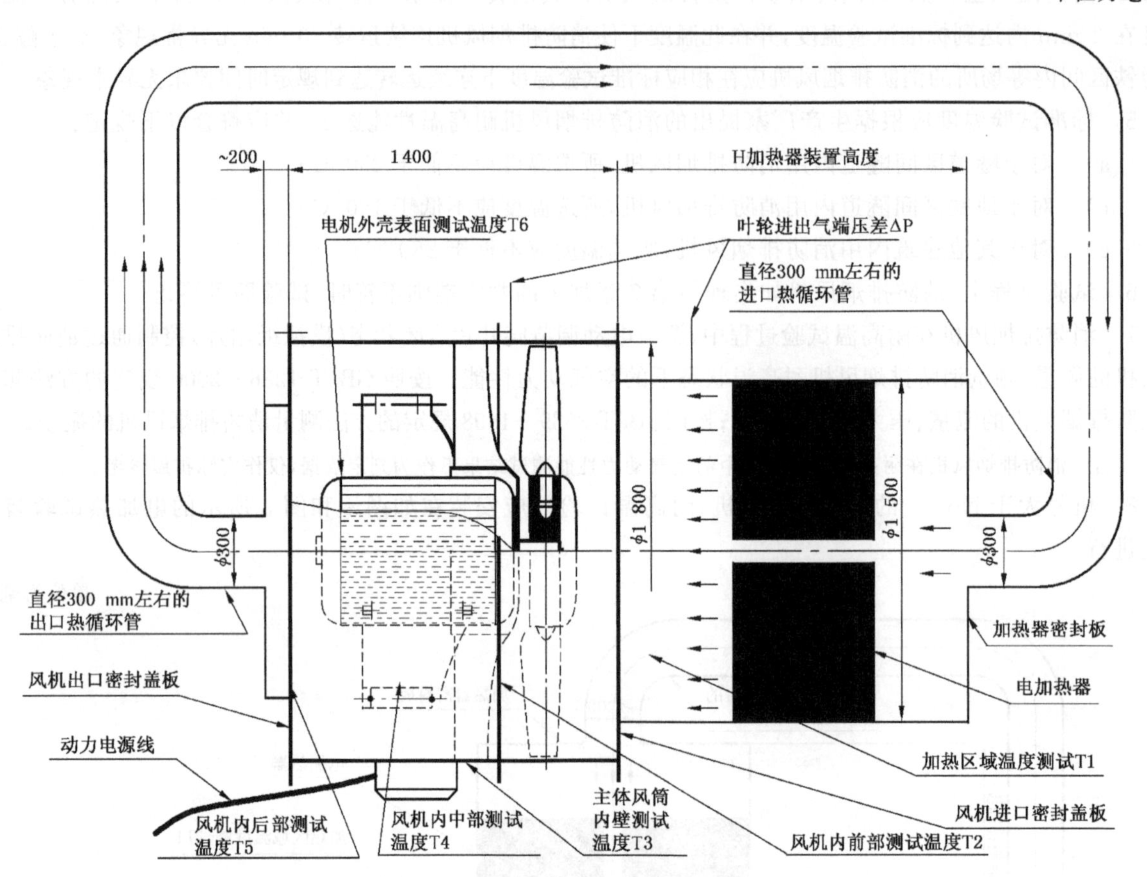

图 5 卧式轴流消防排烟风机高温测试装置俯视示意图

6 观察、测量、记录

在整个试验过程中应随时观察消防排烟风机的运转情况，记录试验温度、炉内压力、消防排烟风机的耐高温试验时间、消防排烟风机的空气动力性能以及消防排烟风机发生扫膛和其他异常现象发生的时间。

7 判定准则

在整个耐高温试验过程中，消防排烟风机应能正常运转和无异常现象，包括在试验过程中不出现消防排烟风机电机短路、不出现消防排烟风机发生连续 5 min 以上的扫膛现象，否则判为不合格。

8 试验报告

试验报告应包括以下内容：

a） 试验委托单位名称；

b） 制造厂名称和产品型号规格；

c） 试验依据；

d） 送检类型；

e） 消防排烟风机结构简图，使用材料、安装及其他有关说明；
f） 试验数据；
g） 观察记录；
h） 试验结论；
i） 试验单位的负责人和试验主持人签字；
j） 试验单位盖章；
k） 标准编号；
l） 企业应提供消防排烟风机空气动力性能的工况点等参数。

ICS 13.220.50
C 82

中华人民共和国消防救援行业标准

XF 533—2012

挡 烟 垂 壁

Smoke barriers

2012-09-25 发布 2012-12-01 实施

中华人民共和国应急管理部 公 布

前言

根据公安部、应急管理部联合公告(2020年5月28日)和应急管理部2020年第5号公告(2020年8月25日),本标准归口管理自2020年5月28日起由公安部调整为应急管理部,标准编号自2020年8月25日起由GA 533—2012调整为XF 533—2012,标准内容保持不变。

本标准的第5章、第7章和8.1为强制性的,其余为推荐性的。

本标准按照GB/T 1.1—2009给出的规则起草。

本标准代替GA 533—2005《挡烟垂壁》,与GA 533—2005相比,主要技术变化如下:

——调整了标准的适用范围(见第1章,2005版第1章);

——修改了规范性引用文件(见第2章,2005版第2章);

——增加了术语和定义(见第3章,2005版第3章);

——修改了挡烟垂壁的分类(见第4章,2005版第4章);

——修改了要求内容的编排方式,分为通用要求和活动式挡烟垂壁附加性能要求两部分(见5.1、5.2,2005版第5章);

——修改了挡烟垂壁耐高温性能试验方法(见6.5,2005版6.8);

——增加了活动式挡烟垂壁驱动装置的性能要求和试验方法规定(见附录A);

——增加了活动式挡烟垂壁控制器的性能要求和试验方法规定(见附录B)。

本标准参照ISO 21927-1:2008《烟热控制系统 第1部分:挡烟垂壁技术要求》(E)的技术内容编制,与ISO 21927-1:2008的一致性程度为非等效。

本标准由公安部消防局提出。

本标准由全国消防标准化技术委员会建筑构件耐火性能分技术委员会(SAC/TC 113/SC 8)归口。

本标准负责起草单位:公安部天津消防研究所。

本标准参加起草单位:漳州市杰龙机电有限公司、漳州市麒麟电子有限公司、上海森林特种钢门有限公司、北京光华安富业门窗有限公司。

本标准主要起草人:董学京、李希全、郑巍、马建明、刁晓亮、连旦军、李涛、丁建国、彭泽群、欧阳晖、王福深、纪春传。

本标准于2005年3月首次发布,本版为第一次修订。

挡 烟 垂 壁

1 范围

本标准规定了挡烟垂壁的术语和定义、分类、要求、试验方法、检验规则以及标志、包装、运输和贮存。

本标准适用于工业与民用建筑中设置防烟分区所使用的挡烟垂壁。

2 规范性引用文件

下列文件对于本文件的应用是必不可少的。凡是注日期的引用文件,仅注日期的版本适用于本文件。凡是不注日期的引用文件,其最新版本(包括所有的修改单)适用于本文件。

GB/T 2423.1 电工电子产品环境试验 第2部分:试验方法 试验A:低温

GB/T 2423.2 电工电子产品环境试验 第2部分:试验方法 试验B:高温

GB/T 2423.3 电工电子产品环境试验 第2部分:试验方法 试验Cab:恒定湿热试验

GB/T 2423.10—2008 电工电子产品环境试验 第2部分:试验方法 试验Fc:振动(正弦)

GB/T 2624.1 用安装在圆形截面管道中的差压装置测量满管流体流量 第1部分:一般原理和要求

GB/T 2624.2 用安装在圆形截面管道中的差压装置测量满管流体流量 第2部分:孔板

GB/T 3923.1 纺织品 织物拉伸性能 第1部分:断裂强力和断裂伸长率的测定 条样法

GB 4706.1—2005 家用和类似用途电器的安全 第1部分:通用要求

GB/T 5907 消防基本术语 第一部分

GB 8624 建筑材料及制品燃烧性能分级

GB/T 9969 工业产品使用说明书 总则

GB/T 9978.1—2008 建筑构件耐火试验方法 第1部分:通用要求

GB 12978 消防电子产品检验规则

GB/T 14436 工业产品保证文件 总则

GB 15763.1 建筑用安全玻璃 第1部分:防火玻璃

GB 15930—2007 建筑通风和排烟系统用防火阀门

GB 16838—2005 消防电子产品 环境试验方法及严酷等级

GB 25970 不燃无机复合板

3 术语和定义

GB/T 5907 界定的以及下列术语和定义适用于本文件。

3.1

挡烟垂壁 smoke barriers

用不燃材料制成,垂直安装在建筑顶棚、横梁或吊顶下,能在火灾时形成一定的蓄烟空间的挡烟分隔设施。

3.2

挡烟高度 height of smoke obstruction

挡烟垂壁处于安装位置时,其底部与顶部之间的垂直高度。

3.3

固定式挡烟垂壁 static smoke barriers

固定安装的、能满足设定挡烟高度的挡烟垂壁。

3.4

活动式挡烟垂壁 active smoke barriers

可从初始位置自动运行至挡烟工作位置,并满足设定挡烟高度的挡烟垂壁。

4 分类

4.1 分类与代号

4.1.1 挡烟垂壁按安装方式分为:

——固定式挡烟垂壁,代号 D;

——活动式挡烟垂壁,代号 H。

4.1.2 挡烟垂壁按挡烟部件材料的刚度性能分为:

——柔性挡烟垂壁,代号 R;

——刚性挡烟垂壁,代号 G。

4.2 规格

挡烟垂壁按"单节宽度×挡烟高度"划分规格,单位均为毫米(mm)。

4.3 型号

挡烟垂壁的型号编制方法如下所示。其中企业自定义内容可由小写字母与数字组合给出,至少应包含挡烟垂壁使用的主体材料代号,如 gb(钢板)、fb(防火玻璃)、wz(无机纤维织物)、wb(不燃无机复合板)等。

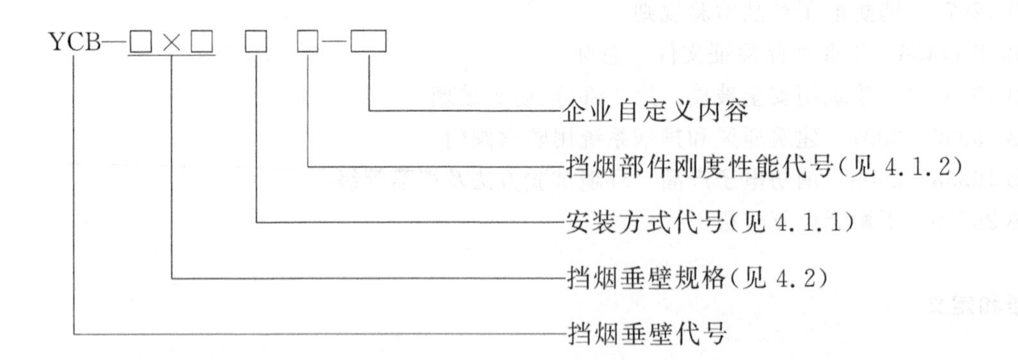

示例 1:YCB—2000×600DG—fb1,表示单节宽度为 2 000 mm,挡烟高度为 600 mm 的固定式刚性挡烟垂壁,企业自定义型号内容为 fb1(挡烟垂壁的主体材料为防火玻璃)。

示例 2:YCB—4000×500 HR—wz2,表示单节宽度为 4 000 mm,挡烟高度为 500 mm 的活动式柔性挡烟垂壁,企业自定义型号内容为 wz2(挡烟垂壁的主体材料为无机纤维织物)。

5 要求

5.1 通用要求

5.1.1 外观

5.1.1.1 挡烟垂壁应设置永久性标牌,标牌应牢固,标识内容清楚。

5.1.1.2 挡烟垂壁的挡烟部件表面不应有裂纹、压坑、缺角、孔洞及明显的凹凸、毛刺等缺陷;金属材料的防锈涂层或镀层应均匀,不应有斑剥、流淌现象。

5.1.1.3 挡烟垂壁的组装、拼接或连接等应牢固,符合设计要求,不应有错位和松动现象。

5.1.2 材料

5.1.2.1 挡烟垂壁应采用不燃材料制作。

5.1.2.2 制作挡烟垂壁的金属板材的厚度不应小于 0.8 mm,其熔点不应低于 750 ℃。

5.1.2.3 制作挡烟垂壁的不燃无机复合板的厚度不应小于 10.0 mm,其性能应符合 GB 25970 的规定。

5.1.2.4 制作挡烟垂壁的无机纤维织物的拉伸断裂强力经向不应低于 600 N,纬向不应低于 300 N,其燃烧性能不应低于 GB 8624 A 级。

5.1.2.5 制作挡烟垂壁的玻璃材料应为防火玻璃,其性能应符合 GB 15763.1 的规定。

5.1.3 尺寸与极限偏差

5.1.3.1 挡烟垂壁的挡烟高度应符合设计要求,其最小值不应低于 500 mm,最大值不应大于企业申请检测产品型号的公示值。

5.1.3.2 采用不燃无机复合板、金属板材、防火玻璃等材料制作刚性挡烟垂壁的单节宽度不应大于 2 000 mm;采用金属板材、无机纤维织物等制作柔性挡烟垂壁的单节宽度不应大于 4 000 mm。

5.1.3.3 挡烟垂壁挡烟高度的极限偏差不应大于±5 mm。

5.1.3.4 挡烟垂壁单节宽度的极限偏差不应大于±10 mm。

5.1.4 漏烟量

按 6.4 的规定进行试验,在(200±15)℃的温度下,挡烟部件前后保持(25±5)Pa 的气体静压差时,其单位面积漏烟量(标准状态)不应大于 25 $m^3/(m^2 \cdot h)$;如果挡烟部件由不渗透材料(如金属板材、不燃无机复合板、防火玻璃等刚性材料)制造,且不含有任何连接结构时,对漏烟量无要求。

5.1.5 耐高温性能

按 6.5 的规定进行试验,挡烟垂壁在(620±20)℃的高温作用下,保持完整性的时间不应小于 30 min。

5.2 活动式挡烟垂壁附加性能要求

5.2.1 运行控制装置

5.2.1.1 活动式挡烟垂壁驱动装置的性能应符合附录 A 的规定。

5.2.1.2 活动式挡烟垂壁控制器的性能应符合附录 B 的规定。

5.2.2 运行性能

按 6.6.2 的规定进行试验,活动式挡烟垂壁的运行性能应符合以下要求:

a） 从初始安装位置自动运行至挡烟工作位置时，其运行速度不应小于 0.07 m/s，而且总运行时间不应大于 60 s；

b） 应设置限位装置；当运行至挡烟工作位置的上、下限位时，应能自动停止。

5.2.3 运行控制方式

按 6.6.3 的规定进行试验，活动式挡烟垂壁的运行控制方式应符合以下要求：

a） 应与相应的感烟火灾探测器联动，当探测器报警后，挡烟垂壁应能自动运行至挡烟工作位置；

b） 接收到消防联动控制设备的控制信号后，挡烟垂壁应能自动运行至挡烟工作位置；

c） 系统主电源断电时，活动式挡烟垂壁应能自动运行至挡烟工作位置，其运行性能应符合 5.2.2 的规定。

5.2.4 可靠性

按 6.6.4 的规定进行试验，活动式挡烟垂壁应能经受 1 000 次循环启闭运行试验，试验结束后，挡烟垂壁应仍能正常工作，直径为(6±0.1)mm 和截面尺寸(15±0.1)mm×(2±0.1)mm 的探棒不能穿过挡烟部件。

5.2.5 抗风摆性能

按 6.6.5 的规定进行试验，活动式挡烟垂壁的表面垂直方向上承受(5±1)m/s 风速作用时，其垂直偏角不应大于 15°。

6 试验方法

6.1 外观

挡烟垂壁的外观采用目测及手触摸相结合的方法进行检验。

6.2 材料

6.2.1 采用游标卡尺测量金属板材的任意 3 个不同位置的厚度，取 3 个测量值的平均值作为试验结果。

6.2.2 采用游标卡尺测量不燃无机复合板的任意 3 个不同位置的厚度，取 3 个测量值的平均值作为试验结果。不燃无机复合板的性能按 GB 25970 的规定进行检验，或提供国家认可授权检测机构出具的有效检验报告。

6.2.3 无机纤维织物常温下的拉伸断裂强力按 GB/T 3923.1 的规定进行检验，燃烧性能按 GB 8624 的规定进行检验，或提供国家认可授权检测机构出具的有效检验报告。

6.2.4 防火玻璃的性能按 GB 15763.1 的规定进行检验，或提供国家认可授权检测机构出具的有效检验报告。

6.3 尺寸与极限偏差

6.3.1 沿挡烟垂壁的宽度方向上任取 3 个测量位置，相邻两个位置之间的距离不应小于 200 mm，采用钢卷尺测量挡烟垂壁的挡烟高度，取 3 个测量值的平均值作为试验结果，精确至 1 mm。

6.3.2 沿挡烟垂壁的挡烟高度方向上任取 3 个测量位置，相邻两个位置之间的距离不应小于100 mm，采用钢卷尺测量挡烟垂壁的单节宽度，取 3 个测量值的平均值作为试验结果，精确至 1 mm。

6.3.3 取 6.3.1 的试验结果，减去挡烟垂壁型号中明示的挡烟高度值，其差值即为挡烟垂壁挡烟高度的极限偏差。

6.3.4 取6.3.2的试验结果，减去挡烟垂壁型号中明示的单节宽度，其差值即为挡烟垂壁单节宽度的极限偏差。

6.4 漏烟量

6.4.1 试件

挡烟垂壁漏烟量试件由挡烟部件和安装框架组成，挡烟部件的有效面积为1 000 mm×500 mm，挡烟部件安装在框架中，与框架的接触部分应密封。

挡烟垂壁试件的结构应能代表实际产品的设计结构形式，如果实际产品设计结构在高度方向或/和宽度方向上有某种连接结构，则试验用挡烟垂壁试件应含有此连接结构。

6.4.2 试验设备

6.4.2.1 概述

试验设备包括耐火试验炉、气体流量测量系统、温度测量系统和压力测量与控制系统等四大部分。在耐火试验炉与挡烟垂壁试件之间有一段用厚度不小于1.5 mm的钢板制造的前连接管道（见图1），其开口尺寸与挡烟垂壁试件中挡烟部件的尺寸相对应，长度不小于0.3 m。

6.4.2.2 耐火试验炉

耐火试验炉及炉内试验条件应符合GB/T 9978.1—2008中第5章、第6章的规定。

6.4.2.3 气体流量测量系统

气体流量测量系统应符合GB 15930—2007中7.12.1.2的规定。

6.4.2.4 温度测量系统

耐火试验炉内温度测量热电偶的数量不应少于5支，其中1支设在挡烟部件的中心，其余4支分别设在挡烟部件1/4面积的中心，各热电偶测量点与挡烟部件之间的距离应为(100±10)mm。

测量管道（见图1）内标准孔板后的烟气温度，采用丝径为0.5 mm的热电偶或同等准确度的其他仪表测量，测量点位于标准孔板后测量管道的中心线上，与标准孔板之间的距离为测量管道直径的2倍。

6.4.2.5 压力测量与控制系统

压力测量与控制系统应符合GB 15930—2007中7.12.1.3的规定。

6.4.2.6 测量仪表的准确度

测量仪表的准确度应符合GB 15930—2007中7.13.2的规定。

6.4.3 试验步骤

6.4.3.1 将挡烟垂壁试件安装就位，在试件与前连接管道的连接处采用不渗透的难燃材料将试件表面密封，按图1将其连接到耐火试验炉上。启动引风机，调节引风机系统的进气阀和调节阀，使试件前后的气体压差为(25±5)Pa。控制耐火试验炉内温度在2 min内达到(200±15)℃。待稳定60 s后，测量并记录标准孔板两侧差压、孔板前气体压力和孔板后测量管道内的气体温度。同时，测量并记录试验时的环境大气压力。按GB/T 2624.1和GB/T 2624.2的规定测定该状态下的气体流量，每1 min测量1次，连续测量5 min，取平均值，该值为该状态下测量系统的漏烟量，用Q_1表示。然后，按式(1)将Q_1值转换成标准状态下的值$Q_{标1}$。如果计算得到的标准状态下测量系统漏烟量$Q_{标1}$大于5 m^3/h，则应调整各连接处的密封情况，直到系统漏烟量不大于 5 m³/h 时为止。

$$Q_{标1} = Q_1 \times \frac{273}{273+T_1} \times \frac{B_1 - P_1}{101325} \quad \cdots\cdots(1)$$

式中：

$Q_{标1}$——换算为标准状态下的测量系统漏烟量，单位为立方米每小时（m^3/h）；

Q_1 ——按 6.4.3.1 实测的测量系统漏烟量，单位为立方米每小时（m^3/h）；

T_1 ——按 6.4.3.1 实测的标准孔板后测量管道内的气体温度，单位为摄氏度（℃）；

B_1 ——按 6.4.3.1 实测的环境大气压力，单位为帕斯卡（Pa）；

P_1 ——按 6.4.3.1 实测的标准孔板前的气体压力，单位为帕斯卡（Pa）。

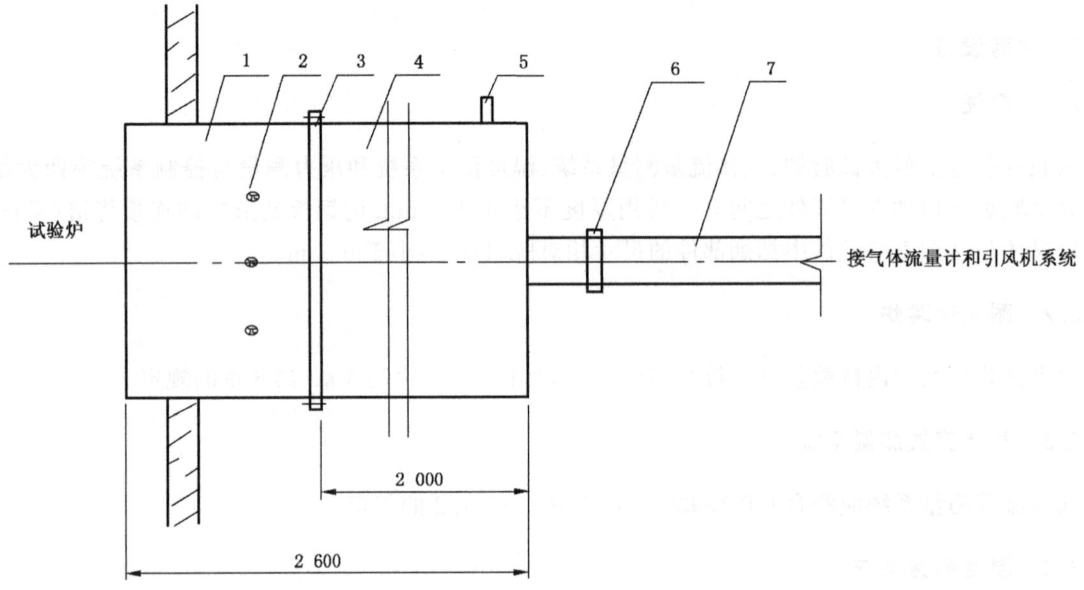

说明：

1——前连接管道；
2——炉内温度热电偶；
3——试件；
4——后连接管道；
5——压力导出口；
6——连接法兰；
7——测量管道。

图 1　挡烟部件漏烟量试验安装示意图

6.4.3.2　拆掉试件与前连接管道连接处的不渗透材料，仍按图 1 规定将其连接到耐火试验炉上。启动引风机，调节引风机系统的进气阀和调节阀，使试件前后压差保持在（25±5）Pa。控制耐火试验炉内温度在 2 min 内达到（200±15）℃。待稳定 60 s 后，测量并记录标准孔板两侧差压、孔板前气体压力和孔板后测量管道内的气体温度。同时，测量并记录试验时的大气压力。按 GB/T 2624.1 和 GB/T 2624.2 的规定测定该状态下的气体流量，每 1 min 测量 1 次，连续测量 5 min，取平均值，该值为该状态下测量系统的漏烟量和挡烟部件的漏烟量之和，用 Q_2 表示。然后，按式（2）将 Q_2 值转换成标准状态下的值 $Q_{标2}$。

注：如果挡烟垂壁挡烟部件由不渗透材料制造，而且单节内不含有任何连接结构时，可不做本项试验。

$$Q_{标2} = Q_2 \times \frac{273}{273+T_2} \times \frac{B_2 - P_2}{101\,325} \quad \cdots\cdots(2)$$

式中：

$Q_{标2}$——换算为标准状态下的测量系统漏烟量与挡烟部件漏烟量之和，单位为立方米每小时（m^3/h）；

Q_2 ——按 6.4.3.2 实测的测量系统漏烟量与挡烟部件漏烟量之和，单位为立方米每小时（m^3/h）；

T_2 ——按 6.4.3.2 实测的标准孔板后测量管道内的气体温度,单位为摄氏度(℃);

B_2 ——按 6.4.3.2 实测的环境大气压力,单位为帕斯卡(Pa);

P_2 ——按 6.4.3.2 实测的标准孔板前的气体压力,单位为帕斯卡(Pa)。

6.4.3.3 按式(3)可计算得到挡烟垂壁试件中挡烟部件的单位面积漏烟量(标准状态)。

$$Q = \frac{Q_{标2} - Q_{标1}}{0.5} \quad \cdots\cdots\cdots\cdots (3)$$

式中:

Q ——标准状态下挡烟部件单位面积漏烟量,单位为立方米每平方米小时[$m^3/(m^2 \cdot h)$];

$Q_{标1}$——按式(1)计算的测量系统漏烟量,单位为立方米每小时(m^3/h);

$Q_{标2}$——按式(2)计算的测量系统漏烟量与挡烟部件漏烟量之和,单位为立方米每小时(m^3/h)。

6.5 耐高温性能

6.5.1 试件

挡烟垂壁试件的结构和材料应能够代表实际使用状况。如果实际挡烟垂壁产品设计结构在高度方向或/和宽度方向上有某种连接结构,则试验用的挡烟垂壁试件应含有此连接结构。

如果不受试验装置的炉口开口尺寸限制,挡烟垂壁试件应以其型号中明示的规格尺寸(全尺寸)进行试验。不能以全尺寸试验的试件,应选择可试验的最大尺寸。

6.5.2 试验装置

挡烟垂壁耐高温性能试验的耐火试验炉及炉内试验条件应符合 GB/T 9978.1—2008 中第 5 章、第 6 章的规定,且应能满足垂直分隔构件一面受火的条件,试验炉口开口尺寸不应小于 3 m×3 m。

耐火试验炉内温度测量热电偶应均匀地分布在距挡烟垂壁试件结构最近表面(100±10)mm 的垂直平面内,试件受火面每 1.5 m^2 范围内至少布置一支热电偶,且总数不应少于 4 支,热电偶的测量感温端头朝向试件的向火面。

6.5.3 试件安装

6.5.3.1 挡烟垂壁试件的安装框架应为具有足够强度的刚性框架,满足挡烟垂壁试件及支承结构的安装需求。

6.5.3.2 挡烟垂壁试件与框架之间应安装支承结构,挡烟垂壁与支承结构之间的连接方法,包括连接用附件和材料应与实际使用情况相同,并作为试件的附属部分。支承结构要求如下:

a) 如果挡烟垂壁在实际使用时安装在特定的支承结构中,则支承结构应符合实际使用情况;
b) 如果挡烟垂壁不是安装在特定的支承结构上使用,则挡烟垂壁试件与框架间宜安装一种刚性标准支承结构,如砌块墙、砖墙或素混凝土墙等,墙体密度在 800 kg/m^3～1 600 kg/m^3 之间,墙体厚度不应小于 150 mm;
c) 如果挡烟垂壁试件按实际使用情况安装,且试件两侧及其下部与支承结构之间为无约束连接,则应采用耐火纤维毡等耐高温的柔性隔热材料对挡烟垂壁试件两侧及其下部与支承结构之间的缝隙进行必要的封堵。

6.5.3.3 安装在挡烟垂壁试件与框架之间的支承结构,其紧邻挡烟垂壁试件两侧及其上方、下方的部分应有宽 200 mm 的最小区域暴露在耐火试验炉的炉口中。若试件之间以及试件与炉口内边缘之间有 200 mm 的最小间隔,则支承结构上可安装一个以上的挡烟垂壁试件。

6.5.4 试验步骤

6.5.4.1 将试件按 6.5.2 的规定安装在耐火试验炉的炉口。

6.5.4.2 按 GB/T 9978.1—2008 规定的升温条件,将耐火试验炉内温度升至(620±20)℃,并保持恒温,时间合计为 30 min。

6.5.4.3 观察、测量并记录试件的完整性破坏情况。

6.5.5 判定准则

挡烟垂壁试件在为时 30 min 的耐高温试验过程中,未出现下列任一现象,则判定试件的完整性未被破坏,挡烟垂壁耐高温性能合格:

a) 挡烟垂壁背火面出现持续 10 s 以上的火焰;

b) 依据 GB/T 9978.1—2008 中 8.4.2 的规定,探棒可以穿过;

c) 挡烟垂壁部分或全部垮塌。

6.6 活动式挡烟垂壁的附加性能试验

6.6.1 运行控制装置

6.6.1.1 活动式挡烟垂壁驱动装置性能应按附录 A 的规定进行检验,或提供国家认可授权检测机构出具的有效检验报告。

6.6.1.2 活动式挡烟垂壁控制器性能应按附录 B 的规定进行检验,或提供国家认可授权检测机构出具的有效检验报告。

6.6.2 运行性能

将活动式挡烟垂壁试件按正常使用情况安装在试验框架上,进行以下运行性能测试:

a) 启动活动式挡烟垂壁运行,用分度值为 0.01 s 的秒表测量挡烟垂壁从安装闭合位置运行至挡烟工作位置的时间 t,重复 3 次,取平均值,按式(4)计算挡烟垂壁的下降运行速度:

$$v = \frac{s}{t} \qquad \cdots\cdots(4)$$

式中:

v ——挡烟垂壁下降运行平均速度,单位为米每秒(m/s);

s ——挡烟垂壁下降运行位移,单位为米(m);

t ——挡烟垂壁下降运行时间,单位为秒(s)。

b) 目测挡烟垂壁运行至上、下限位时,是否能自动停止。

6.6.3 运行控制方式

将活动式挡烟垂壁试件按正常使用情况安装在试验框架上,按以下不同控制方式进行试验:

a) 使挡烟垂壁控制器接收模拟感烟火灾探测器的报警信号,目测挡烟垂壁的自动运行情况;

b) 使挡烟垂壁控制器接收模拟消防联动控制装置的控制信号,目测挡烟垂壁的自动运行情况;

c) 断开挡烟垂壁系统的主电源,目测挡烟垂壁的自动运行情况,并按 6.6.2a)的规定进行运行速度和运行时间测试。

6.6.4 可靠性

6.6.4.1 将活动式挡烟垂壁试件按正常使用情况安装在试验框架上。

6.6.4.2 采用活动式挡烟垂壁驱动装置和控制器,控制挡烟垂壁从闭合位置运行至设计工作位置,再由设计工作位置返回至闭合位置,完成一个循环。

6.6.4.3 重复上述动作 1 000 次,检验挡烟垂壁的运行情况。用直径为(6±0.1)mm 和截面积为(15±0.1)mm×(2±0.1)mm 的探棒测量挡烟垂壁挡烟部件的破损情况。

6.6.5 抗风摆性能

6.6.5.1 试件

挡烟垂壁试件尺寸为1 000 mm×500 mm，试件结构应能代表实际产品的设计结构形式，如果实际产品设计结构在高度方向或/和宽度方向上有某种连接结构，则试验用挡烟垂壁试件应含有此连接结构。

6.6.5.2 试验设备

试验设备应符合GB 15930—2007中7.12.1、7.12.2的规定。

6.6.5.3 试验步骤

将挡烟垂壁试件安装在连接管道上，启动引风机系统，使管道内的气体流速保持为(5±1)m/s，采用重锤吊线及钢卷尺测量挡烟垂壁的垂直偏角。

7 检验规则

7.1 出厂检验

7.1.1 每件挡烟垂壁应经生产厂质量检验部门检验合格并签发合格证后方可出厂。
7.1.2 挡烟垂壁产品的出厂检验应逐件进行。固定式挡烟垂壁出厂检验项目至少应包括5.1.1、5.1.2、5.1.3，活动式挡烟垂壁应附加5.2.1、5.2.2、5.2.3。
7.1.3 挡烟垂壁的出厂检验项目中任一项不合格时，允许通过调整、返工后重新检验，直至合格为止。

7.2 型式检验

7.2.1 挡烟垂壁型式检验项目为第5章规定的全部内容，挡烟垂壁的通用检验项目见表1，活动式挡烟垂壁的附加检验项目见表2。

表1 挡烟垂壁通用检验项目

序号	检验项目	要求条款	试验方法条款	不合格分类
1	外观	5.1.1	6.1	C
2	材料	5.1.2	6.2	A
3	尺寸与极限偏差	5.1.3	6.3	C
4	漏烟量	5.1.4	6.4	A
5	耐高温性能	5.1.5	6.5	A

表2 活动式挡烟垂壁附加检验项目

序号	检验项目	要求条款	试验方法条款	不合格分类
1	运行控制装置	5.2.1	6.6.1	A
2	运行性能	5.2.2	6.6.2	C
3	运行控制方式	5.2.3	6.6.3	C
4	可靠性	5.2.4	6.6.4	A
5	抗风摆性能	5.2.5	6.6.5	A

7.2.2 有下列情况之一时应进行型式检验：

a） 新产品投产或老产品转厂生产时；

b） 正式生产后，产品的结构、材料、生产工艺等有较大改变，可能影响产品的性能时；

c） 产品停产一年以上，恢复生产时；

d） 发生重大质量事故时；

e） 产品强制性准入制度有要求时；

f） 质量监督机构依法提出型式检验要求时。

7.2.3 进行型式检验时，应从出厂检验合格的产品中随机抽取3件，抽样基数不应小于6件。样品检验程序见图2。

7.2.4 挡烟垂壁的型式检验结果合格判定准则为：

a） 检验项目全部合格；

b） 不存在A类不合格，存在的C类不合格项不大于2项。

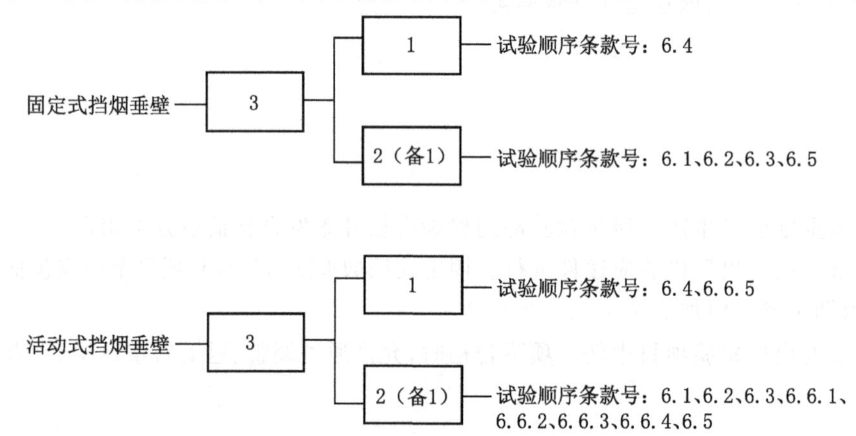

注：方框中数字为抽样数量，“备1”是指其中1件为备用样品。

图2 挡烟垂壁型式检验试验程序

8 标志、包装、运输和贮存

8.1 标志

每件挡烟垂壁都应在明显位置设有永久性标志铭牌，铭牌应包含以下内容：

a） 产品名称、型号及商标；

b） 制造厂名称、地址和联系电话；

c） 出厂日期及产品编号或生产编号；

d） 执行标准。

8.2 包装、运输

8.2.1 产品和各部件的包装应安全、可靠，便于装卸、运输及贮存。

8.2.2 随产品应提供如下文字资料，并装入防水袋中：

a） 产品合格证，其内容应符合GB/T 14436的规定；

b） 产品使用说明书，其内容应符合GB/T 9969的规定；

c） 装箱单；

d） 产品安装图；

e） 零部件及附件清单。

8.2.3 产品运输过程中应保持平稳，避免碰撞和损坏。装卸时要轻抬轻放，避免磕、摔，防止机械变形损坏产品。

8.3 贮存

产品和各部件在贮存时，应保持干燥、通风，避免接触腐蚀性物质及气体，并采取必要的防潮、防雨、防晒、防腐等措施。

附　录　A
（规范性附录）
活动式挡烟垂壁驱动装置

A.1　范围

本附录规定了活动式挡烟垂壁驱动装置(以下简称“驱动装置”)的型号编制原则、要求、试验方法和检验规则等。

本附录适用于采用电机驱动的活动式挡烟垂壁驱动装置,其他驱动方式的驱动装置可参照使用。

A.2　型号编制原则

驱动装置的型号编制中产品代号为 YCB-Q,后续内容应至少含有额定输出扭矩、额定输出转速等基本参数。

A.3　要求

A.3.1　一般要求

驱动装置应按经规定程序批准的设计图样和技术文件制造。驱动装置安装使用的标准元器件应符合相关国家标准或者行业标准。

A.3.2　外观

A.3.2.1　驱动装置外观应完好,不应有裂纹、变形,所有紧固、连接件应紧固牢靠,不应有松动现象。

A.3.2.2　涂覆部位表面应光滑,无气泡、皱纹、斑点、流挂等缺陷。

A.3.2.3　驱动装置应设有接地装置及接地标志。

A.3.2.4　每台驱动装置应在明显位置处设有清晰、耐久的产品铭牌,其内容应包括:

——产品名称及型号;

——额定工作电压、频率、电机额定功率、额定输出扭矩和转速等产品主要技术参数;

——制造商名称或商标、地址、联系电话;

——产品制造日期和出厂编号;

——本标准代号;

——检验合格标志。

A.3.3　基本性能

A.3.3.1　驱动运行性能

驱动装置运行时应平稳顺畅,不应出现卡滞和异常声响,驱动额定负载下降的运行速度不应小于 0.07 m/s。

A.3.3.2　限位性能

驱动装置应设有自动限位装置,上、下限位位置在一定的范围内可以调整。挡烟垂壁运行至上、下限位位置时,应能自动停止,其停止位置与设定位置的偏差不应大于±15 mm。

A.3.3.3　制动性能

驱动装置应有制动功能,制动时应平稳可靠。当驱动装置静止时,在不小于 1.5 倍额定负载下,停止位置与设定位置的偏差不应大于±15 mm。

A.3.4 电源适应性

驱动装置可采用交流或直流电源供电。当交流工作电源电压为额定电压的 85%和 110%时，或直流工作电源电压为额定电压的 85%时，驱动装置的基本性能均应符合 A.3.3 的要求。

A.3.5 噪声

驱动装置空载运行时噪声不应大于 60 dB(A)。

A.3.6 机械寿命

驱动装置在额定负载下连续启闭工作 1 000 次循环后，其零部件不应出现松动、损坏等现象，基本性能应符合 A.3.3 要求。

A.3.7 电气安全性能

A.3.7.1 绝缘电阻

驱动装置有绝缘要求的外部带电端子与外壳之间的绝缘电阻，在正常大气条件下应大于 20 MΩ，在空气相对湿度为(93±3)%，温度在 20 ℃ ～30 ℃的潮态下应大于 2 MΩ。

A.3.7.2 泄漏电流与电气强度

驱动装置的泄漏电流与电气强度应符合 GB 4706.1—2005 第 16 章的规定。

A.3.8 耐气候环境性能

驱动装置应能耐受表 A.1 所规定气候环境下的各项试验，试验后驱动装置涂覆层应无破坏、表面无腐蚀现象，基本性能应符合 A.3.3 的要求。

表 A.1 气候环境试验

试验名称	试验参数	试验条件	工作状态
高温试验	温度	(55±2)℃	不通电状态 14 h 通电状态 2 h
	持续时间	16 h	
低温试验	温度	(−25±3)℃	不通电状态 14 h 通电状态 2 h
	持续时间	16 h	
恒定湿热试验	相对湿度	90%～95%	通电状态
	温度	(40±2)℃	
	持续时间	96 h	
注：通电状态指驱动装置连接电源，但处于不工作的静止状态。			

A.3.9 过载能力

驱动装置承受 1.2 倍额定负载时，应能正常运行，其驱动运行性能和限位性能应分别符合 A.3.3.1 和 A.3.3.2 的要求。

A.4　试验方法

A.4.1　试验基本条件

A.4.1.1　未规定环境要求时，则各项试验应在环境温度为 15 ℃～35 ℃，相对湿度为 25%～70%的室内进行。

A.4.1.2　试验电源的电压和频率与额定值的偏差不超过±1%。

A.4.2　外观检查

在正常光线下，采用目测、手触摸及简单的辅助性工具相结合的方法进行检验。

A.4.3　基本性能试验

A.4.3.1　概述

A.4.3.1.1　将驱动装置安装到试验台并按产品说明书进行接线。

A.4.3.1.2　分别在行程为 1.2 m 的试验台上做出上、下限位定位标记。

A.4.3.1.3　依据式(A.1)计算出驱动装置在额定输出扭矩(标称值)下所承受额定负载。

$$F = \frac{T}{R} \qquad \cdots\cdots (A.1)$$

式中：

F——所承受额定负载，单位为牛顿(N)；

T——驱动装置额定输出扭矩，单位为牛顿米(N·m)；

R——所配卷筒的半径，单位为米(m)。

A.4.3.2　驱动运行性能

对驱动装置施加额定负载(如标准砝码，以下同)，启动驱动装置，观察并记录驱动装置的运行情况，用分度值为 0.01 s 的秒表测量驱动装置驱动额定负载从上限位运行到下限位的时间 t，重复 3 次，取平均值，按式(A.2)计算下降速度是否符合要求。

$$v = \frac{s}{t} \qquad \cdots\cdots (A.2)$$

式中：

v——驱动装置负载的平均运行速度，单位为米每秒(m/s)；

s——驱动装置负载的运行位移，单位为米(m)；

t——驱动装置负载的运行时间，单位为秒(s)。

A.4.3.3　限位性能

对驱动装置施加额定负载，启、闭驱动装置，完成一个启、闭运行循环，重复运行 10 次，用分度值为 1 mm 的钢卷尺测量运行到限位时的偏差，取最大值。

A.4.3.4　制动性能

驱动装置静止时，对驱动装置施加额定负载 1.5 倍的负载，静止 24 h 后用分度值为 1 mm 的钢卷尺测量运行到限位时的偏差。

A.4.4　电源适应性试验

调节调压器，使驱动装置的交流工作电压分别为额定电压的 85%和 110%，或者使驱动装置的直流工作电压为额定电压的85%,然后分别按A.4.3的规定进行基本性能试验。

A.4.5　噪声测试

将驱动装置放置在环境噪声不大于50 dB的实验室内,接通电源启动驱动装置。待其运行正常后,用声级计测量驱动装置空载运行时的噪声。声级计距驱动装置垂直距离和水平距离为1.2 m的上、下、左、右位置进行测量,取平均值。

A.4.6　机械寿命试验

按A.4.3.1的规定将驱动装置安装在试验台上,对驱动装置施加额定负载,启动驱动装置,以额定负载从上限位运行至下限位,而后再运行至上限位停止为一个启、闭循环试验,驱动装置每连续运行3个循环后停止一段时间,使电机温度冷却到与冷却介质温度之差在2 ℃以内。完成1 000次启、闭循环试验后,驱动装置的零部件不应出现松动、损坏等现象,再按A.4.3的规定进行基本性能试验。

A.4.7　电气安全性能试验

A.4.7.1　绝缘电阻测试

A.4.7.1.1　试验设备

试验设备采用绝缘电阻测试仪,且满足下列要求的:

a)　试验电压:500 V;

b)　测量范围:0 MΩ～500 MΩ;

c)　准确度级别:10级。

A.4.7.1.2　试验步骤

把驱动装置分别在正常大气条件下和空气相对湿度为(93±3)%,空气温度20 ℃～30 ℃的潮湿大气条件下放置48 h后,通过绝缘电阻测试仪,对驱动器有绝缘要求的外部带电端子与机壳之间施加500 V的直流电压,待电阻值稳定时,读取绝缘电阻值。试验时,应保证接触点有可靠的接触,引线间的绝缘电阻足够大,以保证读数准确。

A.4.7.2　泄漏电流与电气强度

泄漏电流与电气强度依据GB 4706.1—2005中第16章的规定进行试验。

A.4.8　气候环境下的稳定性试验

A.4.8.1　高温试验

A.4.8.1.1　试验设备

试验设备应符合GB/T 2423.2的规定。

A.4.8.1.2　试验步骤

A.4.8.1.2.1　试验前,将驱动装置在正常大气条件下放置2 h。

A.4.8.1.2.2　不接通驱动装置电源,将其放入高温试验箱中。调节高温试验箱,使其温度为(20±2)℃,保持30 min后,以不大于1 ℃/min的升温速率使温度升高到(55±2)℃。

A.4.8.1.2.3　在(55±2)℃下,保持14 h后,接通驱动装置电源,在此温度下继续保持2 h。

A.4.8.1.2.4　将驱动装置从试验箱中取出,使其在正常大气条件下处于通电状态1 h后,检查试样表面涂覆情况。

A.4.8.1.2.5　按 A.4.3 的规定进行基本性能试验。

A.4.8.2　低温试验

A.4.8.2.1　试验设备

试验设备应符合 GB/T 2423.1 的规定。

A.4.8.2.2　试验步骤

A.4.8.2.2.1　试验前，将驱动装置在正常大气条件下放置 2 h。

A.4.8.2.2.2　不接通驱动装置电源，将其放入低温试验箱中。调节低温试验箱，使其温度为(20±3)℃，保持 30 min 后，以不大于 1 ℃/min 的降温速率使温度降低到(−25±3)℃。

A.4.8.2.2.3　在(−25±3)℃下，保持 14 h 后，接通驱动装置电源，在此温度下继续保持 2 h。

A.4.8.2.2.4　以不大于 1 ℃/min 的升温速率升温至(20±3)℃，保持 30 min。

A.4.8.2.2.5　将驱动装置从试验箱中取出，使其在正常大气条件下处于通电状态 1 h 后，检查试样表面涂覆情况。

A.4.8.2.2.6　按 A.4.3 的规定进行基本性能试验。

A.4.8.3　恒定湿热试验

A.4.8.3.1　试验设备

试验设备应符合 GB/T 2423.3 的规定。

A.4.8.3.2　试验步骤

A.4.8.3.2.1　试验前，将驱动装置在正常大气条件下放置 2 h。

A.4.8.3.2.2　接通驱动装置电源，将其放入恒定湿热试验箱中。调节试验箱使其温度为(40±2)℃，相对湿度为 90%～95%(先调温度，当温度达到稳定后再加湿)，连续保持 96 h。

A.4.8.3.2.3　将驱动装置从试验箱中取出，使其在正常大气条件下处于通电状态 1 h。如表面有凝露，可用室内空气吹干。检查试样表面涂覆情况。

A.4.8.3.2.4　按 A.4.3 的规定进行基本性能试验。

A.4.9　过载能力试验

按 A.4.3.2 和 A.4.3.3 规定的方法，将驱动装置施加的负载改变为额定负载的 1.2 倍，分别在额定电压下进行驱动运行性能和限位性能试验，观察并记录驱动装置的试验结果。

A.5　检验规则

A.5.1　型式检验

A.5.1.1　在下列情况之一时，应进行型式检验：

——新产品投产或老产品转厂生产时；
——正式生产后，产品的结构、材料、生产工艺等有较大改变，可能影响产品的性能时；
——停产一年以上，再恢复生产时；
——发生重大质量事故时；
——产品强制准入制度有要求时；

——质量监督机构依法提出进行型式检验要求时。

A.5.1.2 型式检验项目为 A.3 规定的所有项目。

A.5.1.3 型式检验时，应从出厂检验合格品中任意抽取 2 台，按 A.4 要求进行检验。检验结果若有不合格项，可对该项目进行加倍抽样复验；复验结果如仍不合格，则型式检验不合格。

A.5.2 出厂检验

A.5.2.1 驱动装置必须经出厂检验合格并签发合格证后方可出厂。

A.5.2.2 出厂检验项目至少应包括 A.3.1、A.3.2、A.3.3、A.3.4、A.3.7、A.3.9 要求的项目，且应逐台进行检验；出厂检验项目中任一项不合格时，允许进行返工，直至满足要求。对于 A.3 规定的其他项目，应进行抽样检验，抽样检验规则由生产厂规定。

附　录　B
（规范性附录）
活动式挡烟垂壁控制器

B.1　范围

本附录规定了活动式挡烟垂壁控制器(以下简称“控制器”)的型号编制原则、要求、试验方法和检验规则等。本附录适用于活动式挡烟垂壁控制器。

B.2　型号编制原则

控制器的型号编制中产品代号为YCB-K,后续内容应至少包含有主电源、备用电源等基本参数。

B.3　要求

B.3.1　一般要求

控制器应按规定程序批准的图样和技术文件制造。控制器安装使用的标准元器件应符合相关国家标准或者行业标准。

B.3.2　结构与外观

B.3.2.1　控制器的外壳应采用金属材料制成,外壳内外表面及使用的金属紧固件、支撑件,均应进行涂覆处理。涂覆层应牢固、均匀、美观。

B.3.2.2　控制器中使用的紧固件应有锁紧措施,以保证在正常使用条件下,不会因振动而松动或移位。

B.3.2.3　控制器应设有接地装置及接地标记。

B.3.2.4　控制器的外壳应平整美观,面板字迹清晰醒目。各操作部件、显示器件应安装得当,并用中文标注其功能。

B.3.2.5　指示灯中,电源接通用绿色表示,运行用红色表示,火警信号用红色表示,故障信号用黄色表示。

B.3.2.6　控制器应设有现场控制按钮盒,其操作开关、按钮应方便使用,灵活、可靠。

B.3.2.7　每台控制器应在明显位置处附有清晰、耐久的产品铭牌,其内容至少应包括：

——产品名称及型号；

——主电源、备用电源等主要技术参数；

——制造商名称或商标、地址、联系电话；

——产品制造日期和出厂编号；

——本标准代号；

——检验合格标志。

B.3.3　基本功能

B.3.3.1　控制器应能与活动式挡烟垂壁驱动装置(以下简称“驱动装置”)配套使用并控制挡烟垂壁的正常运行。

B.3.3.2　控制器应能接收来自点型感烟火灾探测器的报警信号,发出声光指示信号,并控制挡烟垂壁下降至挡烟工作位置。

B.3.3.3　控制器应能接收来自消防联动控制设备的控制信号,在3 s内发出控制挡烟垂壁完成相应动作的信号，发出声光指示信号，并控制挡烟垂壁完成相应动作。

B.3.3.4 控制器应能将挡烟垂壁所处的正常安装位置（上限位）或挡烟工作位置（下限位）信息反馈至消防联动控制设备。

B.3.3.5 控制器应具有主、备电供电功能，并应符合下列要求：

a) 当主电源发生断电时，应能自动转入备用电源工作，发出相应的信号，并控制挡烟垂壁下降至挡烟工作位置；

b) 主、备电源转换过程中，控制器不应发生误动作；

c) 备电容量应能满足挡烟垂壁下降至挡烟工作位置不少于3次。

B.3.3.6 控制器主电源应具备过电流保护元件，并易于更换。

B.3.3.7 控制器发生下述故障时，应在60 s内显示故障信号，并向消防联动控制设备发送故障信号：

a) 主电源故障；

b) 备用电源故障；

c) 感烟火灾探测器连线开路；

d) 限位装置断路故障。

B.3.4 主电源电压适应范围

控制器的主电源电压在交流额定电压的85%～110%、频率在49 Hz～51 Hz范围内波动时，控制器应能正常工作。

B.3.5 绝缘电阻

在正常大气条件下，控制器电源插头与外壳之间、其他有绝缘要求的外部连接带电端子与外壳之间的绝缘电阻应大于等于20 MΩ。

B.3.6 通电连续运行性能

控制器通电连续运行10d后，其基本功能应符合B.3.3的要求。

B.3.7 耐瞬态过电压性能

控制器的耐瞬态过电压性能应符合GB 4706.1—2005第14章的规定。

B.3.8 耐气候环境性能

控制器应能耐受表B.1中所规定的气候环境条件下的各项试验，试验后控制器表面涂覆层应无破坏、无腐蚀现象，基本功能应符合B.3.3的要求。

表B.1 气候环境试验

试验名称	试验参数	试验条件	工作状态
高温（运行）试验	温度	(55±2)℃	不通电状态14 h 通电工作状态2 h
	持续时间	16 h	
低温（运行）试验	温度	(−25±3)℃	不通电状态14 h 通电工作状态2 h
	持续时间	16 h	
恒定湿热（运行）试验	相对湿度	90%～95%	通电工作状态
	温度	(40±2)℃	
	持续时间	96 h	

B.3.9　耐机械环境性能

控制器应能耐受表B.2中所规定的机械环境条件下的各项试验，试验后，试样应无机械损伤和紧固部位松动现象，基本功能应符合B.3.3的要求。

表B.2　机械环境试验

试验名称	试验参数		试验条件
振动(正弦)试验	频率范围	(10～55～10)Hz	通电工作状态
	位移幅值	0.19 mm	
	扫频速率	1 oct/min	
	每个轴线上扫频循环次数	20次	
	振动方向	*X*、*Y*、*Z*	
碰撞试验	碰撞能量	(0.5±0.04)J	通电工作状态
	碰撞点数	每个易损点3次	

B.4　试验方法

B.4.1　试验程序

控制器试验程序见表B.3。

B.4.2　结构与外观

用目测及手触摸的方法进行外观结构检查。

表B.3　试验程序

试验程序		试样编号	
序号	试验名称	1	2
1	外观主要部件检查试验	√	√
2	基本功能试验	√	√
3	主电源电压试验	√	√
4	绝缘电阻试验	√	√
5	通电连续运行试验	√	√
6	瞬态过电压试验	√	√
7	高温(运行)试验		√
8	低温(运行)试验	√	
9	恒定湿热(运行)试验		√
10	振动(正弦)试验	√	
11	碰撞试验		√
注：√表示试样进行此项试验。			

B.4.3 基本功能试验

B.4.3.1 设备连接

将控制器与下列设备连接好：

——模拟消防联动控制装置；

——模拟火灾信号源；

——驱动装置手动按钮；

——安装在试验支架上的驱动装置并配有与驱动装置额定输出扭矩对应的配重砝码。

B.4.3.2 手动按钮操作功能、挡烟工作位置信号反馈功能

操作驱动装置手动按钮，观察并记录驱动装置配重砝码上升或下降运行的情况；当运行至上限位或下降至下限位时，观察模拟消防联动控制装置的信号显示情况。

B.4.3.3 感烟火灾探测器信号接收功能

接通主电源，控制器进入正常工作状态，使配重砝码运行至上限位，加入感烟火灾探测器信号，观察并记录驱动装置配重砝码自动运行情况，观察声光指示信号和模拟消防联动控制装置显示情况。

B.4.3.4 消防联动控制设备信号接收功能

接通主电源，控制器进入正常工作状态，使配重砝码运行至上限位，加入消防联动控制信号，观察并记录驱动装置配重砝码自动运行的情况，观察声光指示信号和模拟消防联动控制装置显示情况。

B.4.3.5 主、备电源功能

接通主电源，控制器进入正常工作状态，使配重砝码运行至上限位，然后启动控制器的下降按钮，配重砝码开始下降运行后，立即断开主电源，观察并记录控制器是否自动切换至备用电源工作状态的信号，配重砝码的下降运行是否出现异常，配重砝码是否下降运行至下限位时停止。

重复上述试验，共进行 3 次，观察并记录每次试验情况。

B.4.3.6 故障检测功能

按下列步骤进行故障检测功能试验：

a） 主电源故障：接通主电源，控制器进入正常工作状态，然后断开主电源，观察并记录控制器在 60 s 内是否发出故障声光信号，观察模拟消防联动控制装置显示情况。

b） 备用电源故障：接通主电源，控制器进入正常工作状态，然后断开备用电源，观察并记录控制器在 60 s 内是否发出故障声光信号，观察模拟消防联动控制装置显示情况；把备用电源线接至缺电备用电源（额定电压的 85%以下），观察并记录控制器在 60 s 内是否发出故障声光信号，观察模拟消防联动控制装置显示情况。

c） 感烟火灾探测器连线开路：接通主电源，控制器进入正常工作状态，断开感烟火灾探测器连接线，观察并记录控制器在 60 s 内是否发出故障声光信号，观察模拟消防联动控制装置显示情况。

d） 限位断路故障：接通主电源，控制器进入正常工作状态，断开限位接线，观察并记录控制器在 60 s 内是否发出故障声光信号，观察模拟消防联动控制装置显示情况。

B.4.4 主电源电压适应范围试验

调节调压器，使控制器的主电源电压分别调至额定电压的 85%和 110%，频率在 49 Hz 和 51 Hz，

然后分别按 B.4.3 的规定进行基本功能试验。

B.4.5 绝缘电阻测试

在正常大气条件下,采用 500 V 兆欧表,测量控制器电源插头与外壳之间、其他有绝缘要求的外部连接带电端子与外壳之间的绝缘电阻。

B.4.6 通电连续运行试验

将控制器试样与模拟试验装置连接好,使试样处于通电状态,连续运行 10 d,试验结束后对试样按 B.4.3 的规定进行基本功能试验。

B.4.7 瞬态过电压试验

B.4.7.1 试验设备

试验设备应满足下述要求:

a) 试验电源:电压 0 V～1500 V(有效值)连续可调,50 Hz,短路电流 10 A(有效值);
b) 升(降)压速率:100 V/s～500 V/s;
c) 计时:(60±5)s。

B.4.7.2 试验步骤

按 GB 4706.1 —2005 中第 14 章的规定进行试验。

B.4.8 高温(运行)试验

B.4.8.1 试验设备

试验设备应符合 GB/T 2423.2 的规定。

B.4.8.2 试验步骤

B.4.8.2.1 试验前,将控制器在正常大气条件下放置 2 h。然后按通电工作状态要求,将控制器与等效负载连接并放入高温试验箱中,不接通试样电源。
B.4.8.2.2 调节高温试验箱,使其温度为(20±2)℃,保持 30 min 后,以不大于 1 ℃/min 的平均升温速率使温度升高到(55±2)℃。
B.4.8.2.3 在(55±2)℃温度下,保持 14 h;接通控制器电源,在此温度下继续保持 2 h 后,打开试验箱,在箱体内立即按 B.4.3 的规定对控制器进行基本功能试验。
B.4.8.2.4 将试样从试验箱中取出,使其在正常大气条件下处于监视状态 1 h 后,检查试样表面涂覆情况,并按 B.4.3 的规定对试样进行基本功能试验。

B.4.9 低温(运行)试验

B.4.9.1 试验设备

试验设备应符合 GB/T 2423.1 的规定。

B.4.9.2 试验步骤

B.4.9.2.1 试验前,将控制器在正常大气条件下放置 2 h。然后按通电工作状态要求,将控制器与等效负载连接并放入低温试验箱中,不接通试样电源。

B.4.9.2.2 调节低温试验箱,使其温度为(20±3)℃,保持30 min后,以不大于1 ℃/min的平均降温速率使温度降低到(0±3)℃。

B.4.9.2.3 在(0±3)℃温度下,保持14 h;接通控制器电源,在此温度下继续保持2 h后,打开试验箱,在箱体内立即按B.4.3的规定对控制器进行基本功能试验。

B.4.9.2.4 以不大于1 ℃/min的平均升温速率升温至(20±3)℃,保持30 min后,将控制器从试验箱中取出,使其在正常大气条件下处于监视状态1 h后,检查控制器表面涂覆情况并按B.4.3的规定对控制器进行基本功能试验。

B.4.10 恒定湿热(运行)试验

B.4.10.1 试验设备

试验设备应符合GB/T 2423.3的规定。

B.4.10.2 试验步骤

B.4.10.2.1 试验前,将控制器在正常大气条件下放置2 h。

B.4.10.2.2 将控制器与蓄电池一起放入恒定湿热试验箱,按通电工作状态要求将控制器与等效负载连接,接通电源,使其处于通电工作状态。

B.4.10.2.3 调节试验箱,使其温度为(40±2)℃,相对湿度为90%～95%(先调节温度,当温度达到稳定后再加湿),连续保持96 h后,打开试验箱,在箱体内立即按B.4.3的规定对控制器进行基本功能试验。

B.4.10.2.4 将控制器从试验箱中取出,使其在正常大气条件下处于监视状态1 h。如控制器表面有凝露,可用室内空气吹干。检查控制器表面涂覆情况并按B.4.3的规定对控制器进行基本功能试验。

B.4.11 振动(正弦)试验

B.4.11.1 试验设备

试验设备(振动台和夹具)应符合GB/T 2423.10—2008中3.1的规定。

B.4.11.2 试验步骤

B.4.11.2.1 试验前,将控制器在正常大气条件下放置2 h。

B.4.11.2.2 将控制器按正常工作位置紧固在振动台上,接通电源,使其处于通电工作状态,启动振动试验台,在(10～55～10)Hz的频率范围内,以1oct/min的速率,0.19 mm的振动幅值,进行一次扫频循环,观察并记录控制器结构变化情况。上述试验应在控制器的三个互相垂直的轴线上依次进行。

B.4.11.2.3 振动响应检查结束后,切断控制器供电电源,在上述振动响应检查试验中规定的三个互相垂直的轴线上,依次进行(10～55～10)Hz的频率循环范围内,振幅为0.19 mm,扫频速率为1 oct/ min,扫频次数为20次的扫频循环试验。每个方向试验后,立即检查控制器外观及紧固部位情况,按B.4.3的规定对控制器进行基本功能试验。

B.4.12 碰撞试验

B.4.12.1 试验设备

试验设备应符合GB 16838—2005中4.11.4b)的相关规定。

B.4.12.2 试验步骤

B.4.12.2.1 按正常监视状态要求,将控制器与等效负载连接,使其处于正常监视状态。

B.4.12.2.2 对控制器表面的每个易损部件(如指示灯或显示器)施加3次能量为(0.5±0.04)J的碰撞。在进行试验时应小心进行,以确保上一组(3次)碰撞的结果不对后续各组碰撞的结果产生影响;在认为可能产生影响时,应不考虑发现的缺陷,取一新的控制器,在同一位置重新进行碰撞试验。试验期间,观察并记录控制器的工作状态;试验后,按B.4.3的规定对控制器进行基本功能试验。

B.5 检验规则

B.5.1 型式检验

B.5.1.1 在下述情况之一时,应进行型式检验:

——新产品投产或老产品转厂生产时;

——正式生产后,产品的结构、材料、生产工艺等有较大改变,可能影响产品的性能时;

——停产一年以上,再恢复生产时;

——发生重大质量事故时;

——产品强制准入制度有要求时;

——质量监督机构依法提出进行型式检验要求时。

B.5.1.2 型式检验为表B.3规定的全部项目。

B.5.1.3 型式检验抽样应从出厂检验合格的同一批产品中,任意抽取2台,抽样基数应不少于10台。型式检验判定规则按GB 12978执行。

B.5.2 出厂检验

B.5.2.1 控制器必须经出厂检验合格并签发合格证后方可出厂。

B.5.2.2 出厂检验项目至少应包括B.3.1、B.3.2、B.3.3、B.3.4、B.3.5、B.3.7要求的项目,且应逐台进行检验;出厂检验项目中任一项不合格时,允许进行返工,直至满足要求。对于B.3规定的其他项目,应进行抽样检验,抽样方法和合格判定规则由生产厂规定。

ICS 13.220.50
C 82

中华人民共和国消防救援行业标准

XF/T 537—2005

母线干线系统(母线槽)阻燃、防火、耐火性能的试验方法

Flame-retardant、fire-proof、fire resistance specifications of testing method of busbar trunking system(busways)

2005-03-17 发布　　2005-10-01 实施

中华人民共和国应急管理部　公布

前　言

根据公安部、应急管理部联合公告(2020年5月28日)和应急管理部2020年第5号公告(2020年8月25日),本标准归口管理自2020年5月28日起由公安部调整为应急管理部,标准编号自2020年8月25日起由GA/T 537—2005调整为XF/T 537—2005,标准内容保持不变。

本标准的附录A为规范性附录。

本标准由中华人民共和国公安部消防局提出。

本标准由全国消防标准化技术委员会第八分技术委员会(SAC/TC 113/SC 8)归口。

本标准负责起草单位:公安部天津消防研究所。

本标准参加起草单位:杰帝母线(上海)有限公司。

本标准主要起草人:张相会、徐桦、纪祥安、孙甲斌、胡群明、王常余。

母线干线系统(母线槽)阻燃、防火、耐火性能的试验方法

1 范围

本标准规定了母线干线系统(母线槽)的阻燃、防火、耐火性能的试验装置、试验条件、试件要求、试验程序、判定条件和试验报告。

本标准适用于额定交流电压不大于1 000 V,频率为50 Hz或60 Hz的母线干线系统(母线槽)。

2 规范性引用文件

下列文件中的条款通过本标准的引用而成为本标准的条款。凡是注日期的引用文件,其随后所有的修改单(不包括勘误的内容)或修订版本不适应于本标准。然而,鼓励根据本标准达成协议的各方研究是否使用这些文件的最新版本。凡是不注日期的引用文件,其最新版本适用于本标准。

GB/T 9978—1999 建筑构件耐火试验方法(neq ISO/FDIS 834-1:1997 E)

GB 13539.5—1999 低温熔断器 第3部分:非熟练人员使用的熔断器的补充要求(主要用于家用和类似用途的熔断器)标准化熔断器示例(idt IEC 60296-3-1:1999)

GB/T 18380.3—2001 电缆在火焰条件下的燃烧试验 第3部分:成束电线或电缆燃烧试验(idt IEC 60332-3:1992)

GB/T 19216.11—2003 在火焰条件下电缆或光缆的线路完整性试验 第11部分:试验装置——火焰温度不低于750 ℃的单独供火(idt IEC 60331-11:1992)

3 术语和定义

下列术语和定义适用于本标准。

3.1

线路完整性 circuit integrity

在规定的火源和时间下燃烧时能持续地在指定状态下运行的能力。

[GB/T 19216.21—2003/IEC 60331-21:1999,定义3.1]

3.2

母线干线系统(母线槽) busbar trunking systems(busways)

导线系统形式的成套设备。其中母线安装在走线槽或类似的壳体中,并由绝缘材料支撑或隔开。该成套设备包括以下单元:

——带或不带分接装置的母线干线单元;

——换相单元、膨胀单元、弯曲单元、馈电单元、变容单元;

——分接单元。

3.3

母线干线单元 busbar trunking unit

母线干线系统的一个单元,它由母线、母线支撑和绝缘件、外壳、某些固定件及其他单元相接的连接件组成。它可具有分接装置也可无分接装置。

[IEC 60439-2:2000,定义 2.3.5]

3.4

馈电式母线槽 feeder busbar trunking

由各种不带分接装置(无插接孔)的母线干线单元组成,它是用来将电能直接从供电源处传送到配电中心。

[ZB K36-002-89,定义 3.1.12]

3.5

直线形母线干线单元(直线段) straight length busbar trunking unit

形状为直线的母线干线单元。

3.6

母线干线防火单元 busbar trunking fire barrier unit

在规定的时间和受火条件下,为防止火的蔓延,带或不带附加部件的一种母线干线单元或其一部分。

[IEC 60439-2:2000,定义 2.3.15]

3.7

母线干线耐火单元 busbar trunking fire resistance unit

在规定的时间和受火条件下,能够维持电路完整性的带或不带附加部件的一种母线干线单元或其一部分。

[IEC 60439-2:2000,定义 2.3.16]

4 试验方法

4.1 阻燃性能试验方法

4.1.1 试验设备

符合 GB/T 18380.3—2001 中 2.2、2.5 的规定。

4.1.2 试件要求

相同型号的 3 个直线形母线干线单元,其长度至少为 3 m。

4.1.3 安装

将 3 个试件间隔 20 mm 安放在着火试验装置的垂直框架中,并将其按不同的面朝向燃烧器。用直径不小于 3 mm 的金属丝(钢丝或铜丝)将其绑扎在垂直框架的每一根横档上。

当试件截面尺寸较小时,一次可同时对试件不同面进行试验;当试件截面尺寸较大时,每次对试件的一个外表面进行试验。

4.1.4 试验程序

试验程序按 GB/T 18380.3—2001 中 2.6 和 2.7 的规定执行,供火时间为 40 min。

4.1.5 判定条件

若试件不燃烧或其内部和三个外表面炭化部分的最大高度均不超过 2.5 m,则认为其阻燃性能合格。

4.2 防火性能试验方法

4.2.1 试验装置

应符合 GB/T 9978—1999 中第 4 章的规定。

4.2.2 试验条件

4.2.2.1 温升条件

应符合 GB/T 9978—1999 中 5.1 的规定。

4.2.2.2 压力条件

应符合 GB/T 9978—1999 中 5.2 的规定。

4.2.2.3 受火条件

试件为四面受火，实际工程有特殊要求的除外。

4.2.3 试件要求

防火直线形母线干线单元，其长度为 1 800 mm。

4.2.4 安装

试验时试件的支承结构可选用预制混凝土楼板或砖墙。根据建筑物中的实际安装情况，将试件安装在支承结构上的预留孔洞内。试件应处在试验装置的正压区，距试验装置的两侧和上侧距离均不应小于 200 mm；当同时多个试件试验时，各试件之间的距离不应小于 200 mm。支承结构的耐火性能应满足试件防火性能的要求。

支承结构上的预留孔洞与试件的缝隙用不燃性隔热材料密封，试件受火端用不燃性隔热材料封堵和包裹，包裹长度与试件支承结构的厚度相同。

试件的水平安装见图 1，垂直安装见图 2。

单位为毫米

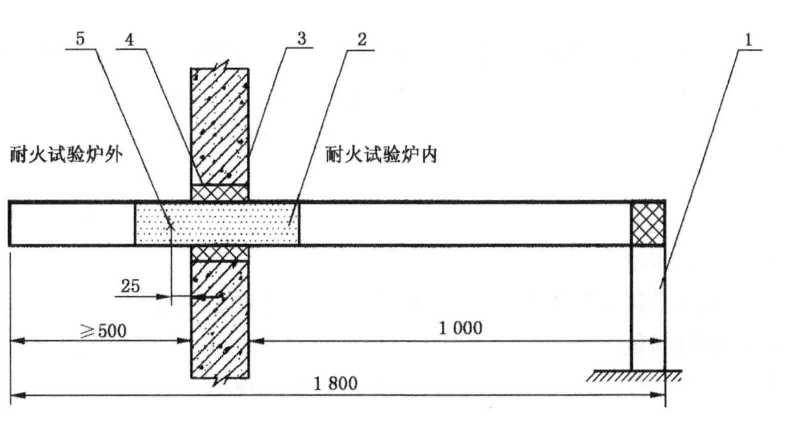

1——炉内支承；
2——防火单元；
3——试件支承结构；
4——密封隔热材料；
5——热电偶。

图 1 试件水平安装简图

单位为毫米

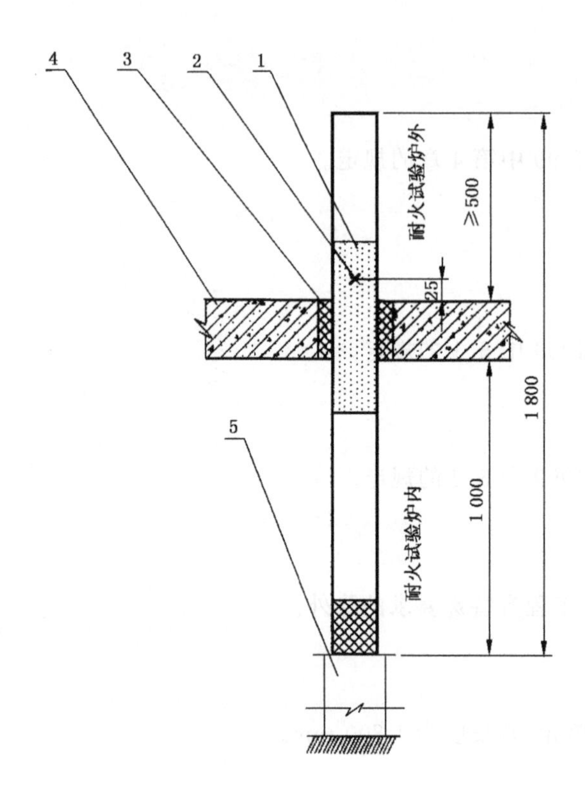

1——防火单元；
2——热电偶；
3——密封隔热材料；
4——试件支承结构；
5——试件炉内支承。

图2 试件垂直安装简图

4.2.5 试验程序

4.2.5.1 试验的开始与结束

试验开始前记录环境温度。当耐火试验炉内接近试件中心的热电偶温度达到50 ℃时，所有测量仪表开始工作，试验开始。试验期间应按4.2.5.2要求进行观测。试验过程中若丧失耐火完整性或/和耐火隔热性，试验即可终止。若未丧失耐火完整性和隔热性，但已达到预期要求，也可终止试验。

4.2.5.2 测量与观察

a） 试验炉内温度的测量
试验炉内温度测量按GB/T 9978—1999中7.3.1的规定执行。

b） 试验炉内压力的测量
试验炉内压力测量按GB/T 9978—1999中7.3.2的规定执行。

c） 试件耐火隔热性的测量
在试件背火面距支承结构表面25 mm处，试件内部和试件防火单元四个表面中心位置各布置1个热电偶，按GB/T 9978—1999中5.1.4的规定连续测量试件背火面表面平均温度和试件内部温度。

d） 试件耐火完整性的测量
试件耐火完整性测量按GB/T 9978—1999中7.3.7的规定执行。

e) 试验现象观察

试验现象的观察按 GB/T 9978—1999 中 7.3.8 的规定执行。

4.2.5.3 判定条件

在一定的时间内,若试件的耐火完整性和隔热性满足规定的要求,则判定其防火性能合格。

失去耐火完整性判定条件按 GB/T 9978—1999 中 8.1a 的规定执行。

失去耐火隔热性判定条件:

试件背火面平均温升超过 140 ℃或/和背火面试件内部温升超过 180 ℃时,则认为试件失去耐火隔热性。

4.3 耐火性能试验方法

母线干线系统(母线槽)耐火性能试验,应同时进行 4.3.1 和 4.3.2 两项试验,两项试验均合格,判定其耐火性能合格。

4.3.1 喷淋试验

母线干线系统(母线槽)喷淋试验方法见附录 A。

4.3.2 耐火性能试验方法

4.3.2.1 试验装置

a) 耐火装置

耐火试验装置应符合 GB/T 9978—1999 中第 4 章的规定。

b) 变压器

变压器为一台三相星型连接的变压器或单相变压器(组),其应有足够的容量使达到最大允许泄漏电流时仍可保持要求的试验电压。

c) 熔断器

应符合 GB 13539.5 规定的 DⅡ型。允许使用具有等效特性的断路器代替。

当用断路器时,其等效特性以 GB/T 19216.11—2003 中附录 A 的特性曲线为基准进行验证。

有争议时,熔断器应作为基准方法。

d) 负载和指示装置

该负载由计算而得,其值应保证线路在试验电压下回路电流满足要求。

注:耐火试验时,线路中的电流按 0.25 A 计算。

4.3.2.2 试验条件

4.3.2.2.1 温升条件

应符合 GB/T 9978—1999 中 5.1 的规定。

4.3.2.2.2 压力条件

应符合 GB/T 9978—1999 中 5.2 的规定。

4.3.2.2.3 受火条件

试件为四面受火,实际工程有特殊要求的除外。

4.3.2.3 试件要求

试件为三相四线制或三相五线制直线形母线干线耐火单元，受火段长度至少为4 m，并含有一个接头。

4.3.2.4 安装

a) 试件两端支承在耐火试验炉炉壁上，两端伸出试验炉长度均不小于500 mm。并用不燃性隔热材料封堵两端。

b) 应使试件接头处在炉中间，在接头两侧各设置一个支撑，并保持其间距不小于1 000 mm。该支撑由试验单位统一提供，并使炉顶距试件的距离不小于150 mm。试件炉内安装简图见图3。

单位为毫米

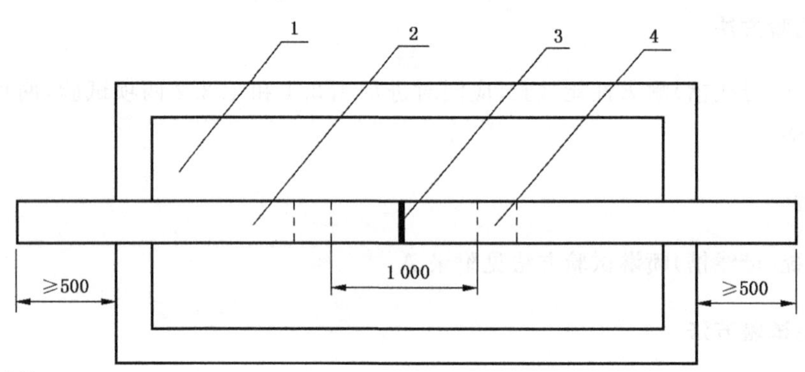

1——耐火试验炉；
2——试件；
3——接头；
4——支承。

图3 试件炉内安装简图

注：应保证支撑在耐火时间内不失去承载能力。

c) 为了检验试件线路的完整性，应进行必要的电气连接，连接简图见图4。

单位为毫米

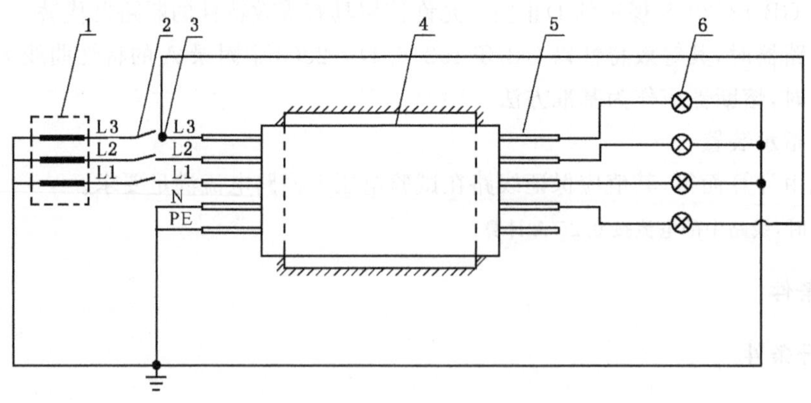

1——变压器；
2——熔断器(2A)；
3——连接到L_3(或L_2或L_1)的导线；
4——试件；
5——母线排；
6——负载和指示装置(如灯泡)。

图4 试件电气连接图

4.3.2.5 试验程序

4.3.2.5.1 试验的开始与结束

接通电源后调节变压器，逐步升至试件的额定电压，并通过负载的配置使通过线路中的电流为0.25 A。然后点火，当耐火试验炉内接近试件中心的热电偶的温度达到50 ℃时，所有测量仪表计时开始工作，试验开始。试验期间应按4.3.2.5.2要求进行观测。供火时间不应低于30 min，停止供火后继续通电15 min。即总试验时间为供火时间加上15 min的冷却时间。

4.3.2.5.2 测量与观察

a） 试验炉内温度的测量

试验炉内温度测量按GB/T 9978—1999中7.3.1的规定执行。

b） 试验炉内压力的测量

试验炉内压力测量按GB/T 9978—1999中7.3.2的规定执行。

c） 试验现象观察

耐火试验过程中，随时观察熔断器和灯泡的显示情况。

4.3.2.5.3 判定条件

耐火试验过程中，若符合下列条件，则表明线路未丧失完整性，试件耐火试验合格。

——保持电压，即没有一个熔断器或断路器断开；

——导体不断，即没有一个灯泡熄灭。

5 试验报告

试验报告应包括以下内容：

a） 试验委托单位名称；

b） 样品制造单位名称和样品名称；

c） 试验日期；

d） 样品结构图、照片以及所用材料的技术数据；

e） 试验数据；

f） 试验结论；

g） 报告编制、审核、批准人签字，试验单位盖章。

附 录 A
（规范性附录）
喷淋试验方法

试验应在一个合适的箱体或试验室内进行，该箱体（或试验室）应具有处理燃烧产生的任何有害气体的设施，并有足够的通风来维持试验过程中的火焰。

注：合适箱体的例子如 GB/T 17651.1 规定的燃烧室。

箱体（或）试验室外部环境温度应保证在 5 ℃和 40 ℃之间。

注 1：屏障，如 GB/T 17651.1 规定的挡板，可放在适当的位置以保护喷灯，使通风不影响火焰的几何形状。

注 2：本部分规定的试验可能涉及对人有害的电压和温度，宜采用适当的措施，以防止可能产生的冲击、燃烧、火灾、爆炸等危险，并防止可能产生的任何有害气体。

A.1 试验装置

A.1.1 加热设备

本标准规定的加热设备符合 GB/T 19216.11—2003/IEC 60331-11:1999 的规定，若一套加热装置不能满足试件四面受火要求时，可采用两套加热设备在试件两侧同时加热。

A.1.2 喷淋设备

如图 A.2 所示的标准喷嘴，喷嘴内径：6.3 mm，喷水率：(12.5±0.625) L/min，喷嘴压力：约 30 kPa（相当于垂直向上自由喷流高度为 2.5 m）。

A.1.3 电路连接设备

a） 变压器
   变压器的要求同 4.3.2.1.b)。
b） 熔断器
   熔断器的要求同 4.3.2.1.c)。
c） 负载和指示装置
   负载和指示装置要求同 4.3.2.1.d)。

A.2 试验条件

A.2.1 火焰温度

火焰温度为 750 ℃～800 ℃。

A.2.2 受火条件

使试件接头处在喷灯火焰的中心部位，并使该部位满足四面受火的要求。

A.2.3 喷淋时间

喷淋时间按两支承之间试件部分的表面积计算，每平方米为 1 min，至少为 3 min。

A.2.4 喷射距离

喷嘴距试件中心的垂直距离为 3 m（但为了能从各个方向喷射试件，在必要时，可适当缩短距离）。

A.3 试件要求

与耐火试验时相同规格的试件两段以及必要的连接件，其总长度为耐火试验时试件长度的一半。

A.4 安装

a) 将试件固定在两支承上，支承高度为1 500 mm，支座处高度为700 mm。两支承之间的试件的长度为1 000 mm，试件伸出支承长度均不小于500 mm。并用不燃性隔热材料封堵两端。

b) 试件接头处在受火部分的中间位置，见图A.1。

c) 加热设备中的喷灯距地面至少200 mm，且距试验室任意墙壁至少300 mm。喷灯为活动式。加热后应迅速移开。

单位为毫米

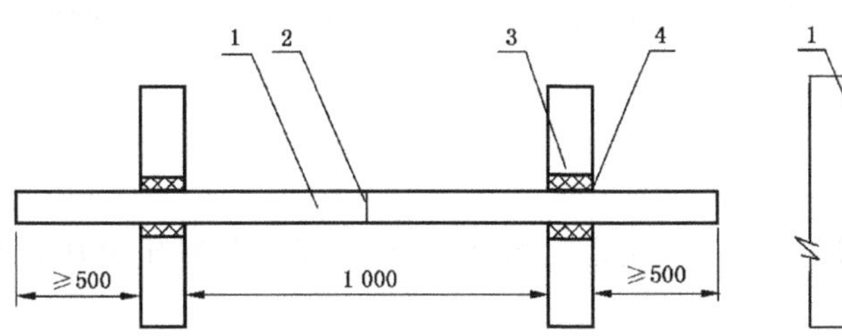

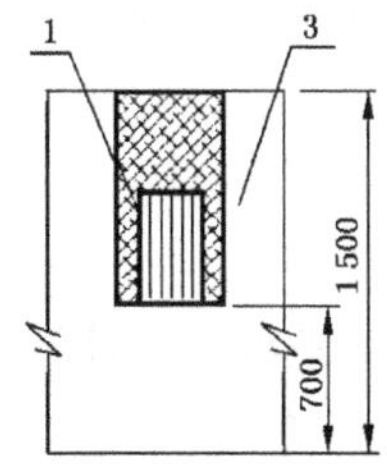

1——试件；

2——接头；

3——支座；

4——密封材料。

图A.1 试件安装图

喷灯的试件的位置如图A.2所示：

单位为毫米

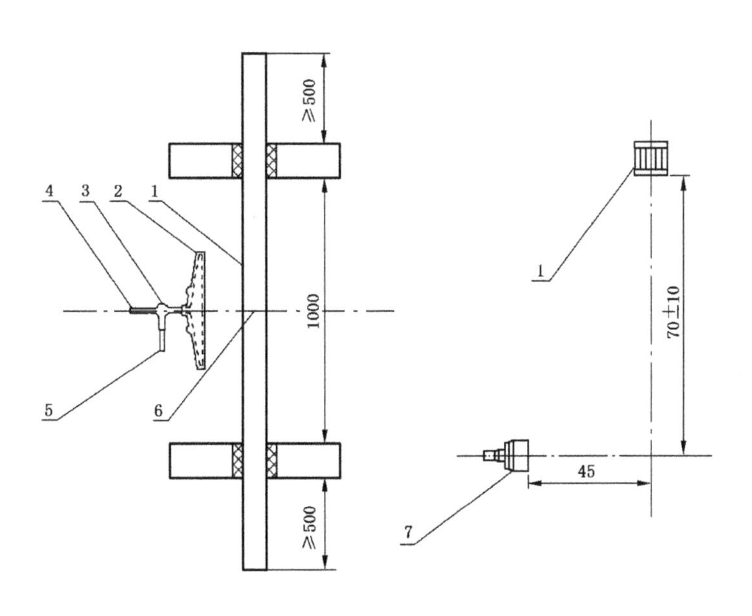

1——试件；

2——喷灯；

3——文丘里混合器；

4——空气进口；

5——丙烷燃气进口；

6——接头；

7——喷嘴。

图A.2 喷灯和试件的布置

——喷灯中心水平面在试件最低点下面(70 mm±10 mm);

——喷嘴距试件中心垂直面约 45 mm。

A.5 试件程序

A.5.1 加热

点燃喷灯,在距喷嘴水平距离为 45 mm,上方垂直距离为 70 mm 的位置用直径为 0.5 mm 的热电偶与喷管纵轴平行测试火焰的温度,调节供气系统,使火焰温度保持在 750 ℃～800 ℃之间,再将喷灯按 A.4.c 的要求布置在试件下方接头处开始加热,加热时间为试件耐火试验供火时间的一半。

A.5.2 喷淋

加热后使用 A.1.2 规定的喷淋设备,按照 A.2.3、A.2.4 规定的条件对试件两支承之间的部分进行喷淋。

A.5.3 现象观察

喷淋后按照图 4 要求与试件进行连接,接通电源,将电压调至试件额定电压,加压 5 min。观察熔断器是否熔断,灯泡是否熄灭。

A.6 判定条件

喷淋试验后,若符合下列条件,则表明线路未丧失完整性,试件喷淋试验合格。

——保持电压,即没有一个熔断器或断路器断开;

——导体不断,即灯泡一个也不熄灭。

参 考 文 献

[1] ZB K36 002—89 母线槽(母线干线系统)

[2] GB/T 17651.1—1998 电缆或光缆在特定条件下燃烧的烟密度测定 第1部分:试验装置

[3] GB/T 19216.21—2003/IEC 60331-21 在火焰条件下电缆或光缆的线路完整性试验 第21部分:试验步骤和要求——额定电压0.6/1.0 kV及以下电缆

[4] IEC 60439-2:2000 低压开关和控制设备 第2部分:母线干线系统(母线槽)的特殊要求